飞机线路维修系列丛书

飞机线路系统维护

于春风　孙中华　孟　欣　编著

U0209445

航空工业出版社

北　京

内 容 提 要

本书主要介绍了飞机线路系统的内容、工作条件和基本要求；飞机线路故障模式和成因，包括飞机线路故障的研究背景和意义、分类、表现形式及成因；飞机线路系统的组成部件；飞机线路系统维护工具及仪器；飞机线路系统维护基本工艺；飞机线路系统快速修理技术等知识。本书可作为生长军官、军士和新装备技术培训等层（班）次的培训教材，也可作为从事飞机线路系统维护工作相关人员的参考资料。

图书在版编目（ＣＩＰ）数据

飞机线路系统维护 / 于春风，孙中华，孟欣编著
. --2 版. -- 北京：航空工业出版社，2023. 3
（飞机线路维修系列丛书）
ISBN 978-7-5165-3302-4

Ⅰ.①飞… Ⅱ.①于… ②孙… ③孟… Ⅲ.①飞机 –
电子线路 – 维修 Ⅳ.①V271

中国国家版本馆 CIP 数据核字（2023）第 046815 号

飞机线路系统维护
Feiji Xianlu Xitong Weihu

———————————————————————

航空工业出版社出版发行
（北京市朝阳区京顺路5号曙光大厦C座四层 100028）
发行部电话：010-85672666 010-85672683

北京好印来印刷科技有限公司印刷 全国各地新华书店经售
2023年3月第1版 2023年3月第1次印刷
开本：787×1092 1/16 字数：390千字
印张：15.5 定价：108.00元

前　言

　　飞机线路系统维护工作是航空维修工作的重要内容，为适应航空装备的发展，满足飞机线路系统日常维护、培训和考核的需要，切实提高部队飞机线路系统维护水平，我们组织编写了《飞机线路系统维护》教材。本教材可作为生长军官、军士和新装备技术培训等层（班）次的培训教材，还可作为从事飞机线路系统维护工作相关人员的参考资料。

　　全书共分六章，第一章绪论，主要介绍飞机线路系统的内容、工作条件和基本要求；第二章故障模式和成因，主要介绍飞机线路故障的研究背景和意义、分类、表现形式及成因；第三章组成部件，主要介绍航空导线、电连接器、航空继电器、航空开关、线路连接部件、常用航空总线和线路的辅助材料；第四章工具及仪器，主要介绍常用工具和仪器仪表；第五章基本工艺，主要介绍导线端头绝缘层的剥除，导线与电连接器的焊接，导线与电连接器的压接，插头、插座的分解与组装，包扎与整理；第六章飞机线路快速修理技术，主要介绍导线的修理和搭铁线的修理。

　　本书编写过程中，得到了海军航空兵各部队及有关人员的大力支持和帮助，在此一并表示衷心感谢！鉴于掌握资料和编者水平有限，书中错漏之处在所难免，恳请读者批评指正。

编　者

2022 年 10 月

目　　录

第一章 绪 论

随着现代科学和航空技术的发展，飞机上的用电设备日益增多，用电数量和质量不断提高，而随着飞机服役时间的延长和飞行强度的加大，飞机线路故障的发生次数在逐年增加，已经严重地影响了飞行安全。如何在平时的工作中有效地开展飞机线路的检查与维护，做到有效预防和及时发现机上线路故障并加以修复是机载设备维护工作中的一项重要内容。

第一节　飞机线路系统维护的内容和意义

一、飞机线路系统的定义

目前，关于飞机线路系统还没有统一的定义。一般来说，飞机线路是飞机的"脉络"和"神经"，主要包括飞机的供电网络、各种机载设备间的连接线路、天线馈线、数据传输总线和连接器等。

在民航中，飞机线路已不再是一个独立的概念，而是升级并纳入到 EWIS（Electrical Wiring Interconnection System，飞机电气线路互联系统）。美国联邦航空安全局在 2007 年对适航性标准进行修正，正式加入 EWIS 章节，开创性地将线路系统作为一个独立系统进行研究和规范，涵盖飞机上的导线和开关、继电器、电接头、接线片等相关部件，并对系统的功能、设计要求、维护要求以及持续适航要求等提出了新的规定。

根据部队、厂所的实际现状及近期的发展，基本上认为，飞机上所有的与供电、用电、电磁兼容等相关的导线、电缆、汇流条、搭铁线、连接装置及其附件的总和称为飞机线路系统。

二、飞机线路系统维护的地位和作用

无论是民用飞机或是军用飞机，飞机线路系统在飞机上扮演着越来越重要的角色，它们能否正常工作，直接关系到飞机的可靠性和安全性。飞机线路遍布飞机的每个角落，成为飞机不可缺少的组成部分，人们将飞机线路形象地比喻为飞机的血管和神经系统，是十分准确和恰当的。

飞机线路系统是飞机电气系统的重要组成部分，连接于各种用电设备之间，承担了传递动力电源的任务，其性能好坏是影响用电设备稳定工作和飞机安全飞行的重要因素。硬性故障（短路故障和断路故障）和软性故障（磨损故障）是飞机导线的典型故障，会导致信号传输不正常、指示仪表不稳定、操控机械不工作、引发飞机火灾等后果。因此，为了保证飞机的安全性和持续适航性，导线故障诊断与定位是提高民航机务维修质量和效率的一项重要内容。

第二节　飞机线路系统的工作条件

飞机线路系统的工作条件比地面线路的工作条件恶劣得多，这是因为飞机线路系统在飞行器上工作，而飞行器不仅在地面上停留，而且能够在不同的高度、地区、季节和气象条件下飞行。随着高超声速飞行技术的发展，飞行器的飞行高度和飞行速度都有了很大的提高，这就使得工作在飞行器上的线路的工作条件变得更恶劣（即气象环境和力学环境变得更恶劣）。所以飞机线路必须具备在上述工作条件（即工作环境）下可靠地工作的性能，因为这些环境条件直接地或者间接地决定着飞机线路的结构和性能，所以下面将其工作条件进行介绍。

一、气象环境

气象环境或气象条件是指大气所包含的成分、大气压力、大气和环境温度、湿度4个方面。

（一）大气成分

高空、低空、海平面上、大陆上大气所含的成分各不相同，在高空氧及水分下降，臭氧成分增加，湿热地带大气中含有霉菌，海平面上的大气含有盐雾，沙漠地区上有沙尘。线路的设备在大气中工作时金属部分会被氧化。当飞行器在海洋上空飞行时，海洋的水蒸气含盐分，这些盐雾会加速金属部分的氧化，造成化学腐蚀和变色，降低它的机械强度和电气连接的可靠性。霉菌可以使有机绝缘发霉变质降低绝缘性能。对于暴露于大气条件下的继电器触头，由于氧化及腐蚀作用将导致接触电阻的增加，降低触头的工作可靠性等。

（二）湿度

我国南方的大气湿度较高，黄梅雨季，相对湿度可达98%。这样的湿度条件会使电器的抗电强度降低，绝缘电阻变小，也致使电器的全局或局部被氧化。

（三）大气压力

随着飞行高度的增加，大气压力越来越低，对线路设备的散热不利，继电器触头的断弧能力下降，电器间隙的击穿电压下降。

（四）温度范围

我国幅员辽阔，温差很大。航空电气设备的使用温度变化范围比较大。一般可以把它分为三级：

A级，温度范围：–55 ~ +85℃；

B级，温度范围：–65 ~ +125℃；

C级，温度范围：–65 ~ +200℃。

高温时，金属部分氧化加剧，有机绝缘材料易于老化。低温时，材料组织发生变化使其性能恶化（如绝缘材料开裂、弯曲和分层，橡胶制品硬化等）。高低温冲击会造成绝缘材料开裂，弯曲变形，冷空气会使零件受冰冻、结霜的侵袭。要求线路设备能够在上述温度范围和发生周期变化的温度范围内正常工作。

二、力学环境

飞机线路系统在使用中要经受强烈的振动、冲击、离心加速力的作用。飞机线路系统应当能在这种力学环境下可靠地工作。

（一）振动

飞机线路系统部件固定处由于飞机发动机等振动源和气动力学而产生的振动，其频率一般为 10 ~ 400Hz，振动加速度为 4 ~ 6g。在航天飞船和火箭等飞行器中，这个振动频率与加速度更高更大，其值可高达 2000 ~ 3000Hz，振动加速度可达 30g。

（二）冲击

飞机在着陆、制动、射击和突然变速等情况下都会对飞机线路部件产生冲击作用，冲击的次数一般为 40 ~ 100 次/min，冲击加速度为 4 ~ 50g。在火箭等飞行器中，这个加速度可达 100 ~ 300g。

（三）离心加速度

飞机在作机动飞行和特技飞行时，所产生的离心加速度可达 15g（其他类型的飞行器这个加速度还要高）。

恶劣的力学环境给飞机线路造成强烈的机械应力负荷，可能会给飞机线路系统带来非常严重的后果，造成飞机线路部件的损坏，如元件破裂、紧固件松弛、零件变形。例如，对电磁继电器，它的触头和焊接部分可能松弛并导致接触电阻增加或者从机械上使触头分离等。

第三节　飞机线路系统维护的基本要求

在整个机务维护工作中，由于目前还没有把飞机线路系统当成一个独立系统来看待，因此对飞机线路系统维护的重要性不容易体现出来，飞机线路系统的维护工作容易被忽视，但随着飞机的老旧和飞行强度的加大，部分飞机发生线路故障的次数在逐年增加，飞机线路系统在机务维护中的地位越来越高，必须规范飞机线路系统维护相关标准、工艺和要求，本节提出了飞机线路系统维护的最基本要求。

一、安全要求

在进行飞机线路系统维护时，必须禁止的注意事项包括：

（一）擅自改变用电设备的原理线路和装配线路。

（二）安装不符合规定的熔断器或自动保险电门。

（三）使用酸性焊剂和不符合规定的焊料。

（四）在飞机上留有裸露的没有绝缘的导线头。

（五）在没有彻底排除短路故障的线路上接通电源。

（六）在通电的电路中进行拆、装工作。

（七）在没有清除涂料和保护层的飞机构件上连接负极线和搭铁线。

（八）在飞机的插座上接不带插头的或超过额定负荷的电气用具（照明灯、电烙铁等）。

（九）使用不符合规定的绝缘材料和包扎材料。

二、其他要求

（一）凡拆装过的用电设备、飞机线路，必须对拆装过部分进行检查试验，确保设备满足技术要求。

（二）所有导线、电缆、防波套、搭铁线、负极线要保持完好，固定牢靠，防止摩擦。导线头的标记要正确，防止接错。

（三）更换导线时，一般使用整根导线，允许在非活动部位冷压接（用冷压钳）或单孔插销连接，一根导线最多不超过两个接头。导线型别与原来的相同，截面积应当相同或稍大。

（四）导线的焊接要牢靠，焊接点的表面光滑、洁净并涂有保护层。连接在接线柱（孔）上的导线头，必须有接线片或浸锡。

（五）安装和固定导线时，弯曲处要保持规定的弧度。固定在活动机件上的导线，长短要适当，不得妨碍机件活动或有摩擦。

（六）在维修工作中应保持电接触部位的清洁，防止纤维毛发、尘土、油污和水分进入销、电门、继电器、接触器内。

（七）线路维修要采取有效的防水、防油、防振、防尘、防磨、防高温和防操作差错等措施，积极预防线路故障。

第二章 故障模式和成因

由于飞机本身结构的特点，不仅飞机线路的体积和重量①受到限制，而且安装空间非常狭小，多数线路按照类别被成捆地敷设在各种机载用电设备之间或飞机的夹壁中，导线长期在振动、污染、摩擦、外力、冷热、潮湿、辐射的环境下工作，使得导线极易发生故障，导致供电中断、指示仪表不稳定、操控机械不工作、信号不正常、导线短路引发火灾等后果，严重危及飞机的飞行安全，已经造成了许多机毁人亡的飞行事故，研究飞机线路故障模式、特点和成因具有重要意义。

第一节 飞机线路故障的研究背景和意义

飞机线路涉及系统多、自身部件种类繁多、走向复杂、故障隐蔽性高，从而增加了故障诊断的难度。飞机导线故障存在危害性、必然性、普遍性和规律性，因此必须对导线进行定期检测，尽早地发现导线硬性故障和软性故障，有效地对导线故障进行预警。

一、飞机线路故障存在的危害性

飞机线路由于连接机上各机载系统，因此，很小的线路故障都可能导致严重的飞机故障，下面以几起著名的民航飞机线路故障引发的飞行事故为例说明飞机线路故障的危害性。

1996 年 7 月 17 日，环球航空公司航班号为 TWA800 的波音 747 飞机，从纽约肯尼迪机场起飞后不久，由于导线短路火花，引发中心机翼油箱爆炸，使飞机坠入美国长岛附近的大西洋中，造成机上 230 人全部死亡。

1998 年 9 月 2 日，瑞士航空公司航班号为 SR111 的 MD-11 飞机，从纽约起飞一个多小时后，由于机舱娱乐系统导线短路，引发飞机驾驶舱起火，进而造成飞机电子、通信和控制系统停止工作，使飞机坠入加拿大附近的大西洋中，造成机上 229 人全部死亡。

2001 年 4 月 25 日，加拿大航空公司航班号为 797 的 DC-9 飞机，从美国达拉斯市起飞一个半小时后，由于机尾盥洗室导线短路，引发客舱起火，造成机上 23 名乘客死亡。

2002 年，南方航空公司深圳维修厂管理的 10 架 A320 飞机由于多次出现导线故障，导致飞机停场修理多达十余次，造成航班延误或取消，影响航空公司正常运营。

根据美国联邦航空管理局（Federal Aviation Administration，FAA）和美国交通运输安全委员会（Nation Transportation Safety Board，NTSB）的飞机安全事故统计数据，人们发现几乎每年都会发生数起由于飞机导线故障而造成的安全事故。这些事故不仅造成人员伤亡，给乘客的心理带来巨大影响，使公众对飞行安全性产生怀疑，而且对飞机造成损坏，

---

① 本书中的重量为质量（mass）概念，法定单位为千克（kg）。

给航空公司带来一定的经济损失。

二、飞机线路故障存在的必然性

造成飞机线路出现故障的原因可以分为以下五类。

（一）接触污染

接触污染是指由于飞机导线长时间处于与液压油、滑油、油脂、防冰剂、洗涤剂、积水、厕所或厨房的排泄物等污染物接触的不良环境，使导线绝缘层被氧化或腐蚀，造成飞机线路性能降低。

（二）物理损伤

物理损伤是指由于飞机线路部件发生与金属物体接触、与周边物体摩擦、被不合理捆绑或敷设、被人为拉伸或踩踏、受到振动应力作用等物理过程，使飞机线路磨损或断裂，接触件松动或损坏，造成飞机线路性能降低。

（三）老化

老化是指由于飞机长期使用，飞机线路部件因其金属材料和非金属材料的物理性能和化学性能在热、湿环境中随着时间变化，材料产生分解、挥发，使其在弹性、强度、伸展性、压缩性、弯曲性、导电性、耐潮湿性等方面发生变化，造成飞机线路性能降低。

（四）环境影响

环境影响是指由于地理上和气象上的原因，使飞机线路受到高温、严寒、湿气、高空射线粒子辐射等因素的影响，绝缘层的长链聚合物断裂，导致绝缘层产生细小裂纹，造成飞机线路性能降低。

（五）装配及维护不当

装配及维护不当是指由于飞机线路在装配与维护过程中，人为施工不当发生对导线及部件拉力过大、弯曲过度、剥皮尺寸过大、切割尺寸过深等现象，造成飞机线路性能降低。

三、飞机线路故障存在的普遍性

飞机线路的故障类型主要分为硬性故障和软性故障两种。硬性故障包括导线短路故障和断路故障，是飞机线路的常见故障，直接影响飞机的飞行安全和用电设备的工作稳定性。其中，导线短路故障是信号传递不正确和引起飞机火灾的主要原因，断路故障是信号传递中断的主要原因。软性故障主要指导线磨损故障，也是进行定期飞机维护时的主要检测内容。虽然磨损故障在短时间内不会对导线造成明显损伤，但是随着导线磨损面积逐渐增大，磨损缺陷逐渐严重，将导致导线的导电性能不断降低，最终仍然会造成导线的断路和短路。另外，间歇性故障是飞机导线的特有故障。当导线刚刚发生短路故障或断路故障时，随着发动机的强烈振动而使故障形式显现出来，从而导致信号传递时断时续。

美海军航空兵每年因为线路问题造成飞行任务延误超过 1100 次。由于线路接线不能诊断导致无法发现故障，而拆卸设备每年约花费 9400 万美元，需要 100 万～200 万工时，甚至 400 万工时，检修接线故障大部分时间消耗在故障发现、检测与隔离方面。

以民航为例，根据山东航空公司波音 737-300 机队的统计数据，发现飞机导线硬性故障和软性故障问题突出，2004—2010 年共发生此类导线故障 214 起。Lectromechanical 设计公司对机龄超过 20 年的 L-1011 飞机和 DC-9 飞机的导线进行测试，发现 L-1011 飞机全长 240km 的导线裂纹总数超过 3000 个，DC-9 飞机每 1000m 的导线中有 1.6 个裂纹。另外，飞机导线的维护成本非常高，更换整架飞机导线的费用为 100 万 ~ 500 万美元。

四、飞机线路故障存在的规律性

飞机线路遍布飞机的各个区域，连接于各种飞机用电设备之间。通过对飞机线路故障发生情况的统计数据表明，飞机线路故障符合典型的浴盆曲线。在飞机寿命周期的早期就有可能由于工厂装配不当或线路捆绑不当造成导线磨损而发生线路故障，甚至在飞机运行的第二年就有可能发生操纵系统导线故障，而且在飞机使用初期导线故障率较高。当对故障线路进行调整和修理后，飞机线路存在一段平稳期，这个时期内线路发生故障的可能性相对较低。随着机龄的增长，由于线路老化而产生裂纹和磨损，此时线路也极易频繁发生故障。另外，当飞机刚刚经过大型组装和维修之后，由于线路的制造工艺及维修人员的维护不当，造成导线故障发生率较高。

Lectromechanical 设计公司对一架军用 P-3 飞机的线路发生故障的情况进行了研究，发现飞机 5 年内的导线故障发生概率为 35%，10 年内的线路故障发生概率为 52%，20 年内的线路故障发生概率为 66%。由此可见，随着大量的飞机陆续进入老龄飞机状态，飞机线路的故障隐患将会越来越多。

导线故障具有隐蔽性高、发现和排除难度大的特点，这类故障严重威胁着飞行安全，影响了飞机的完好率和出动次数，同时也给飞行训练带来了不安全因素，增加了空勤人员空中处理难度。根据导线故障发生的规律和特点，可以认为：对于新接装和大修出厂的飞机和部件，故障发生率较高与制造和大修厂家的制造工艺和技术水平有关，属于机务人员不可控因素；机龄或使用时间较长的飞机和部件也因为一些自然的不可控因素，如长期的高温、污染、低压、高频振动等，其故障发生率也同样处于一个较高的水平。机务人员和厂家应尽量降低导线故障对飞行训练的影响，努力使飞机导线尽快进入平稳区和尽量延长平稳区的时间。

五、飞机线路故障特点

飞机线路故障表现形式各有不同，例如，机载设备不工作、指示仪表不稳定、信号不正常等。研究表明，机龄超过 10 年之后，机上总长可达几十千米甚至几百千米的各类导线开始产生裂纹和磨损。这种故障可在一架飞机上出现几百处到上千处，而且比较难检测，其所产生的电阻损耗严重影响设备性能发挥，而电弧和电磁辐射影响很有可能会危及飞行安全。

由于飞机本身的结构限制，布线的空间非常有限，大多数导线穿梭于各金属构架之间。大龄飞机经历长时间的空中飞行后，不断累积的频繁振动可使导线在连接点处，或任何其他硬表面的地方，从而导致擦破绝缘层。另外在对飞机大修和日常检查维护时，导线可能会被人为损伤，或使它们以超过容许的半径弯曲被包扎固定，这样都会在长时间的累积后破坏导线绝缘层。绝缘层的损坏可使铜（导线芯）暴露，为电弧、短路、断路以及电磁辐射与干扰的产生、湿气的入侵创造条件。

一般来说，飞机导线的绝缘层通常厚 0.5 ~ 2mm，由聚酰亚胺、聚氯乙烯、尼龙、聚酯或聚四氟乙烯等材料构成。飞机在航行中，由于高空和地面温差，机内导线周围会凝结很多湿气，长期在这种湿气中，绝缘层会变脆，产生小裂纹，从而使更多的湿气进入。湿电弧开始沿这些裂纹流过，但因所产生的断续电弧太小，不能使普通的断路器跳闸，甚至不会对沿导线传递的信号产生干扰，因此很难被发现，同时很难被立即阻止。小电弧会使绝缘层炭化，而炭又是良导体，一旦积累足够的炭，就有可能产生更大的热损毁，因此可在未触动断路器的情况下引发火灾。

除了电弧的累积热损毁效应，湿气带来的另一个影响就是加大了射频电缆头的电阻损耗。机上各种电缆导线的连接绝大部分都是通过电缆头或连接端子，由于电缆接头的可活动性，导致密封性变差，湿气完全可以进入到内部，从而产生电阻损耗，而且这种损耗对射频信号来讲往往呈几何级数递增，直接造成流经电缆头的射频信号迅速衰减，无法正常有效传输到信号接收处理机，这种影响的后果往往就是射频支路完全失效，不能完成既定任务，同时在BIT（机内测试）诊断上并不直接指示故障点，而是给出其他判断，给故障排查带来困难。

概括来说飞机线路故障主要有以下特点。

（一）飞机线路突发性故障多

飞机线路通常在飞机生产或大修出厂时状态已经确定，在部队定检工作中一般没有相应的专项检查内容。日常维护中只是通过机载设备能否正常工作来判断其状态的好坏，用现有手段无法有效地进行预防。因为飞机线路故障具有表征不明显、隐蔽性高的特点，所引发的故障与事故多是突发性的，特别是飞行过程中，在振动和温度、湿度等外部环境的剧烈变化时此类故障更容易发生。

（二）机上线路故障影响范围大

现代飞机机载装备中，各设备与各系统之间并不是相互独立的，而是存在着复杂交联关系。如飞机电源系统和飞发系统、军械火控系统、供氧系统、飞控系统和航电系统等之间都有交联关系。飞机线路在传递这些信号的过程中起着关键性的作用。在这种情况下如果一根导线发生故障可能导致某个设备工作不正常，也可能导致多部设备、多个系统出现故障。

（三）机上线路故障排查难度大

飞机线路一旦出现故障，其直接表现是某个设备或系统出现问题，在机务维护中通常的排故方法是从设备入手。如果是因为线路原因而损坏了设备，在进行故障排除时很容易将故障简单定位在设备上。此时如果采用换件的方法，不但不能有效排除故障还会导致新换上的设备也被损坏。而且机上线路故障经常表现为接触不良，线路时通时断，在这种情况下设备时而工作正常，时而出现故障，增加了排除故障的难度。

第二节　飞机线路故障分类、表现形式及成因

一、飞机线路故障分类

飞机线路的故障排除虽然困难，但也有一定的规律可循，按照其具体功能可以将线路故障分成以下三大类。

（一）供导线路故障

电能是机载设备工作的能量来源，对于机载电子设备来说，供电是十分重要的环节，因此供导线路的好坏直接关系着电子设备工作情况。通常供导线路的故障主要以两种形式发生，即断路与短路。如果电源线断路，结果是相应的设备不能正常加电工作，这种故障现象明显也比较简单。如果是电源线短路，轻则损坏设备内部元件，重则会导致线路起火、损毁电源设备，最终导致严重后果。因此电源线路的极性关系、接触状态、固定及防护措施等维护检查是机上线路维护的重中之重。

（二）交联信号线路故障

交联信号线路故障通常会导致相应的系统无法正常工作，例如，某型飞机满油信号传感器向控制器输出的信号线路断路，直接导致加油开关无法正常关闭而报出故障。但有时交联信号线路故障也会导致很严重的后果，例如，在飞机上信号线路由于磨损或其他原因而搭铁或接入其他线路信号甚至接入电源的高压信号，这时传输给设备的不正常电压会使相应系统工作异常，甚至会烧毁内部元件而损坏设备。交联信号线路发生故障时排故工作涉及多个设备多个系统，因此故障排除相对困难。

（三）天线馈线故障

天线馈线是利用无线电波进行工作的电子设备与天线之间连接的机上线路。天线馈线中传输的是发射和接收的高频信号，通常都采用同轴电缆。虽说其中的电压不高，但线路的好坏对电子设备来说十分重要。在设备工作中无论高频馈线的芯线还是外层屏蔽网出现问题都会直接使设备无法正常工作甚至损坏。对于接收电路，使接收信号的质量下降，还会受到较大的干扰，而如果芯线断路会使接收设备无法正常接收信号。对于发射线路，芯线短路或屏蔽层没有良好接地均会导致信号无法正常向外发射，而如果芯线断路会导致发射机能量积存，严重时会烧坏发射机。

二、飞机线路故障电路表现形式

飞机线路故障的类型较多，如果按照发生故障的直接原因可以分成以下四种类型。

（一）断路

由于导线、接线片、接线柱等折断，焊点脱焊等原因，造成飞机线路不通的故障称断路故障，简称断路。飞机线路的断路故障也是一种常见的多发性故障。断路故障的危害有两个方面：一是造成电源或信号中断，由此可以导致由该电路所连接或控制的机件、设备不能正常工作，甚至完全不能工作；二是发生断路的部位（如已折断的导线芯线）可能与相邻的其他物件发生短路、拉弧等现象，从而可能引起新的、更为严重的故障。

（二）短路

短路故障往往由于维护管理不良、年久失修、操作不当或设备本身质量问题造成。如飞机线路绝缘因受潮、锐物刺伤、磨损、老化等因素而损坏；接线柱污垢较多而造成柱间放电导通；接线柱松弛（特别是在有频繁振动的场所）导致两柱接线偶尔接触而导通；或连接处因松动造成接触电阻增大而过热，产生火花引起相间短路；金属物掉落导致相间连接等。这些原因都可造成相间接触或放电接触而短路。强大的短路电流，特别是冲击电流，能使相邻导体间产生巨大的电动力。电动力可以使母线弯曲变形，也可使相邻刀片变形，开关损坏等。

（三）接触不良

飞机线路因接触不良产生接触电阻而导致跳火、时断时连或瞬断瞬连的故障现象，这种故障轻则使设备不能正常使用，重则会损坏设备，更有甚者会导致重大的火灾事故。此类故障分为"显性"故障和"隐性"故障，"显性"故障是故障部位有明显的外表特征，容易被人发现，如继电器和接触器线圈过热、冒烟、发焦、触点烧熔、接头松脱、电器声音异常、振动过大、移动不灵、转动不活等。"隐性"故障是故障现象没有明显的表面特征，但通电后会出现电压偏低，功率不足，电器工作不正常等现象。经过长时间运行后，故障才会出现明显特征。

（四）过载

在飞机线路设计过程中，都是根据线路的电源性质及电压高低，电流大小、导线的使用方式及使用环境等条件，经过计算之后来选择使用导线的。因此在正常使用情况下，导线是能安全使用的。但是在实际使用过程中，由于线路中的元件、器件、机件的性能参数发生变化，或换件处理后不能完全保持原来负荷状态，或线路中发生漏电、短路故障或高压窜入低压线路等，都可能使得线路中的实际电流超过或严重超过导线的安全电流。过大的电流在导线芯线中产生过多的热量，使芯线的温度增高，这样导线就会过热而损伤，即导线发生过负荷损伤。

飞机线路发生过负荷故障的危害很大，它严重地威胁飞机的安全使用，甚至导致严重的飞行事故。飞机线路发生过负荷故障的危害主要有以下三个方面：一是使导线损伤甚至毁坏，这样就引起由该导线连接或控制的机件、设备不能正常工作，甚至完全不能工作。二是过负荷的导线可能引起火灾。三是过负荷的导线会释放出大量的有害气体，这些有害气体既危及飞行人员的人身安全，又会加剧火势。

导线过负荷的危害是来自电流的热效应，根据焦耳定律 $Q=0.24I^2Rt$ 可知，线路中的电流越大，过负荷的持续时间越长，导线芯线产生的热量就越大，因而，导线过负荷时的损伤就越严重。导线绝缘层材料发生熔化、燃烧、炭化等物理化学变化，导线芯线则发生氧化、熔融。

三、飞机线路故障具体表现形式

飞机线路中的零部件很多，出现的损伤也可能多种多样，概括来说出现概率较大的飞机线路电气部件主要有：单根导线和电缆、屏蔽编织套、插销、接线板、可拆卸电气连接件、导线和电缆的搭铁接点等。

（一）单根导线和电缆的典型故障

导线绝缘污染和电缆保护层污染；绝缘层和保护层机械损伤，同时导线芯和飞机壳体、导线芯自身之间形成短路；飞机结构锐边同导线和电缆相碰触；导线和电缆被卡箍弯边压紧和卡箍胶垫、卡箍自身损伤。

（二）插销接头的典型损伤

由于材料脆性和机械载荷作用使壳体结构件局部或全部损坏；插销和插孔表面污染，同时生成增大转接电阻的氧化膜；水和灰尘或水蒸气凝结；电缆收头处被插销接头的拉紧卡箍拉松。

（三）屏蔽套和屏蔽收头损伤

主要有电缆和导线屏蔽套机械损伤；导线屏蔽收头损伤；屏蔽套与飞机壳体连接处损坏。

（四）接线板和导线连接螺栓的典型故障

表面污染和腐蚀（常形成虚假电路）、元件自身或导电件固定松动、机械损伤和螺纹破坏、导线在连接片收头处折断、插座壳体和结构件之间绝缘层脱落。

统计显示，飞机线路中17种具体表现：焊点虚接、焊点脱开、压接不牢、插销退针、插头松动、接触偶积炭、接触偶松动、接线扭折断丝、接线受力断裂、接线片断裂、接线片松脱、电接触表面腐蚀、屏蔽层破损、绝缘层破损搭铁、壳体（底座）开裂、活动触点粘连、活动触点接触不良。

四、飞机线路故障根源

上述分析的是造成飞机线路故障的直接原因，但追根溯源，造成当前飞机线路故障多发根本原因主要有以下几方面。

（一）设计和安装存在不足

目前布线系统还仅是电气专业室下的一个分专业，未提升至整机布线系统的层面设计。线路布局不够规范和合理，缺乏使用数据对线路器件可靠性进行支持，线路安装仍以经验为主，工艺不够精良等。

（二）缺乏对线路故障进行内在机理分析

在维护和修理时，重点是对已有故障进行排除，没有分析不同类型、部位线路故障的特点，找出内在联系，为制定规范、整改等工作提供科学依据。

（三）缺乏全寿命周期的评估和改进体系

设计端和维护端缺乏有机结合，依旧实行粗放式管理方式，没有科学有效的评估手段，缺乏持续改进机制。

（四）没有科学规范的标准体系

未建立覆盖全寿命周期、全要素的标准体系，包括缺乏体系的设计、加改装、检查等相关标准。

（五）缺乏先进的线路检测技术手段

在排故过程中，以常规线路排故手段为主，没有能够实现单端测量、精确定位、检测间歇性故障的技术手段。

第三章 组成部件

无论是民用飞机还是军用飞机，飞机线路系统在飞机上扮演着越来越重要的角色，它们能否正常工作，直接关系到飞机的可靠性和安全性。飞机线路遍布飞机的每个角落，成为飞机不可缺少的组成部分，人们将飞机线路形象地比喻为飞机的血液和神经系统，是十分准确和恰当的。

飞机线路主要由航空导线、电连接器以及其他的电路连接设备、控制设备组成。本章主要介绍飞机线路的组成部件，为做好飞机维护奠定基础。

第一节 航空导线

包裹在同一绝缘材料之下的单一实心导体或扭绞导体，称为导线（或电线）。导线是飞机线路的最基本元件。可以说，哪里有飞机线路，哪里就有导线。导线是用来传输电能和传递信息的。航空飞行器上使用的各种导线，统称为航空导线。

一、航空导线分类

航空导线按照其结构、性能和用途可以分为四类：普通导线、屏蔽导线、同轴电缆和特殊导线。

普通导线按绝缘层耐电压能力，又可分为低压导线和高压导线；按导线耐温能力，又可分为常温导线和高温导线；按导线抗无线电干扰能力，又可分为普通导线和屏蔽导线；为了满足飞机的部分特殊要求，航空导线还有耐火、油量表、热电偶等特殊类型的导线。

（一）低压导线

低压导线主要用于机舱内的线路布线，常见航空用聚氯乙烯绝缘尼龙护套导线、航空用聚酰亚胺绝缘导线、航空用含氟聚合物绝缘导线三类；这三类低压导线执行标准分别是GJB 76—1985、GJB 77—1985 和 GJB 773A—2000。低压导线的绝缘材料的最高耐压值为600V。由内到外，低压导线一般由线芯、绝缘层和护套三部分组成；由于线芯、绝缘层和护套材料的不同，低压导线又分为聚氯乙烯绝缘尼龙护套导线、聚酰亚胺绝缘导线、含氟聚合物绝缘导线等多个品种。常见航空低压绝缘导线的型号、额定电压、额定温度及用途特征见表3–1。

表 3-1　常见航空低压导线一览表

分类	品种	型号	电压 /V	温度 /℃	用途特征
聚氯乙烯绝缘尼龙护套导线	（1）镀镍铜芯 105℃聚氯乙烯绝缘尼龙护套导线	FN-1 FNP-1	600	105	综合性能好，适宜在低温区域做电能传输和信息传递
	（2）铝芯 105℃聚氯乙烯绝缘尼龙护套导线	FN1-11	600	105	（1）重量较轻，用于主电源线路
	（3）镀锡铜合金芯 105℃聚氯乙烯绝缘尼龙护套导线	FN-6 FNP-6	600	105	线芯的力学性能好，可用于常温区的控制信号传递系统
	（4）镀锡铜芯 105℃聚氯乙烯绝缘 / 玻璃丝尼龙护套导线	FN1-1 FN1P-1	600	105	同（1），绝缘机械强度改善，导线过载能力提高
	（5）镀锡铜芯 3000V 聚氯乙烯绝缘尼龙护套导线	FNH-1 FNPH-1	3000	105	同（1），用于高压日光灯接线和使用电压较高场合
	（6）镀锡铜芯 80℃聚氯乙烯绝缘尼龙护套导线	FN-1/80 FNP-1/80	600	80	同（1），尼龙导线中，价格最便宜，但使用温度不超过80℃
聚酰亚胺绝缘导线	（7）镀银铜芯 PI/F46 绝缘 PI 漆护层导线	FY1-2 FY1P-2	600	200	绝缘机械强度好、薄壁结构、体积小、重量轻，用于环境温度较高的场合。受热不变形，过载能力好，并具有耐辐射性能
	（8）镀银铜芯 PI/F46 绝缘 F4 生料带护套导线	FY2-2 FY2P-2	600	200	同（7），并具有耐潮性能，用于环境温度较高的电力传输线路上
	（9）铝芯 PI/F46 绝缘 F4 生料带护套导线	FY2-11	600	150	同（8），但重量轻，用于大容量的主电源线路
	（10）镀银铜合金线芯 PI/F46 绝缘 PI 漆护层导线	FY1-7 FY1P-7	600	200	同（7），线芯机械强度高，用于信号控制回路
含氟聚合物绝缘导线	（11）镀镍铜芯聚四氟乙烯（PTFE）绝缘导线	FF4-3 FF4P-3	600	260	绝缘耐温等级较高，产品耐油和耐其他化学品性能良好，适用于环境温度较高场合下的精密仪表、线路板、电气和电子仪器中的内部连接线
	（12）镀银铜芯聚四氟乙烯绝缘导线	FF4-2 FF4P-2	600	200	同（11），使用温度不超过200℃
	（13）镀镍铜芯聚四氟乙烯轻型导线	FF4-3Q FF4P-3Q	600	260	同（11），尺寸较小，重量较轻
	（14）镀银铜芯聚四氟乙烯轻型导线	FF4-2Q FF4P-2Q	600	200	同（12），尺寸较小，重量较轻
	（15）镀镍铜合金线芯聚四氟乙烯绝缘导线	FF4-8 FF4P-8	600	260	同（11），尺寸较小，重量较轻
	（16）镀银铜合金线芯聚四氟乙烯绝缘导线	FF4-7 FF4P-7	600	200	同（12），尺寸较小，重量较轻

表 3-1（续）

分类	品种	型号	电压 /V	温度 /℃	用途特征
含氟聚合物绝缘导线	（17）镀银铜芯氟化乙丙烯（FEP）绝缘导线	FF46-2 FF46P-2	600	200	绝缘厚度较薄，导线可以大长度制造
	（18）镀银铜合金线芯聚全氟乙丙烯绝缘导线	FF46-7 FF46P-7	600	200	同（17），导线机械强度高，用于信号控制电路
	（19）镀镍铜芯耐磨聚四氟乙烯绝缘导线	FF41-3 FF41P-3	600	260	同（11），耐磨性更好
	（20）镀银铜芯耐磨聚四氟乙烯绝缘导线	FF41-2 FF41P-2	600	260	同（11）
	（21）镀镍铜芯聚四氟乙烯 /玻璃丝组合绝缘导线	FF44-3 FF44P-3	600	200	同（11），使用温度不超过200℃
	（22）镀银铜芯聚四氟乙烯 /玻璃丝组合绝缘导线	FF44-2 FF44P-2	600	260	同（11），尺寸较小，重量较轻
	（23）镀锡铜芯交联 ETFE绝缘导线	FF40J-1 FF40JH10-1	600	150	同（11），尺寸较小，重量轻，综合性能优异
	（24）镀银铜芯交联 ETFE绝缘导线	FF40J-2 FF40JH10-2	600	200	同（11），尺寸较小，重量轻，耐温等级高，综合性能优异

注：额定温度是指导体的最高允许连续工作温度；额定电压是指主绝缘导体和"地"（金属屏蔽、金属套或周围介质）之间的电压有效值；当导线用于交流系统时，导线的额定电压至少应等于该系统的标称电压；当用于直流系统中时，该系统的标称电压应不大于导线额定电压的 1.5 倍。

普通的聚氯乙烯绝缘尼龙护套导线和聚酰亚胺绝缘导线一般由线芯、绝缘层和护套三部分组成；而含氟聚合物绝缘导线由于绝缘层具有良好的理化性能，有些导线没有绝缘护套，只由线芯和绝缘层两部分组成，见图 3-1。

线芯　　绝缘层　　护套　　　　　　　　　　线芯　　　　绝缘层

有绝缘护套　　　　　　　　　　　　　　　无绝缘护套

图 3-1　普通低压绝缘导线的典型结构

在对机载设备会产生干扰的电路上和防止受到外界电磁环境干扰的电路上，一般采用屏蔽导线；屏蔽导线的屏蔽层主要由镀银、镀锡的铜丝编织成网状结构而成。屏蔽导线又可采用无屏蔽护套的屏蔽导线或有屏蔽护套的屏蔽导线，其结构见图 3-2 和图 3-3。

飞机上常用的环境温度为 105℃ 的导线线芯主要由镀锡的多股铜丝组成；环境温度为 200℃ 的导线线芯主要由镀银的多股铜丝组成；环境温度为 260℃ 的导线线芯主要由镀镍的多股铜丝组成。

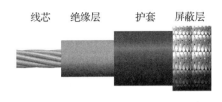
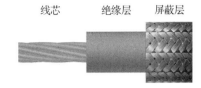

有绝缘护套　　　　　　　　　　　　　　无绝缘护套

图 3-2　无屏蔽护套低压屏蔽导线的典型结构

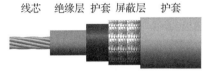
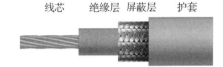

有绝缘护套　　　　　　　　　　　　　　无绝缘护套

图 3-3　有屏蔽护套低压屏蔽导线的典型结构

（二）高压导线

　　飞机上的高压导线多用于发动机起动和加力点火电路，其典型结构如图 3-4 所示，具有较厚的耐高温绝缘层，外部还包有耐高温的护套，能耐压高达 10kV以上。

　　常见飞机用高压点火导线的用途特征如表 3-2 所示。

图 3-4　高压绝缘导线的典型结构

表 3-2　常见飞机用高压点火导线的用途特征

序号	分类	品种	型号	温度 /℃	用途特征
1	橡皮绝缘高压点火线	钢芯氯磺化聚乙烯橡皮绝缘护套高压点火线	FG	90	综合性绝缘耐温等级较高，产品耐油和耐其他化学品性能良好，并有耐电晕、臭氧和耐有害介质性能较高，可承受25kV 高压
2	氟塑料绝缘高压点火线	铜芯 F4 薄膜绝缘玻璃丝编织硅有机浸渍点火线	FGF	250	喷气飞机起动点火和加力点火用，耐温性能好，可承受 10kV 高压
3	聚酰亚胺绝缘高压点火线	镀银铜芯聚酰亚胺薄膜绝缘高压点火线	GFY	300	综合性绝缘耐温等级较高，产品耐油和耐其他化学品性能良好，使用温度可达 300℃，耐电压性能优良，并能承受高电压
4	橡皮绝缘高压点火线	镀银铜芯硅橡胶绝缘高压点火线	AGG	180	综合性绝缘耐温等级较高，产品耐油和耐其他化学品性能良好，使用温度可达180℃，耐电晕、耐高温、耐腐蚀、柔软性能良好，并能承受高电压

（三）专用导线及电缆

1. 热电偶连接导线

在发动机排气温度、发动机滑油温度和发动机燃油温度的指示系统中，使用的温度传感器是热电偶。热电偶由两种不同金属材料焊接而成。连接发动机排气温度传感器的导线一根是耐高温的镍铬合金导线，另一根是镍基铝锰合金导线。在维护工作中必须注意，接线时不能将两根不同材料的导线接反，否则会造成温度指示系统故障。

热电偶传感器接线端必须使用磅表来磅螺母的扭力，因为电接触螺栓全部都是防扭力螺栓，当扭力超过一定数值后它会被扭断，螺母的扭力值见相关机型的飞机维护手册。

2. 防火系统线路

防火系统使用的导线具有红色、白色或红白相间的绝缘外套，导线特别耐高温。导线的工作环境温度是 400℃。要求在导线绝缘和导线本身烧毁之前 5min 之内能够承受 1093℃高温，它的结构从外到里分别是带玻璃纤维的聚四氟乙烯材料（GPTFE）、聚四氟乙烯（PTFE）、硅树脂绝缘材料（SI）、镀镍高密度铜线（Cu/NI）。其中硅树脂绝缘材料主要作用是增强导线的耐磨性和阻燃性；带玻璃纤维的聚四氟乙烯材料的主要作用是增强导线的耐磨性、抗火性、抗拉性和阻燃性。

3. 燃油量测量电路导线

在飞机燃油量测量系统中最常使用的传感器技术是电容式传感器。电容传感器的初始电容量很小，而传感器的引线电缆电容（1 ~ 2m 导线可达 800pF）、测量电路的杂散电容以及传感器极板与其周围导体构成的电容等"寄生电容"却较大，这一方面降低了传感器的灵敏度，另一方面这些电容常常是随机变化的，将使传感器工作不稳定，影响测量精度，其变化量甚至超过被测量引起的电容变化量，致使传感器无法工作。为了减少电缆分布电容的影响，使用双层屏蔽电缆，采用等电位传输技术，也就是"驱动电缆"技术。这种方法的基本思想是：连接电缆采用内外双层屏蔽，使内屏蔽层与外屏蔽层的导线电位相同，因而两者之间没有电容性电流存在，这样使引线与内屏蔽之间的电缆电容不起作用，外屏蔽层仍接地而对外接电场起屏蔽作用。

4. 同轴电缆

环境温度范围为 –40 ~ 84℃，主要用于通信系统的高频传输，其匹配阻抗是 50Ω。高频同轴电缆从外到里的结构是：聚氯乙烯材料、聚酰胺、屏蔽防波层、抗腐蚀防热张力材料和芯线。屏蔽层可作为回线使用，还可起到屏蔽作用，芯线是镀银单芯铜线。对于 400MHz 以上和 I 临界射频电路中使用的同轴电缆，应考虑临界电气特性，如衰减、分布电容、结构反射损耗、环境要求、短路线和接地，同轴电缆的选择应按有关标准执行。以横向电磁波模式工作的同轴电缆以及外表面带有管状金属外皮的同轴电缆，为便于识别，都有绑扎标识带，标识间隔一般为 600mm，在端接处应为 150mm。

二、导线的规格

导线规格一般是指额定电压、导体的芯数以及导体截面积的大小；一般主要用导体截面积来描述导线规格。不同国家采用的描述方式不同，如中国直接采用导线的截面积表示导线规格；而美国采用线号来表示。飞机上安装的导线通常使用"美国线规"（AWG）号进行表示，也就是常说的线号，线号越大，导体的截面积就越小；线号越小，导体的截面积就越大。美国线号共有 44 个等级，按照导体的截面积从大到小依次为 0000（记作 4/0），000（记作 3/0），00（记作 2/0），0（记作 1/0），1，2，3，…，40。在飞机上，一般使用 3/0 至 26 号的导线，4/0 号以及 26 号以后的导线较少使用。0 号至 4/0 号之间的导线一般用于大功率负载线以及电源系统的馈线。表 3–3 给出了 AWG 标准与其他线规的对应关系。

表 3–3　AWG 与其他导线规格对照

AWG 规格	英制线缆尺寸代码	Ω/1000ft[1] 25℃	真实截面 mm²	in²[2]
26	001	41.6	0.15	0.2×10^{-3}
24	002	26.2	0.24	0.3×10^{-3}
22	004	16.5	0.38	0.5×10^{-3}
20	006	10.4	0.60	0.9×10^{-3}
18	010	6.51	0.96	1.5×10^{-3}
16	012	4.09	1.23	2×10^{-3}
14	020	2.58	1.94	3×10^{-3}
12	030	1.62	2.96	4×10^{-3}
10	050	1.02	5.15	7×10^{-3}
8	090	0.641	8.98	10×10^{-3}
6	140	0.403	13.4	20×10^{-3}
4	220	0.253	21.8	30×10^{-3}
2	340	0.159	34.5	50×10^{-3}
1	420	0.100	41.8	60×10^{-3}
0	530	0.126	52.7	80×10^{-3}
00	680	0.0795	67.2	0.1
000	850	0.0630	84.8	0.13
0000	107	0.0500	107.8	0.167

三、导线的标识

为了便于飞机线路的维修、排除故障和更换导线，飞机上每根导线或电缆均应在其绝缘护套或附加标识套管上标有标识编号。导线标识编号分为有电路功能代号和无电路功能代号两种。

（一）有电路功能代号的导线标识

依据 HB6386—1990 标准，有电路功能代号的导线标识是在导线、电缆上印制的标识编号，横读时是从左到右，而竖读时是从上到下。有电路功能代号的标识又分为两种情况，一种是标识中带有设备型号，一种是标识中不带有设备型号，见图 3–5 和图 3–6。

---

① 1 英尺（ft）=0.3048 米（m）。

② 1 平方英寸（in²）≈ 6.45 平方厘米（cm²）。

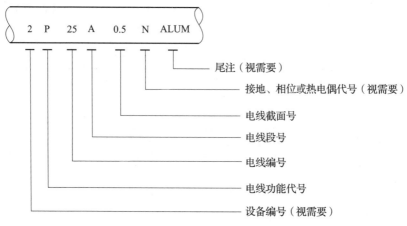

图 3-5　不带设备型号的导线标识

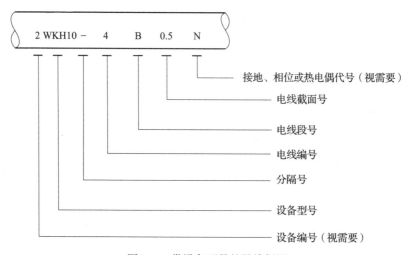

图 3-6　带设备型号的导线标识

具体说明：

1. 设备编号

在同飞机内装有两个或更多的相同设备，并要求这些设备基本编号相同时，可以用加前缀设备编号"1""2""3""4"等来区别这些设备的导线、电缆。为了满足互换的要求，安装在左、右机翼，发动机舱以及主要的可互换结构件上的相同布线，编号相同，而没有前缀设备编号。

2. 电路功能字母代号

按照 HB6386—1990 电路功能字母代号作标识，当 4 根导线承担不止一个电路功能时，电路功能的识别字母为其承担的主要功能；当不确定其承担的主要电路功能时，电路功能的识别字母为最小的电路功能字母。

3. 导线编号

导线编号以最小数开头，按数字顺序为每一根导线指定 1 个编号。不同的导线编号代表没有公共接头或连接点的导线；相同的导线编号说明电路的功能相同并有公共对接接点（但导线分段字母不同）。其中，导线编号 2000 ~ 4999 留给使用方，当飞机维修更改，需要增装导线时，用作新导线的标识编号。

4. 导线分段字母

导线分段字母用于区别某一具体电路中不同的导线段。对于具有公共接头或连接点的各导线段具有不同的导线分段字母。导线段编号应按英文字母顺序，用"A"表示每个电路从电源端开始的第一段导线。如果一个电路只有一根线，那么导线分段字母应标为"A"。字母"I""O"不得用作导线分段字母，当导线段数超过24个时，双字母"AA""AB""AC"等用来依次表示。如果修改时采用死接头形成永久性对接的两段导线，则采用相同的导线分段字母。

5. 导线截面号

导线截面号用以区别不同导线或电缆的规格尺寸。对于同轴电缆和热电偶线不标导线截面号。热电偶线用一个短横（﹣）代替导线截面号。

6. 接地、相位和热电偶线代号

任一电路中与接地网路相接的任何导线，其标识的最后用字母"N"作为接地标识；对于交流系统三相配电布线中的导线，字母"A""B""C"作为导线标识以标明导线的相位，相序为"A–B–C"。字母"A""B""C"分别与相序"T1""T2""T3"相对应。交流单相系统中非接地导线，相位字母"V"标识在最后；热电偶线用尾注标识，其中 CR 为铬，AL 为镍铝，FE 为铁，CN 为康铜，CU 为铜。

7. 铝芯线

尾注 ALUM 表示铝芯线。

8. 备用接触偶

接在连接器备用接触偶上的备用导线，用该接触偶的编号作标识。

9. 线束

每个线束的识别编号用"W"字母开头，后面编有不同的数字号码如"W–1""W–2""W–3""W–4"等。

10. 以设备型号命名的导线标识

若需要以设备型号作导线标识，则导线标识编号采用设备型号代替设备编号和电路功能代号，但设备型号不得用连字符和任何其他尾注字母。每个设备线束的导线号应从 1 开始，根据需要依次连续编号。例如，设备 WKH–10 的导线可以标为 WKH10–1A0.75……

（二）无电路功能代号的导线标识

当飞机导线标识确定为无电路功能代号时，导线标识分为线束代号、线束编号、导线编号、分隔号、导线截面号、专用代号（视需要）几部分，见图 3–7。

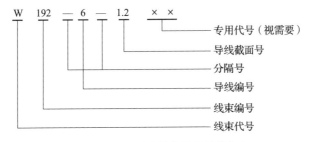

图 3–7 无电路功能代号的导线标识

具体说明：

1. 线束标识编号法

每一线束均由表示线束的字母"W"及其后面的一个不超过四位数字的编号来标识。

2. 导线标识编号法

飞机上每根导线、电缆均由确定一个唯一的"字母－数字"组合，以便区别飞机内每根线。

3. 导线编号

对于由死接头连接起来的导线编号在一个线束与另一个线束之间具有连续性。

4. 热电偶

热电偶线用尾注标识，其中 CR 表示铬，AL 表示镍铝，FE 表示铁，CN 表示康铜，CU 表示铜。

5. 带色标的电缆

由两根或更多的导线组成的有护套的、屏蔽的或扭绞的电缆，所含导线采用不同颜色的单色条纹、色带或整根导线用一种颜色区别时，导线标识编号相同。标在导线截面号的后面的两个字母代号表示电缆中的每根导线的颜色，具体如下：黑色为 BK，蓝色为 BL，褐色为 BR，紫色为 VT，红色为 RD，灰色为 GY，橙色为 OR，白色为 WH，黄色为 YE，粉红色为 PK，绿色为 GN。

6. 铝芯线

尾注 ALUM 表示铝芯线。

7. 屏蔽层

标识编号后面的"SH"表示屏蔽电缆。

四、导线的选用及替代

（一）导线选用

飞机导线选用时需考虑的因素有电压、电流、环境温度、绝缘等级、机械强度、磨损、弯曲及高空气压变化。必要时还应考虑恶劣的环境，例如，频繁弯曲缠绕、强气流和潮湿区域以及导线绝缘对有关液体的敏感程度。

从理论上讲，导线选用时一般考虑以下四个因素：（1）线路允许的电压降；（2）线路上允许的电功率损耗；（3）导线绝缘层的耐热性能；（4）导线的机械强度及耐高温的性能。

1. 允许的电压降

线路上的电压降是传输线路中流过的电流与线路的阻值的乘积。负载的电流增加，线路上的电压降必然也随之增大；如果线路上的电压降过大，使负载端电压低于设备工作的规定值，将会导致设备无法正常工作。国军标 GJB181 中对不同设备的线路压降有相关的技术要求。A 类用电设备，交流线路电压降不超过 2V，直流线路电压降不超过 1V；B 类用电设备，交流线路电压降不超过 4V，直流线路电压降不超过 2V；C 类用电设备，交流线路电压降不超过 8V，直流线路电压降不超过 3V。

在选择导线时，如果已知用电设备的最大负载电流 Im，就可以根据线路允许的电压降 $Uw=Im \times Rw$ 的关系式，计算得出线路上的允许电阻值；在机上线路长度已知时，据此，就可以计算出导线单位长度的电阻值，那么，我们就可以根据相关的导线标准查找所需要的导线。

2. 允许的电功率损耗

传输线路中允许的电功率损耗等于线路中流过的电流平方值与传输线路中允许的电阻值的乘积。如果在已知线路负载电流的情况下，可以用线路负载电流与线路允许的电压降的乘积计算线路上允许的电功率损耗。如果线路上允许的电功率损耗小于要求的允许的电功率损耗则符合线路的要求。

3. 绝缘层的耐热性能

线路导线的绝缘层的受热来源主要有两个，一个是导线中流过电流时产生的热量，另一个是导线周围的环境温度对导线的影响。一般情况下，如果线路没短路，导线中负载电流产生的温升是不足以使导线的温度有着明显的升高的，相比之下，环境温度对导线温升的影响要高得多。在导线的技术数据中，一般给出了导线工作环境温度的额定值，在选用时要确保工作环境的温度不超过导线的额定温度值。导线／电缆的额定温度为105℃时，用于飞机的常温区域；额定温度为260℃时，用于飞机的发动机、辅助动力装置和气源管道附近等高温区域。

（二）导线替代

在日常的维护工作中，地勤维护人员偶尔会遇到线路故障，需要更换导线来彻底排除故障；在此情况下，需要选用替代的导线。

选用代用导线时，最基本的原则是：代用导线的性能只能优于原装导线，至少不低于原装导线。导线性能从导体材料、导线的绝缘材料和导线规格三个方面加以考虑。

1. 导体材料选择

导线材料主要从导体的导电率、导体的强度以及导体的耐温性三个方面考虑导体的性能。航空导线导体材料选用的范围比较广，各种材料的性质各不相同，因此，在选用代用导线时必须十分谨慎，不能用低导电率的导体代用原装导线；也不能用低强度或耐温性差的导体代用原装导线。例如，原装导线的导体是镀镍高强度铜合金，那么镀银高强度铜合金导线就可以作为代用品，而镀锡铜线就不合适。

2. 导线的绝缘材料选择

代用时，导线的绝缘材料要考察绝缘材料的耐热性、抗油液性能和绝缘性。航空导线的绝缘材料的种类不少，各种绝缘材料的耐热性各不相同，有的材料不具备抗液压油和航空润滑油性能。

一般来讲，发动机和发动机吊舱区域使用的导线的绝缘材料性能要求最高。这些区域中的导线不但要有良好的耐热性，而且还要有抗液压油、润滑油和燃油等性能，所以这些区域中所用的导线不能用其他区域中的导线替代。

飞机增压舱以外的区域，如轮舱、机翼、尾翼中使用的导线要求也比较高。

飞机增压舱内使用的导线由于一般没有液压油、润滑油和燃油等油液的侵蚀，加上增压舱内温度变化范围小，所以增压舱内的导线的替代较容易选择。

事实上，绝缘材料的绝缘性能与耐热性及抗油液性能具有这样的关系：耐热性和抗油液性能良好的绝缘材料，其绝缘性能也较好；耐热性和抗油液性能差的绝缘材料，由于易老化、易受侵蚀，所以，绝缘性能也差。

3. 导线规格的选择

导线的规格与导线截面积具有一一对应的关系。截面大的导体，其单位长度的电阻阻值小，因此，为了确保线路上容许的压降和电功率损耗在规定的范围内，替代的导线的截面积至少不小于原装导线的截面积。

表 3-4 给出腊克塑料绝缘（FVL）导线通过的最大电流与所需导线截面积的对应值。

表 3-4　FVL 导线截面积与允许最大电流的关系

标称 截面积 /mm²	单根导线允许 电流 /A（环境 温度 20℃）	导线束的允许 电流 /A（环境 温度 20℃）	标称 截面积 /mm²	单根导线允许 电流 /A（环境 温度 20℃）	导线束的允许 电流 /A（环境 温度 20℃）
0.75	20	11	5.15	70	40
1	25	14	8.8	95	56
1.5	32	18	13	124	75
1.93	38	22	21	170	100
2.5	44	25	50	290	170
4	58	35	70	360	220

例 1　单根敷设，通过电流为 25A 的导线，应选多大截面积？

查表 3-4 中"单根导线允许电流"一栏，找到 25A 这一行，然后沿水平向左到"标称截面"一栏下，就可以找到应选择标称截面为 1mm² 的导线。

例 2　成束敷设，通过电流为 15A 的导线，应选多大截面积？

查 3-4 表中"导线束的允许电流"一栏，没有 15A 这一行，但是有与 15A 接近的 14A 和 18A 这两行，本着选大不选小的原则，可沿着 18A 这行水平向左到"标称截面"一栏内，就可以找到应选择标称截面为 1.5mm² 的导线。

第二节　电 连 接 器

电连接器在器件与器件、组件与组件、系统与系统之间进行电气连接和信号传递，是构成一个完整系统所必需的基础元件。对于飞机来讲，为了将分布于全机的机载系统的各段导线、电缆连接组成有机整体，成品与成品之间、成品与电缆之间，以及电缆与电缆对接处，大量地采用电连接器作为连接装置，通常一架飞机上电连接器的使用量可达数百件至几千件，牵扯到好几万个线路。因此，电连接器除了要满足安装尺寸、插拔次数、连接方式等一般技术要求外，还要特别关注电连接器的接触偶的接触性、工作可靠性和使用维护方便。其工作可靠与否直接影响飞机线路的正常工作，甚至影响飞机安全性。为此，在飞机上，对电连接器的质量和可靠性有非常严格的要求。

一、电连接器的组成

航空电连接器一般由壳体、绝缘体、接插件三大部分组成，分为插头和插座两大部件。

（一）壳体

电连接器的壳体（外壳）通常由插座壳体、插头壳体、连接螺母、尾部附件等组成，见图3-8。外壳的作用是保护绝缘体和绝缘体等电连接器内部零件不被损伤。上面的定位槽保证插头与插座定位。连接螺母用于插头座连接和分离，尾部附件用于保护导线和接触体端接处不受损伤并用于固定电缆。壳体具有一定的电磁屏蔽作用。

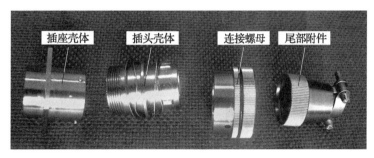

图3-8　典型的电连接器壳体

为适应航空产品性能高、重量轻等要求，壳体零件通常用铸铝合金材料，采用金属模具压力铸造成形，并辅以机械加工而成。现代的电连接器壳体大多用硬铝合金经机械加工而成。玻璃封焊的密封电连接器插座壳体大多采用碳钢或合金钢材料机械加工而成。壳体表面采用阳极化、镀镍、镀军绿色镉等达到防蚀的目的。

（二）绝缘体

电连接器的绝缘体通常由插针接触体绝缘体、插孔接触体绝缘体、界面封严体、封线体等组成，见图3-9。它用以保持接触偶在设定的位置上，并使各个接触偶之间及各接触偶与壳体之间相互电气绝缘。通过绝缘体并采取封严措施，以提高电连接器的耐环境性能。

图3-9　典型的电连接器绝缘体

为适应航空产品的耐高温、低温且零件几何尺寸稳定可靠，绝缘体大多采用热固性塑料经模塑成形；界面封严体、封线体大多采用硅氟橡胶经注塑成形。

（三）接触偶及端接形式

电连接器是靠接触偶来实现连接电路这一功能的。目前国产航空电连接器中使用的接触偶一般都是插针接触偶与插孔接触偶构成插合式接触组合件。它的电连接是靠插孔接触偶（或插针接触偶）上的弹性元件产生的弹力使插孔接触偶和插针接触偶相互接触来实现的。无论是插孔接触偶或是插针接触偶，一般都是由接触、固定和端接三个部分构成。接触偶的结构形式可分为有性接触偶和中性接触偶两大类。我国航空电连接器中所采用的接触偶几乎都是有性接触偶。有性接触偶包括被包容部分和包容部分。被包容部分为阳性通称插针接触偶；包容部分为阴性通称插孔接触偶。有性接触偶一般采用刚性插针接触偶和弹性插孔接触偶形式。

接触偶是电连接器中的重要元件，直接影响着电连接器的可靠性。因此接触偶应满足以下要求：其一，应保证在振动、冲击环境条件中良好的电接触；其二，应插合与分离方便；其三，应具有与电连接器使用期相匹配的插拔寿命；其四，必须保证当接触偶各部分尺寸及其在绝缘体中安装位置的公差关系处于极限时，其电气和机械特性仍能满足使用要求。

为适应航空电连接器高可靠的电连接要求，接触偶大多采用铜合金材料经自动机床或半自动机床车削加工而成。表面采用镀银或镀金等达到导电及防蚀目的。

通常，接触件与导线的端接形式有四种：钎焊、熔焊、绕接和压接，每一种端接形式均有其明显的优缺点。它们不仅在连接质量、尺寸大小、轻重方面，而且在连接速度、组装难易程度、维修性等方面都有所不同。我国目前航空电连接器常用的端接形式主要是焊接（即钎焊）和压接两种，见图 3-10 和图 3-11。

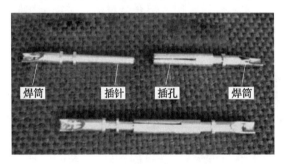

图 3-10　典型的焊接接触偶

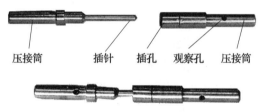

图 3-11　典型的压接接触偶

1. 焊接。焊接方法使用最早。目前我国电连接器在接触件端接方面焊接仍被大量地使用。但现在正逐步被压接所取代。焊接形式的优点是当焊接人员的技术水平高时，则焊后的连接几乎能成为理想的导体，并且能够符合严格的技术要求。手工焊接工具价格低廉。然而焊接有许多缺点，有一些缺点是很难克服的。例如，焊料在潮湿的空气中容易产生腐蚀；焊接的缺陷通常在表面检查时无法检查出来；现场维修不方便；焊接所产生的高温对元件和材料易造成损坏和损伤；电连接器使用温度超过 150℃时不能用软焊料焊接；焊接工作要求有熟练技术的焊接人员；在接触件与导线焊接处导线芯产生趋肤效应而硬化，产生应力集中易使导线折断。

2. 压接。压接是借助控制挤压力和金属位移使电连接器的接触件和导线实现连接。由于这种方法有许多优点，使它具有广阔的应用前景。压接在我国航空电连接器中的使用正在日益扩大，将逐步取代焊接。压接的优点是在端接中使用的压力高而产生的温度低，元件和材料不会因高温而受到损坏；压接使导线芯与接触件端接处的金属匀称变形，相互充溢，排除了其间的任何空虚之处，达到良好的连接；压接不需使用焊料和添加剂，没有腐蚀问题；压接的连接强度高；压接处的质量容易检查；压接工作清洁对环境无污染；压接使用的工具简便易操作，对人员技术要求不高；压接操作对外场维修方便易行等。其缺点是压接的接触件的端接孔径与端接的导线线芯直径有严格的适配要求；每一个接触件只能压接一次，不能重复使用等。

为了能使电连接器中接触件的装卸在每一个接触件上单独实施，采用了两种单独装卸接触件的方式，即前松后卸式和后松后卸式。目前，两种装卸方式在电连接器上均有采用。

（1）前松后卸式

前松后卸式是接触件与导线压接后用工具将其从电连接器的后面嵌入到位。要卸出接触件时，用工具从电连接器的前面插入开启接触件的夹持机构，将接触件连同导线从电连接器的后面卸出。其装入步骤见图 3-12，卸出步骤见图 3-13。

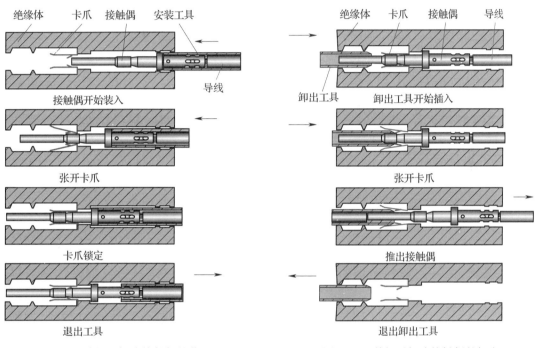

| 图 3-12 前松后卸式接触偶的装入 | 图 3-13 前松后卸式接触偶的卸出 |

（2）后松后卸式

后松后卸式是接触件与导线压接后用工具将其从电连接器的后面嵌入到位。要卸出接触件时，用工具从电连接器的后面插入，开启接触件的夹持机构，将接触件连同导线从电连接器的后面卸出。其装入步骤见图 3-14，卸出步骤见图 3-15。

（3）两种装卸方式的比较

接触件的前松后卸式和后松后卸式各有其优缺点，两种方式优缺点比较见表 3-5。目前，接触偶的装卸方式倾向采用后松后卸式。

（四）封严塞

在不安装接触偶组件的插头座组件孔穴（一些多余不用或者备用的孔位，即空脚）中，装入封严塞。封严塞的规格见表 3-6。如果这些空脚处理不好，会直接影响插头座组件整体的耐环境性能和电性能。空脚太多时，为保证制作线缆的强度，也可将长约为 100cm 的导线与接触偶压接后送入空脚孔位，但是露出的线芯要做好绝缘处理。

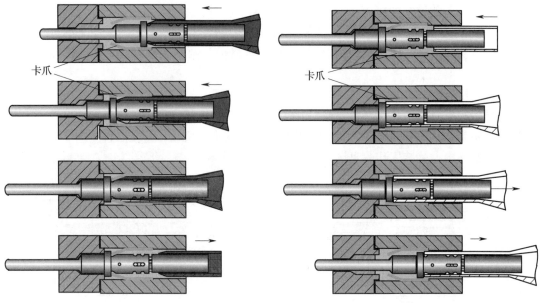

图 3-14　后松后卸式接触偶的装入　　　　图 3-15　后松后卸式接触偶的卸出

表 3-5　接触偶装卸方式的比较

序号	项目	前松后卸式	后松后卸式
1	接触件的结构	每一对接触件中部定位部分有直径突变和切槽（插孔有一个，插针有两个）的应力集中点	仅插针接触件是一个改善了的应力集中点
2	卡爪结构	卡爪结构复杂，工艺制造难度大	卡爪结构简单，工艺制造方便
3	接触件与绝缘配合	接触件与绝缘体之间有工具插入的空隙，插孔绝缘体上没有限制大直径插针插入孔	接触件与绝缘体之间不需要工具插入的空隙，插孔绝缘体上有限制大直径插针插入孔
4	导线尺寸	可以端接过尺寸的绝缘外径的导线	不可以端接过尺寸的绝缘外径的导线
5	屏蔽导线	屏蔽件能贴紧引线到封线体表面，能提供有效的屏蔽	
6	接触件的维护	卸出工具容易找准正确的位置。卸出接触件时，有可能致使插针弯曲	识别接触件的位置困难。卸出接触件时，不会造成插针弯曲
7	断线的接触件卸出	可使用标准的卸出工具卸出断线的接触件	必须用专用工具卸出断线的接触件
8	维护工具	要求使用金属工具装入和卸出接触件，该工具的使用寿命长	通常采用塑料工具，该工具比金属工具造价低，但装入和卸出接触件的使用次数少。塑料工具通常随每个电连接器提供，操作中能保证使用正确的工具，尤其是在外场使用条件下更方便

表 3-6 常用插头座封严塞

封严塞			适用封严体孔		适用封严塞长度 /mm	
件 号	规格		mm	AWG	封严体内无接触偶	封严体内有接触偶
	mm²	AWG				
MS27488-22	—	22	—	24 ~ 22	14 ~ 17.5	保证封严塞顶住接触偶，并露出封严体外 1.6 ~ 4.8
-20	—	20	—	24 ~ 20	14 ~ 17.5	
-16	—	16	—	20 ~ 16	17.5 ~ 20.6	
-12	—	12	—	14 ~ 1	17.5 ~ 20.6	
XC-φ1	1.0	—	φ1	—	20	2 ~ 5
XC-φ1.5	1.5	—	φ1.5	—	20	2 ~ 5
XC-φ2	2.5	—	φ2	—	20	2 ~ 5
XC-φ3	3.0	—	φ3	—	20	2 ~ 5

典型的封严塞以及封严塞的安装如图 3-16 和图 3-17 所示。

图 3-16 典型的封严塞

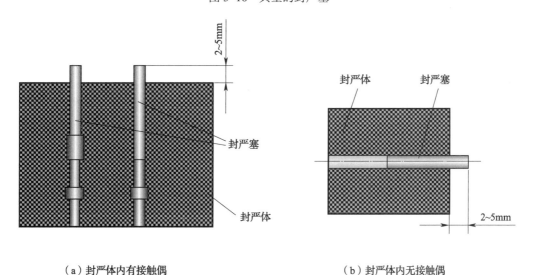

（a）封严体内有接触偶　　　　　　　　　（b）封严体内无接触偶

图 3-17 封严塞的安装

二、电连接器的分类

电连接器按照插头与插座的连接形式的不同，分为螺纹式、卡口式、插拔式和机柜式四种；按照接触偶的不同，电连接器分为两大类：压接接触偶式连接器和焊接型接触偶式

27

连接器；按照使用环境不同，可分为耐潮湿连接器、防火和防火墙连接器、可自动分离连接器、同轴连接器等，电连接器按外形可分为圆形电连接器、矩形电连接器。圆形电连接器由于自身结构的特点在军事装备上（航空、航天）用量最大。矩形电连接器由于其结构简单更多的是用于电子设备的印制线路板上。

（一）按照插头与插座的连接形式的分类

1. 螺纹式

螺纹式连接是一种借助连接螺母和壳体零件上的连接螺纹的啮合使电连接器插配的一种方法。在使用中除特殊规定借助工具拧紧外，一般只能用手力拧紧螺纹。一般螺纹连接的电连接器应带有显示插头和插座完成插配连接的标识（有自锁装置的除外）。

螺纹式连接是一些具有较大尺寸的接触件和在强烈振动环境中工作的电连接器经常采用的一种连接形式。这种连接形式在完成连接后可装上防止松动的保险丝。该连接形式使用可靠，但连接分离速度慢。典型的 P 型插头座和 PD 型插头座即采用螺纹式连接（见图 3-18）。

2. 卡口式

卡口式连接是在插头的连接螺母里有三条导槽，在插座壳体外部有三个卡销，当拧紧连接螺母时，三个卡销在三条导槽中滑动，把插头带入插座。使用时，可以盲目连接。只要把插头和插座对成一条直线，手握插头旋转使键与槽对准后只需旋转约 120°，即可拧紧到位，此时应有表明锁紧到位的"咔嗒"声。大多数卡口式连接的电连接器带有正确连接和锁定的直观标识（色带和色标），有些还可以从连接螺母侧面的小孔中观察。

卡口式连接是一种可靠、迅速的连接和分离形式。典型的 XC 型插头座和 XKE 型插头座即采用卡口连接（见图 3-19）。

图 3-18　螺纹式连接

图 3-19　卡口式连接

3. 插拔式

插拔式连接在使用中，将插头和插座键和槽对准后直接推入即可，而不需要其他动作。完成连接和锁定以后应有物理的听觉和视觉的信号，锁紧"咔嗒"声和显示颜色的标记。

插拔式连接是一种有多用途的连接形式。电连接器的插头与插座在连接和分离时其移动方向通常是往复直线运动，无需扭转和旋转，只需要很小的工作空间即可完成连接分离。常见的插拔连接有滚珠和销钉两种结构。该连接形式因为没有机械上省力的机构，一且误插，机械阻力明显增大，能及时被发现（见图 3-20）。

4. 机柜式

机柜式连接是把插座安装于机匣的后壁内，将插头安装于机匣的后壁外。插配时，机匣沿导轨向机柜内推入到底，即实现了插头与插座的完全插配，不再需要另外锁紧。

机柜式连接是用于某些靠近框架需要盲目连接的设备上的电连接器，可以使电气设备做得较轻、较小、较容易维护和更可靠。这种连接形式使操作人员无法感觉到连接的情况，必须设有一种精确的定位装置，以避免将误插的电连接器强制连接到一起，使误插成为不可能。机柜式电连接器通常采用浮动或弹性接触设计结构来保证其正确的连接。

（二）按照系列不同的分类

按照系列来分，分为美国军用标准系列、俄罗斯军用标准系列、国家军用标准系列、行业标准系列和一一七厂自行研制系列。

1. 美国军用标准系列

现役飞机主要使用此系列中的 JY27（Ⅰ、Ⅱ）系列电连接器、ZH83723 系列、ZH8525系列及 YB（Ⅰ、Ⅱ）系列电连接器等。

（1）JY27 Ⅰ系列电连接器

该连接器完全符合 GJB 599A（MIL-DTL-38999K）系列技术要求。采用卡口连接方式，具有快速分离、体积小、重量轻、接触件密度高、防斜插和接触件压接（密封接触件除外）等优点。广泛适用于严酷环境条件中电气连接，并具有满意的性能（见图 3-21）。

图 3-20 插拔式连接

图 3-21 JY27 Ⅰ系列电连接器

主要性能指标为：

◎额定电流如表 3-7 所示。

表 3-7 额定电流

接触件号	22D	20	16	12	10
额定电流 /A	5	7.5	13.0	23	33

◎绝缘电阻：正常条件 ≥ 5000MΩ；湿热条件 ≥ 100MΩ。

◎电磁屏蔽：10GHz 时达 50dB。

◎温度等级：F、N 类 -65 ~ +200℃；B 类 -65 ~ +175℃。

◎相对湿度：98%。

◎振动：正弦振动 - 高温循环，10 ~ 2000Hz，振动 3×12h（60g，140 ~ 2000Hz）；

随机振动－最高温度，50～2000Hz，振动 2×8h（1g^2/Hz，100～2000Hz）；环境温度，25～2000Hz，振动 2×8h（5g^2/Hz，100～300Hz）。

◎冲击：300g。

◎气密性：插座两端压力差为 0.1MPa，泄漏率不超过 10^{-7}cm^3/s。

◎耐盐雾：F、N 类 48h；B 类 500h。

◎耐湿热：10 次循环，每次循环 24h。

◎工作高度：≤ 30480m。

（2）JY27 Ⅱ系列电连接器

该连接器完全符合美国军用规范 MIL–DTL–38999K 系列 Ⅱ 技术要求。该系列电连接器采用卡口连接方式；具有快速连接分离、体积小、重量轻、壳体短和接触件压接（密封接触件除外）等优点（见图 3–22）。

主要性能指标见表 3–8 和表 3–9。

图 3–22　JY27 Ⅱ系列电连接器

表 3–8　主要性能（一）

海拔高度	条件Ⅰ	条件Ⅱ	条件Ⅲ
海平面	1800	2300	1300
21000m	1000	1000	800
30480m	1000	1000	800
注：Ⅰ、Ⅱ、Ⅲ与绝缘体孔位排列中数字相对应。			

表 3–9　主要性能（二）

接触件号	22D	20	16	12
非密封接触电阻 /mΩ	≤ 14.6	≤ 7.3	≤ 3.7	≤ 1.83
密封接触电阻 /mΩ	≤ 28	12	≤ 8.5	≤ 5
额定电流 /A	5.0	7.5	13.0	23.0

◎绝缘电阻：正常条件 ≥ 5000MΩ；湿热条件 ≥ 100MΩ。

◎电磁屏蔽：10GHz 时达 50dB。

◎温度等级：F、N 类 –65～+200℃；B 类 –65～+175℃。

◎相对湿度：98%。

◎振动；正弦振动－高温循环，10～2000Hz，振动 3×12h（60g，140～2000Hz）；随机振动－最高温度，50～2000Hz，振动 2×8h（1g^2/Hz，100～2000Hz）；环境温度，25～2000Hz，振动 2×8h（5g^2/Hz，100～300Hz）。

◎冲击：300g。

◎气密性：插座两端压力差为 0.1MPa，泄漏率不超过 $10^{-7} cm^3/s$。

◎耐盐雾：F、N 类 48h；B 类 500h。

◎耐湿热：10 次循环，每次循环 24h。

◎工作高度：≤ 30480m。

（3）ZH83723 系列

ZH83723 系列电连接器完全符合美国军用规范 MIL-C-83723D 系列 A、K、R 及 Y 类的技术要求。本系列产品广泛适用于航空、航天以及其他电子设备之间的电连接（见图 3-23）。

主要性能指标见表 3-10 和表 3-11。

图 3-23 ZH83723 系列电连接器

表 3-10 主要性能指标（一）

工作高度	条件 I	条件 II
海平面	1500	2300
15000m	500	750
21000m	375	500
33000m	200	200

表 3-11 主要性能（二）

接触件号	20	16	12
接触电阻 /mΩ	12	8.5	5
额定电流 /A	7.5	13	23

◎绝缘电阻：正常条件 ≥ 5000MΩ。

◎气密性：0.1MPa，湿热条件 ≥ 100MΩ。

◎耐盐雾：500h。

◎射频干扰屏蔽：100MHz。

◎相对湿度：20℃ ±5℃，95% ~ 98%。

◎环境温度：-65 ~ 200℃，-65 ~ 260℃。

（4）YB I 系列电连接器

YB I 系列电连接器为卡口式连接。接触件为焊接式，具有体积小、密度高、耐环境、抗液体等优点，其产品的结构、技术指标和使用要求符合国军标 GJB598 I 系列（相当于美军标 MIL-C-26482 I 系列）。该系列产品可与 GJB598 I 系列和 MIL-C-26482 系列的产品互配和互换（见图 3-24）。

图 3-24 YB I 系列电连接器

主要性能指标：

◎工作电流和接触电阻见表3-12。

表3-12　工作电流和接触电阻

接触件号	插针配合直径	导线截面积 /mm²	与接触件相配导线（AWG）	导线外径 /mm		工作电流 / A	接触电阻 / mΩ
				最小	最大		
20	φ1	0.20	24	1.02	2.11	3	≤ 5
		0.30	22			5	
		0.50	20			7.5	
16	φ1.6	0.50	20	1.35	2.62	7.5	≤ 3
		0.80	18			10	
		1.25	16			13	
12	φ2.4	2.00	14	2.46	4.01	17	≤ 1.5
		3.15	12			23	

◎工作电压（交流有效值）和介质耐压（交流有效值）见表3-13。

表3-13　工作电压和介质耐压

使用条件 /m	工作电压 /V		介质耐压 /V		绝缘电阻 /MΩ	
	使用条件 I	使用条件 II	使用条件 III	使用条件 IV	25℃	200℃
海平面	600	1000	1500	2300		
21336	300	450	375	500	≥ 5000	≥ 500

◎工作温度 -55 ～ +125℃。

◎振动：10 ～ 2000Hz，147m/s²。

◎大气压：101 ～ 0.8kPa。

◎冲击：490m/s²。

◎相对湿度：40℃ ±2℃，达95%。

◎耐盐雾：500h（镀铬），48h（镀镍）。

◎机械寿命：500 次插拔。

（5）YBⅡ系列电连接器

YBⅡ系列电连接器系列产品为卡口式连接。接触件为压接式，具有体积小、密度高、耐环境、抗液体等优点，其产品的结构、技术指标和使用要求符合国军标 GJB598Ⅱ系列（相当于美军标 MIL-C-26482Ⅱ系列）。该系列产品可与 GJB598Ⅱ系列和 MIL-C-26482Ⅱ系列的产品互配和互换（见图3-25）。

图 3-25　YBⅡ系列电连接器

主要性能指标：

◎工作电流、接触电阻见表 3–14。

表 3–14　工作电流、接触电阻

接触件号	插针配合直径	导线截面 / mm²	与接触件相配导线（AWG）	导线外径 /mm		工作电流 / A	接触电阻电压降 /V
				最小	最大		
20	φ1	0.20	24	1.02	2.11	3	45
		0.30	22			5	45
		0.50	20			7.5	55
16	φ1.6	0.50	20	1.35	2.62	7.5	45
		0.80	18			10	45
		1.25	16			13	50
12	φ2.4	2.00	14	2.46	4.01	17	45
		3.15	12			23	50

◎工作电压、介质耐压见表 3–15。

表 3–15　工作电压、介质耐压

使用条件 /m	工作电压 /V		介质耐压 /V		绝缘电阻 /MΩ	
	使用条件Ⅰ	使用条件Ⅱ	使用条件Ⅲ	使用条件Ⅳ	25℃	200℃
海平面	600	1000	1500	2300		
21336	300	450	375	500	≥ 5000	≥ 500

◎工作温度：–55 ～ +200℃（L 系列），–55 ～ +175℃（W 系列）。

◎相对湿度：65℃ ±5℃，达（94±4）%。

◎大气压：101 ～ 0.8kPa。

◎盐雾：48h（L 类），500h（W 类）。

◎温度寿命：在 200℃（L 类）、170℃（W 类）的温度中放置 1000h 连接器仍能工作。

◎抗射频干扰：频率 100 ～ 1000MHz 泄漏 65 ～ 45/Db（YB3475）。

◎耐液体：能耐航空汽油、防冻液和冷却液、润滑油等 12 种液体（L 类）。

◎随机振动：功谱密度 1.0，加速度均方根值 41.7，振动频率范围 10 ～ 2000Hz。

◎机械寿命：500 次（YB3475 为 250 次）。

2. 俄罗斯军用标准系列

现役飞机主要使用此系列中的 P（ШР），ZP（СШР），PR–B（2PTT）系列电连接器、ZH23 系列耐环境卡口电连接器、2PX 系列电连接器、X 系列电连接器及 PD 系列普通低压电连接器。

（1）P，ZP，PR 系列电连接器

普通圆形电连接器为标准型电连接器。有密封、非密封类型。连接器一般由固定在仪器上的部分（插座）和固定在电缆上的部分（插头）组成、借助于连接螺母连接。国产化型号 P，ZP，PR 系列电连接器见图 3-26。

图 3-26　P，ZP，PR 系列电连接器

主要性能指标为：

◎环境温度：–60 ～ +50℃（ШР、СШР），–60 ～ +150℃（2PT-A-T）。

◎振动加速度：$10g$（ШР、СШР，5 ～ 2000Hz），$10g$（2PTA，10 ～ 200Hz）。

◎工作电压：≤ 850V（ШР、СШР）；≤ 700V（2PT）。

◎额定电流：

$\Phi 1.5$	$\Phi 2.5$	$\Phi 3.5$	$\Phi 5.5$	$\Phi 9$
10A	25A	50A	100A	200A

◎接触电阻：

$\Phi 1.5$	$\Phi 2.5$	$\Phi 3.5$	$\Phi 5.5$	$\Phi 9$
≤ 2.5mΩ	≤ 1mΩ	≤ 0.5mΩ	≤ 0.3mΩ	≤ 0.15mΩ

◎工作寿命：500 次插拔，1000h。

◎保证期：7 年。

（2）ZH23 系列耐环境卡口电连接器

ZH23 系列电连接器，具有耐环境、五键定位防插错、卡口快速连接等特点，接触件为压接型后松后卸式，用于低频交直流电路中（见图 3-27）。

图 3-27　ZH23 系列耐环境卡口电连接器

主要性能指标为：

◎环境温度：–60 ～ +200℃（最高 200℃）。

◎振动：加速度 40g（1 ～ 500Hz）。

◎冲击：加速度 500g（一次）；150g（多次）。

◎工作电压：

等级	工作电压 /V	试验电压 /V
A	700	2100
B	500	1850
C	400	1600

◎接触件电流：

Φ1.0	Φ1.5	Φ2.0
11A	20A	35A

◎接触电阻：

Φ1.0	Φ1.5	Φ2.0
≤ 40mΩ	≤ 2.5mΩ	≤ 1.6mΩ

◎技术条件：ГEO.364.241Ty。

◎技术规范：Q/3E 20005—2003。

◎耐盐雾：96h。

◎相对湿度：40 ～ 65℃，95% ～ 98%。

◎绝缘电阻：≥ 500MΩ。

◎机械和工作寿命：插拔 500 次。

（3）2PX 系列电连接器

2PX 系统电连接器，用于电器及无线电装置中的电路连接，插头与插座通过带螺纹的连接螺母连接（见图 3–28）。

国产化型号为 2PX（2 РМ，2 РМД 系列统一型号为 2PX，组合代号是统一）。

图 3–28　2PX 系列电连接器

主要技术性能指标为：

◎环境温度：–60 ~ +100℃，–60 ~ +200℃（密封）。

◎振动加速度：10 ~ 5000Hz，50g。

◎冲击加速度：一次 500g，多次 100g。

◎工作电压：≤ 700V。

◎接触体电流：

$\Phi1.0$	$\Phi1.5$	$\Phi2.0$	$\Phi3.0$
5A	10A	20A	40A

◎接触电阻：

$\Phi1.0$	$\Phi1.5$	$\Phi2.0$	$\Phi3.0$
≤ 5mΩ	≤ 2.5mΩ	≤ 1.6mΩ	≤ 0.8mΩ

◎绝缘电阻：≥ 1000MΩ（正常），≥ 20MΩ（湿热）。

◎机械及工作寿命：插拔 500 次，1000h 以上。

◎保证期限：7 年。

◎技术条件：ΓEO.364.126Ty。

◎技术规范：Q/3E 20006—2003。

（4）X 系列电连接器

X 系列电连接器符合 Q/3E 20006—2003 规范的要求与俄罗斯主称代号为 2PM，2PMΓ 等电连接器相对应（见图 3-29）。

主要技术性能指标为：

◎环境温度：–55 ~ +100℃。

◎玻璃封焊密封插座温度：–55 ~ 200℃。

◎相对湿度：40℃时达 98%。

◎大气压力：0.6 ~ 505.4kPa。

◎振动：频率 10 ~ 5000Hz，加速度达 50g。

◎冲击：加速度达 100g。

图 3-29　X 系列电连接器

◎恒加速度：达 490m/s²。

◎额定电压：560V，200V（0.6kPa 时）。

◎绝缘电阻：≥ 1000MΩ（常温），≥ 20MΩ（湿温）。

◎气密性：内外介质压力差为 151.9kPa。

◎寿命：插拔 500 次。

（5）PD 系列普通低压电连接器

PD 系列普通低压电连接器用于各种低压飞机线路的电连接。本产品符合 Q/3E 20025—2003 规范的要求，与俄罗斯产品主称代号为 НЩР、НЩРГ，技术条件 Вл0.364.003TY 相同（见图 3-30）。

主要技术指标为：

◎环境温度：–60 ～ +50℃。

◎相对湿度：20℃时达 98％。

◎大气压力：达 5.5kPa。

◎振动：频率 20 ～ 2000Hz，加速度达 98m/s²。

◎冲击：频率 80 次 /min，加速度达 68.6m/s²。

◎耐电压：500V。

◎额定电压：30V（DC）。

◎绝缘电阻：≥ 20MΩ（常温），≥ 2MΩ（湿热）。

◎气密性：密封插座内外介质间的压力差达 50.6kPa（见表 3–16）。

图 3–30　PD 系列普通低压电连接器

表 3–16　气密性指标

接触件直径 /mm		Φ 2.0	Φ 3.0	Φ 4.0
接触电阻 /Ω		≤ 0.0015	≤ 0.0007	≤ 0.00041
额定电流 /A	1 ～ 13 对	20	40	60
	19 ～ 23 对	18	36	54

◎寿命：插拔 500 次。

3. 国家军用标准系列

现役飞机主要使用此系列中的 XC 系列电连接器。

（1）XC 系列电连接器

XC 系列电连接器采用卡口式快速连接系统，操作方便、连接可靠，并具有防错、盲插的功能。采用双曲面线簧插孔使连接器插拔柔和，接触电阻小，符合国家军用标准GJB 2889 的技术要求（见图 3–31）。

主要技术性能为：

◎机械性能

图 3–31　XC 系列电连接器

①壳体:

a. 普通耐环境型:高强度铝合金材料屏蔽镀层;镀锌彩虹色或军绿色钝化、化学镀镍非屏蔽镀层;阳极化着黑色。

b. 玻璃烧结气密型:钢。

②屏蔽镀层:镀镍。

③绝缘体:

a. 普通耐环境型:热固性材料。

b. 玻璃烧结气密型:玻璃体。

④接触件:

a. 材料:铜合金材料。

b. 镀层:镀银、镀金。

c. 压接型:后松后卸式。

d. 焊接与印制板型:不可装卸。

⑤封线体和密封圈:硅橡胶材料。

⑥机械寿命:插拔 1000 次。

◎电气性能

①接触电阻及额定电流见表 3-17。

表 3-17　接触电阻及额定电流

接触件直径 /mm	接触电阻 /mΩ	穿墙密封接触电阻 /mΩ	方盘密封接触电阻 /mΩ	额定电流 /A
Φ1.0	≤ 5	≤ 10	≤ 15	5
Φ1.5	≤ 2.5	≤ 5	≤ 7.5	10
Φ2.0	≤ 1.25	≤ 2.5	≤ 3.75	20
Φ3.0	≤ 0.75	≤ 1.5	≤ 2.25	40

②额定电压及介质耐压见表 3-18。

表 3-18　额定电压及介质耐压

工作环境	密封电连接器		非密封电连接器	
	额定电压 /V	介质耐压 /V	额定电压 /V	介质耐压 /V
常温状态	500	1500	500	1500
湿热状态	500	750	500	1125
低气压条件（1kPa）	150	300	250	300

③绝缘电阻:正常条件 ≥ 5000MΩ;

高温条件 ≥ 1000MΩ;

湿热条件 ≥ 100MΩ。

④外壳间电连续性:铝合金外壳 ≤ 2.5MΩ,钢外壳 ≤ 5MΩ。

◎环境性能。

①环境温度：–55 ～ +150℃。

②相对湿度：40℃时，达95％。

③工作高度：30000m。

④振动：频率10 ～ 2000Hz，加速度达196m/s²（20g）。

⑤冲击：加速度峰值980m/s²（100g）。

⑥恒加速度：达980m/s²（100g）。

⑦气密性：穿墙密封插座50.7kPa，方盘密封插座152kPa。

4. 行业标准系列

现役飞机主要使用此系列中的XKE系列快速连接压接电连接器和XK系列卡口式电连接器。

（1）XKE系列快速连接压接电连接器

XKE系列小圆形电连接器为卡口式连接，具有快速连接、分离、体积小、重量轻、接触偶密度高、可靠性高等优点。接触偶与导线的连接为压接端接（密封插座接触偶与导线的连接），接触偶可单个取出或送入，为后松后卸式。该系列产品有七个型别，三十个孔组，有密封、非密封品种。尾部附件有直式压线、弯式压线、护线管式、屏蔽式四个品种。

◎产品结构

①封线体：耐液密封，防止灰尘、雨水等进入电连接器内部，避免导线在与插针、插孔连接处折断。

②固定卡爪：为弹性零件。使插针、插孔可单个送入和取出。

③锁紧键：锁紧键和连接螺母构成了快速连接、分离机构。

④面封严体：隔断插针之间的空气间隙。每个插接的接触偶均实现密封，提高电连接器的电气性能。

⑤连接螺母。

⑥尾部附件。

⑦插针。

⑧绝缘体：支撑接触偶和绝缘的作用。

⑨键位：壳体上有五个键位，用以保证插头与插座连接时，接触偶的准确定位。

⑩插孔。

◎标记说明

电连接器型号采用分数形式表示，分子为插座型号，分母为插头型号（插头型号只标出尾部附件代号和壳体键位代号）。此型号不标印在电连接器上，仅在电连接器的订货中使用。

例1：插座与面板配合直径为18mm，接触偶总数为12，插座装孔，方盘非密封、直式压线电缆插头座型号如下：

插头：XKE18F12Q

插座：XKE18R12ZQ

插头座：XKE18R12ZQ/Q

例2：插座与面板配合直径为30mm，接触偶总数为55，插座装针、圆盘非密封、屏蔽电缆插头座型号如下：

插头：XKE30R55P

插座：XKE30YF55ZP

插头座：XKE30YF55ZP/P

（2）XK系列卡口式电连接器

本系列产品符合HB 6–77–83标准的要求，插头与插座采用卡口连接方式，连接与分离简便迅速（见图3–32）。

图3–32 XK系列卡口式电连接器

◎使用条件及主要性能

①环境温度：–60 ~ +150℃。

②相对湿度：40℃时达98%。

③振动：频率10 ~ 2000Hz，加速度达10g。

④冲击：频率40 ~ 100次/min，加速度达7g。

⑤恒加速度：达25g。

⑥额定电压：500Vcc或500Ac（400Hz）（XK11：150Vcc/400Hz）。

⑦额定电流与接触电阻：见表3–19。

表3–19 额定电压

接触偶直径	Φ1.0	Φ1.5	Φ2	Φ3	Φ4
接触电阻/Ω	0.005	0.0025	0.0015	0.00075	0.0004
额定电流/A	3.5 ~ 5.0	7.0 ~ 10.0	18.0 ~ 20.0	32.0 ~ 40.0	60

⑧绝缘电阻：≥500MΩ（常温），≥20MΩ（湿热）。

⑨耐电压：1500V（常温）XKLL。

⑩气密性：内外介质压力差为151.9kPa。

⑪寿命：插拔500次。

5. ——七厂自行研制系列

现役飞机主要使用此系列中的ZC–10型脱落分离电连接器。

ZC-10 型脱落分离电连接器

本产品符合技术规范的要求，适用于专用装置的电路连接，它能够依靠外力的作用使插头插座自动脱离断开电路（见图 3-33）。

◎ 技术性能

①环境温度：-55 ~ +80℃。

②相对湿度：40℃时达 98%。

③大气压力：12kPa。

④防盐雾：符合 HB 6-77-83 方法。

⑤振动：频率 10 ~ 200Hz，加速度达 98m/s²。

⑥恒加速度：垂直轴向 245m/s²。

⑦额定电压：30V（DC）。

⑧额定电流：5A。

⑨接触电阻：≤ 0.005Ω。

⑩绝缘电阻：≥ 20MΩ（常温），≥ 2MΩ（湿热）。

⑪试验电压：1500V（常温），750V（湿热），350V（-55℃，12kPa 时）。

⑫寿命：插拔 200 次。

图 3-33　ZC-10 型脱落分离电连接器

三、电连接器的电气参数

电连接器是连接飞机线路的机电元件，因此，连接器自身的电气参数是选择连接器首先要考虑的问题。

（一）额定电压

额定电压又称工作电压，它主要取决于连接器所使用的绝缘材料，接触对之间的间距大小。某些元件或装置在低于其额定电压时，可能不能完成其应有的功能。连接器的额定电压事实上应理解为生产厂推荐的最高工作电压。原则上说，连接器在低于额定电压下都能正常工作。应该根据连接器的耐压（抗电强度）指标，按照使用环境、安全等级要求来合理选用额定电压。也就是说，相同的耐压指标，根据不同的使用环境和安全要求，可使用到不同的最高工作电压。这也比较符合客观使用情况。

（二）额定电流

额定电流又称工作电流。同额定电压一样，在低于额定电流情况下，连接器一般都能正常工作。在连接器的设计过程中，是通过对连接器的热设计来满足额定电流要求的，因为在接触对有电流流过时，由于存在导体电阻和接触电阻，接触对将会发热。当其发热超过一定极限时，将破坏连接器的绝缘和形成接触对表面镀层的软化，造成故障。因此，要限制额定电流，事实上要限制连接器内部的温升不超过设计的规定值。在选择时要注意的问题是：对多芯连接器而言，额定电流必须降额使用。这在大电流的场合更应引起重视，例如，$\phi 3.5mm$ 接触对，一般规定其额定电流为 50A，但在 5 芯时要降额 33% 使用，也就是每芯的额定电流只有 38A，芯数越多，降额幅度越大。

（三）接触电阻

接触电阻是指两个接触导体在接触部分产生的电阻。在选用时要注意到两个问题，第一，连接器的接触电阻指标事实上是接触对电阻，它包括接触电阻和接触对导体电阻。通常导体电阻较小，因此接触对电阻在很多技术规范中被称为接触电阻。第二，在连接小信号的电路中，要注意给出的接触电阻指标是在什么条件下测试的，因为接触表面会附着氧化层、油污或其他污染物，两接触件表面会产生膜层电阻。在膜层厚度增加时，电阻迅速增大，使膜层成为不良导体。但是，膜层在高接触压力下会发生机械击穿，或在高电压，大电流下会发生电击穿。对某些小体积的连接器设计的接触压力相当小，使用场合仅为毫安和毫伏级，膜层电阻不易被击穿，可能影响电信号的传输。在 GB 5095《电在设备用机电元件基本试验规程及测量方法》中的接触电阻测试方法之一"接触电阻——毫伏法"规定，为了防止接触件上绝缘薄膜被击穿，测试回路的开路电动势的直流或交流峰值不大于 20mV，直流或交流试验电流不大于 100mA。

（四）屏蔽性

在现代电气电子设备中，元器件的密度以及它们之间相关功能的日益增加，对电磁干扰提出了严格的限制。所以连接器往往用金属壳体封闭起来，以阻止内部电磁能辐射或受到外界电磁场的干扰。在低频时，只有磁性材料才能对磁场起明显屏蔽作用。此时，对金属外壳的电连续性有一定的规定，也就是外壳接触电阻。

四、电连接器的安全参数

（一）绝缘电阻

绝缘电阻是指在连接器的绝缘部分施加电压，从而使绝缘部分的表面内或表面上产生泄漏电流而呈现出的电阻值。它主要受绝缘材料、温度、湿度、污损等因素的影响。连接器样本上提供的绝缘电阻值一般都是在标准大气条件下的指标值，在某些环境条件下，绝缘电阻值会有不用程度的下降。另外要注意绝缘电阻的试验电压值。根据绝缘电阻（ $M\Omega$ ）= 加在绝缘体上的电压（V）/ 泄漏电流（ μA ）施加不同的电压，就有不用的结果。在连接器的试验中，施加的电压一般有 10V、100V、500V 三挡。

（二）耐压

耐压就是接触对的相互绝缘部分之间或绝缘部分与接地之间，在规定时间内所能承受的比额定电压更高而不产生击穿现象的临界电压。它主要受接触对间距、爬电距离、几何形状、绝缘体材料以及环境温度和湿度、大气压力的影响。

（三）机械寿命

1. 连接器的机械寿命是指插拔寿命，通常规定为 500 ~ 1000 次。在达到此规定的机械寿命时，连接器的接触电阻、绝缘电阻和耐压性能等指标不应超过规定的值。严格来说，机械寿命应该与时间有一定的关系，10 年用完 500 次与 1 年用完 500 次，显然其情况是不一样的。

首先可根据电路的需要来选择接触对的数目，同时要考虑连接器的体积和总分离力的大小。接触对数目多，当然其体积就大，总分离力相对也大。在某些可靠性要求高、而体积又允许的情况下，可采用两对接触对并联的方法来提高连接的可靠性。

连接器的插头、插座中，插针（阳接触件）和插孔（阴接触件）一般都能互换装配。实际使用时，可根据插头和插座两端的带电情况来选择。如插座需常带电，可选择装插孔的插座，因为装插孔的插座，其带电接触件埋在绝缘体中，人体不易触摸到带电接触件，相对来说比较安全。

2. 主要考虑连接器在规定频率和加速度条件下振动、冲击、碰撞时的接触对的电连续性。接触对在此动态应力情况下会发生瞬时断路的现象。规定的瞬断时间一般有 $1\mu s$、$10\mu s$、$100\mu s$、$1ms$ 和 $10ms$。要注意的是如何判断接触对发生瞬断故障。当前认为，当闭合接触对（触点）两端电压降超过电源电动势的 50% 时，可判定闭合接触对（触点）发生故障。也就是说判断是否发生瞬断有两个条件：持续时间和电压降，两者缺一不可。

3. 连接器一般由插头和插座组成，其中插头也称自由端连接器，插座也称固定连接器。通过插头、插座的插合和分离来实现电路的连接和断开，因此就产生了插头和插座的各种连接方式。对圆形连接器来说，主要有螺纹式连接、卡口式连接和弹子式连接三种方式。其中螺纹式连接最常见，它具有加工工艺简单、制造成本低、适用范围广等优点，但连接速度较慢不适宜于需频繁插拔和快速连接的场合。卡口式连接由于其三条卡口槽的导程较长，因此连接的速度较快，但它制造较复杂，成本也就较高。弹子式连接是三种连接方式中连接速度最快的一种，它不需进行旋转运动，只需进行直线运动就能实现连接、分离和锁紧的功能。由于它属于直推拉式连接方式，所以仅适用于总分离力不大的连接器。一般在小型连接器中较常见。

第三节　航空继电器

一、继电器的一般介绍

继电器是具有隔离功能的自动开关元件，广泛应用于飞机上，是最重要的控制元件之一，就其在控制电路中的作用来讲，就相当于一个"开关"，但此开关并非由人来操纵，而是远距离、自动实现电路转换的一种电气元件。

继电器一般都有能反映一定输入变量（如电流、电压、功率、阻抗、频率、温度、压力、速度、光等）的感应机构（输入部分）；有能对被控电路实现"通""断"控制的执行机构（输出部分）；当输入变量达到规定值时，能够使输出回路中的输出参数实现跳跃式变化。这一特性，可以用图 3-34 的继电特性（输出变量 y 与输入变量 x 之间的关系）来表示。图中 x_d 是继电器动作时的输入值，x_f 是继电器返回时的输入值，y_{sc} 是继电器的输出值。

继电器的输入量 x 从零开始连续增加到 x_d 时，它的输出量立即由零跃变到输出值 y_{sc}，这时如果输入量 x 继续增大，输出量 y_{sc} 将不再起变化。当输入量从某一个大于 x_d 的值下降到 x_f 时，继电器的输出量由 y_{sc} 恢复到零的状态。

继电器的继电特性：继电器的输入信号 x 从零连续增加达到衔铁开始吸合时的动作值 x_x，继电器的输出信号立刻从 $y=0$ 跳跃到 $y=y_m$，即常开触点从断到通。一旦触点闭合，输入量 x 继续增大，输出信号 y 将不再起变化。当输入量 x 从某一大于 x_x 值

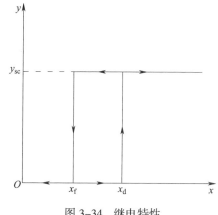

图 3-34　继电特性

下降到 x_f，继电器开始释放，常开触点断开。我们把继电器的这种特性叫作继电特性，也叫继电器的输入—输出特性。

可见，继电器是一种具有自动完成继电特性功能的电气元件。

除了上述的定义外，国际电工技术委员会（IEC）还有一种关于继电器的定义，就是根据继电特性给出的。

具有自动完成继电特性功能的电气元件，称为继电器。

以上两种关于继电器的定义方法，均是国际电工技术委员会（IEC）给出的。

按照继电器的作用原理，它的基本结构应由三部分组成，如图 3-35 所示。

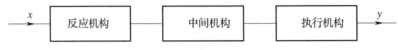

图 3-35 继电器组成结构

反应机构的作用是接收输入信号，并将信号变换成为继电器动作的物理量，例如，电磁继电器中的电磁铁便是它的反应机构。中间机构提供控制的标准比较力量，电磁继电器中的恢复弹簧便是中间机构。弹簧反力的大小与电磁力的大小两者进行比较，决定继电器的动作状态。执行机构用来改变输出回路的电参数，电磁继电器的触点的闭合或断开便可以改变触点控制的回路的电流和电压的数值。

作为控制元件，飞机上的继电器概括起来有如下几种作用。

（1）扩大控制范围。例如，多组触点继电器控制信号达到某一定值时，可以按触点组的不同形式，同时转换、开断、接通多路电路。

（2）放大。例如，灵敏型继电器、中间继电器等，用一个很微小的控制量，可以控制很大功率的电路。

（3）综合信号。例如，当多个控制信号按照规定的形式输入多绕组继电器时，经过比较综合，达到预期的控制效果。

二、继电器的分类

继电器是一个庞大的家族，它的种类繁多，按照不同的方法分类，种类也就各异。这里把飞机上常用的继电器按其结构原理列举以下几种。

1. 电磁继电器——利用激磁线圈中电流的电磁效应实现动作的继电器。

2. 固态继电器——由电子元件实现其功能而无运动结构件的，输入与输出隔离的一种继电器。

3. 混合继电器——由电磁继电器和固态继电器组合而成的继电器。

4. 特种继电器——与上述三种继电器的作用原理不同的继电器称为特种继电器。其中有：

极化继电器——其动作取决于激磁电流极性的一种继电器；

舌（干）簧继电器——采用玻璃密封，并利用磁性舌簧片来做触点部件的一种继电器；

双金属继电器——一种在加热时用双金属片驱动触点的热继电器。

上述的几种类型的继电器，在飞机上均有使用，例如，电磁继电器：大多数继电器均为此类继电器；固态继电器：在高压直流电源系统中必须采用的继电器，美国在 F–22 上使用，我国在预研的电源系统中采用，在今后出现的新机上使用；混合继电器：如时间继电器，在歼 10 飞机、歼轰 7 飞机等新型飞机上使用；极化继电器：在反流割断器中使用；CJ–400D、CJ–600 中：在运 8 等多种飞机上使用；舌（干）簧继电器：在飞机的燃油系统的油箱的油面控制上使用；双金属继电器：如各型飞机的火警型号传感器上使用的就是双金属继电器，如 HJ–2 等。

（一）电磁继电器

电磁继电器在继电器家族中是最为典型的一种，它在飞机上应用也最多，所以首先来研究电磁继电器。

1. 电磁继电器的基本组成和动作原理

电磁继电器核心是电磁铁，电磁铁是一种通电后对铁磁性物质产生吸力，把电能转换成为机械能的电气元件。图 3–36 为一个典型的电磁继电器的原理图。它由三个基本部件组成：其一为电磁铁，由线圈、导磁体的不动部分（铁芯和铁轭）以及导磁体的可动部分（吸片或衔铁）所组成。其二为触点系统，它由固定不动的静触点和可以被吸片带动的活动触点所组成，活动触点安装在悬臂簧片的前端，静触点也安装在具有弹性的簧片上，可以减少或消除触点闭合时发生弹跳现象。其三为返回弹簧，它的作用是使衔铁（吸片）返回并保持在释放位置上。

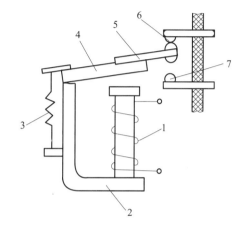

图 3–36 电磁继电器的原理图
1—线圈；2—导磁体；3—返回弹簧；4—吸片（衔铁）；
5—活动触点簧片；6—常闭触点；7—常开触点

从动作原理来看，电磁继电器实际上就是一个用电磁铁来操纵的开关。当输入给线圈的电流增大到一定数值，作用在吸片上的电磁吸力（或力矩）大于返回弹簧对吸片的拉力（或力矩），吸片就从打开位置运动到闭合位置并带动活动触点使它与上面的静触点分开，而与下面的静触点闭合。在闭合位置时如果逐渐减小线圈电流到一定数值，当电磁吸力小于返回弹簧的拉力时，吸片即返回到打开位置，使活动触点与下面的静触点断开与上面的静触点闭合。如果触点与外电路连接，便具有接通或断开电路的开关作用。对于继电器的"常开、常闭"触点，可以这样来区分：继电器线圈未通电时处于断开状态的静触点，称为"常开触点"；处于接通状态的静触点称为"常闭触点"。既有常闭触点又有常开触点的触点组称为"转换触点"或"动断—动合"触点。在同一个继电器上可以安装多套触点组，能同时转换多条电路。

飞机上所用的电磁继电器多数是直流电磁继电器，输入线圈的是直流信号。如果线圈反应的是交流信号，则称为交流电磁继电器。但一般都把交流信号整流后输入线圈，其本质还是直流电磁继电器。继电器触点切换的负载电流一般限制在 25A 以内。

2. 电磁继电器的电路符号及触点组的命名

（1）电磁继电器的电路符号

电磁继电器在电路图中用符号表示。其符号由线圈和触点两部分组成。线圈与控制电路连接接收输入信号。触点与被控制电路相连接，由触点的通、断来改变被控电路的电参数。图 3-37 所示的是三种基本触点的符号。具有转换触点的电磁继电器线圈及其触点的组合符号如图 3-38 所示。由于不同国家制定的符号不完全相同，图中所示的分别是中国国家标准和美国标准协会和国际电气协会制定的符号。

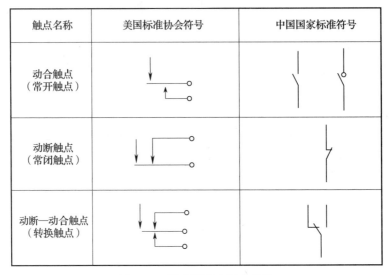

图 3-37　继电器基本触点符号

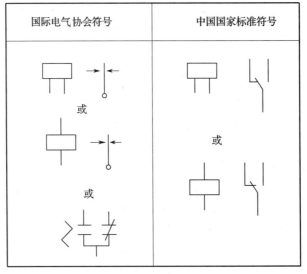

图 3-38　继电器线圈及其触点的组合符号

（2）触点组的命名方法

继电器的触点组是由组数、切换掷数（单掷或双掷）、正常状态（断开或闭合）以及闭合和断开的顺序来定义的。用于触点组详细分类的缩写符号如下：

SP——单组（单刀）　　　DP——双组（双刀）

ST——单掷　　　　　　　DT——双掷

NO——常开　　　　　　　NC——常闭

B——动断　　　　　　DB——双动断

M——动合　　　　　　DM——双动合

组数：单组（SP）触点表示该组中的所有触点在一个位置或在另一个位置都连接到一个公共触点上。双组（DP）触点表示由两个单组触点构成。

掷数：单掷（ST）触点组具有一对触点，当继电器处在一种状态下实现断开，而在另一种状态下实现闭合。双掷（DT）触点组有三个触点。当继电器处在一种状态时，一个公共触点与第二个触点接通但与第三个触点断开；当继电器处于另一种状态时，触点组的连接情况相反，双掷触点的基本型号是先离后合（动断—动合）式。

触点的正常状态，当继电器的触点在平时（即继电器非工作状态）是断开的话，此触点组称为常开触点组（NO）。当继电器触点在继电器非激励或非工作状态时闭合的话，则此触点组称为常闭触点组（NC）。

双闭合和双动断，这些触点组是指继电器在一种状态下有两个独立的触点均与第三个触点接触。当在平时都是断开的，称为双动合式触点组（DM）；当在平时都是闭合的，称为双动断式触点组（DB）。

当采用缩写符号来命名触点组时，使用下列顺序：①组数；②掷数；③正常状态；④双动合或双动断（如果适用的话）。例如，SPST NO DM 表示单组、单掷、常开、双动合触点。图 3-39 示出了双动合触点、双动断触点及双转换触点的符号。

触点名称	美国标准协会符号	中国国家标准符号
双动合触点	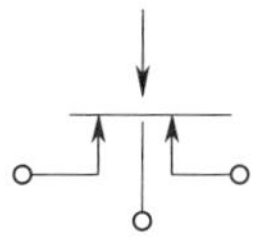	
双动断触点	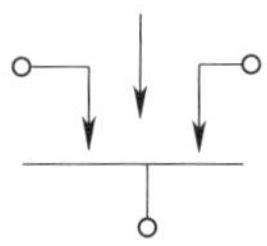	
双转换触点	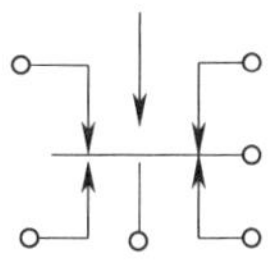	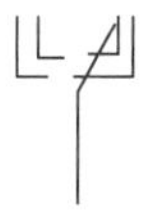

图 3-39　双动合、双动断及双转换触点符号

3. 电磁继电器的主要技术参数

所谓工作状态是指常开触点可靠闭合，常闭触点可靠断开；所谓释放状态是指常开触点可靠断开，常闭触点可靠闭合。

（1）额定线圈电源电压 U_e：能使继电器线圈长时间正常工作的线圈电源电压。

（2）吸合电压 U_{xh}：电磁继电器的所有触点从释放状态到达工作状态时，所需的线圈电压的最小值。

飞机上使用的电磁继电器的吸合电压，一般选择在比电网电压（27V）低十几伏的范

围内（一般是 14 ~ 18V）。吸合电压定得太高或太低都对继电器的工作不利。若吸合电压太高，则当电网电压因向大负载供电而显著降低到吸合电压以下时，继电器就会无法吸合。若吸合电压太低，则因返回弹簧反力太小，触点容易跳动而造成误动作，同时也延长了衔铁返回运动的时间。

温度的变化对继电器吸合电压的高低有影响，尤其在较高的温度下，这个问题是关键的。因为在高温下线圈电阻增加，线圈功率下降。温度每升高 $10\,^{\circ}\!C$，铜的电阻约增加 4%。因此，在 $25\,^{\circ}\!C$ 下 4V 吸合的继电器，在 $55\,^{\circ}\!C$ 下要到约 4.5V 才能吸合。当温度升高到 $75\,^{\circ}\!C$ 时，线圈电压要增大到 4.8V 才能吸合。

继电器通电工作时，本身也会发热产生温升。如果将继电器通电工作一段时间后释放，然后在短时间内再次激励线圈，吸合电压将会变大。

（3）释放电压 U_{sf}：电磁继电器的所有触点从吸合状态恢复到释放状态时所需的线圈电压的最大值。

（4）触点断流容量：继电器触点所能断开的电流 I 和电压 U。这里的电流指的是触点断开以前通过触点的电流值，而电压指的是触点断开后触点两端的电压值。显然，断流容量 I 与 U 的乘积只表示触点的断流能力，而不是输出或消耗的功率。

（5）动作时间：电磁继电器的动作时间包括吸合时间 t_{xh} 和释放时间 t_{sf}。

吸合时间：从线圈通电开始，到所有触点达到工作状态时所需的时间。

释放时间：从线圈断电开始，到所有触点恢复到通电前的状态所需的时间。

表 3-20 列出了国产航空直流继电器 JKB 和 JKC 的技术数据。

表 3-20　国产航空直流继电器 JKB 和 JKC 的技术数据

序号	参数名称	产品型号						
		JKB-52A	JKB-53A	JKB-52B	JKB-53B	JKC-52B	JKC-53B	JKC-56A
1	线圈额定电压 /V，直流	27	27	27	27	27	27	27
2	额定电压下线圈电流 /A	0.165	0.17	0.165	0.165	0.165	0.165	0.165
3	触点电路额定电压 /V，直流	27	27	27	27	27	27	27
4	触点电路负载电流 /A	—	—	—	—	—	—	—
	（1）直流 $\tau \leqslant$ 0.015s	5	5	5	5	5	5	5
	（2）直流 30V 阻性	0.05 ~ 8	0.05 ~ 8	0.05 ~ 8	0.05 ~ 8	0.05 ~ 8	0.05 ~ 8	0.05 ~ 8
	（3）单相交流 220V	0.05 ~ 5	0.05 ~ 5	0.05 ~ 5	0.05 ~ 5	0.05 ~ 5	0.05 ~ 5	0.05 ~ 5

表 3-20（续）

序号	参数名称	产品型号						
		JKB-52A	JKB-53A	JKB-52B	JKB-53B	JKC-52B	JKC-53B	JKC-56A
4	（4）三相交流 220V	—	0.05 ~ 5	—	0.05 ~ 5	—	0.05 ~ 5	—
5	吸合电压/V，+20℃±5℃热态 最大	18	18	18	12	12	12	12
6	释放电压/V，+20℃±5℃热态 最大	5	5	7	7	4	4	3
7	寿命/次	10^4	10^4	10^4	10^4	10^4	10^4	10^4
8	重量/g	90	120	95	125	95	125	240

（6）灵敏度：继电器吸合所需要的最小功率 I^2R（其中 I 为吸合电流，R 为线圈电阻）。有时也可用继电器吸合所需的最小安匝数，即吸合安匝来表示灵敏度。但是不同类型的继电器在安匝数相同时，线圈消耗的功率可能会不同。因此，在比较继电器的灵敏度时应以吸合功率为根据。有时为了相互比较，采用每对常开触点所需的吸合功率作为灵敏度的指标。灵敏度越高，继电器的性能越优越。

（7）寿命：在规定的使用环境条件下和规定的负载情况下所规定的动作次数。在这个规定的动作次数内，其失误次数应不超过规定的要求，其性能参数（如吸合电压、释放电压及触点的接触电阻等）的变化应不超过标准规定的最大值（或最小值）。

4. 电磁继电器的发展概况

为了适应现代飞机高空高速飞行和耐振动、抗冲击的新要求，研制开发新型的继电器来满足要求。

（1）平衡衔铁式和平衡力式继电器

传统的拍合式电磁继电器的耐振动和耐冲击的能力较差。采用平衡衔铁式和平衡力式的电磁系统所构成的电磁继电器使耐振动和耐冲击能力都有所提高。尤其是平衡力式电磁继电器不仅抗振的性能好，而且消耗的功率、体积和重量也更为缩小。表 3-21 对拍合式、平衡衔铁式和平衡力式三种电磁继电器的性能做了比较。

平衡力式电磁继电器的构造原理图如图 3-40 所示，其常开和常闭触头取得平衡力的原理是这样的：在图 3-40（a）中的继电器磁路中加设一块永久磁铁。当继电器线圈断电时，永久磁铁对可动衔铁产生吸力，衔铁的运动是由永久磁铁所产生的吸力来操纵的。常闭触头的压力由这块永久磁铁来产生，其值大小可以和继电器通电时，由电磁铁所产生的吸力对常开触头所加的压力相同，见图 3-40（b）。继电器通电时，见图 3-40（c），由于电流的磁效应对可动衔铁产生电磁吸力，此时衔铁的运动由电磁力来操纵。在前述两种情况下，即由永久磁铁产生的吸力（通过衔铁作用于常闭触头上）和由电磁铁通电时产生的电磁吸力（通过衔铁作用于常开触头上）相近。这个"相近"也就是人们所说的"平衡力"。

表 3-21　拍合式、平衡衔铁式和平衡力式三种电磁继电器性能比较表

性能类型	体积 /cm³	重量 /g	线圈功率28V 直流 /W	振动	冲击 /g	寿命 /次	触点压力 /gf[①]	设计特点
拍合式	164	258	9.4	10g 500Hz	25	5×10^4	35	①衔铁质量不平衡；②常闭触点压力由弹簧提供；③通电时衔铁的电磁吸力大于10N；④断电时衔铁作用力约1.4N
平衡衔铁式	65.5	204	7.8	10g 1500Hz	50	5×10^4	50	①衔铁质量平衡；②常闭触点压力由弹簧提供；③通电时衔铁的电磁吸力大于10N；④断电时衔铁作用力约2N
平衡力式	16.4	64	2.9	30g 3000Hz	100	10^5	100	①衔铁质量平衡，吸合时稳定；②常闭触点压力由永久磁铁提供；③通电时衔铁的电磁吸力大于10N；④断电时衔铁作用力大于10N

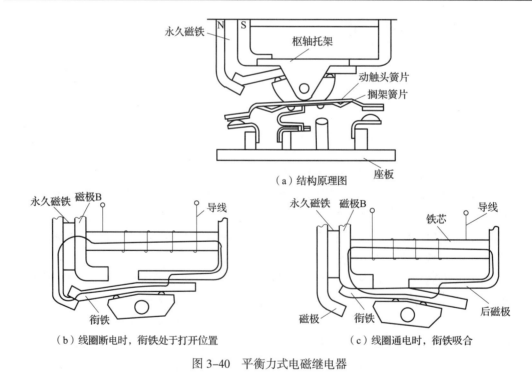

（a）结构原理图

（b）线圈断电时，衔铁处于打开位置　　　（c）线圈通电时，衔铁吸合

图 3-40　平衡力式电磁继电器

---

①　1 克力（gf）=9.807 毫牛（mN）。

具有平衡力特点的电磁继电器，它的常开和常闭触头的工作能力相同——通过电流的能力和断电能力，抗冲击、振动能力都强。

（2）密封式电磁继电器

统计发现，电磁继电器所发生的故障中以触点故障为最常见，而触点故障的绝大多数是由于触点污染、接触不良以及黏结所造成的。因此，为了提高电磁继电器的可靠性，以适应恶劣的气候条件，采用密封继电器的形式，即将整个继电器用金属外壳密封起来或采用触点单独密封的结构，密封室内充氮气等惰性气体或将其抽成真空等，这样可以防止触点氧化和被污染，并使触点的断弧能力不受大气压力的影响。

为了消除线圈所用有机绝缘材料逸出的蒸气对触点的污染，应将线圈和触点隔离密封。美国现采用两种密封方法：一种是双层密封，即在外罩内将触点和线圈单独密封；另一种新结构是把触点单独密封，使里面不会有有机物质，而线圈不加密封，使线圈有机部分逸出的有机蒸气逸散到周围空气中去。这样就消除了由于泄漏而造成的触点污染。

（3）电磁继电器的小型化、微型化和薄型化

现代密封式电磁继电器在小型化和微型化方面取得了很大进展。晶体罩式继电器缩小到 1/2，乃至 1/7 晶体罩。美国 LEACH 公司研制的 10AXC-111 系列全熔焊晶体罩继电器，采用平衡力结构，将电磁系统进行改造，与传统的同功率晶体罩继电器相比，高度和底面积均缩小了 1/3。当今世界上体积最小的 10A 晶体罩继电器的体积小于 $3.5cm^3$。1/10 晶体罩继电器也在迅速发展，其负载为 0.5A/28V DC，高度仅为 4.2mm，特别是为了与集成电路配套使用，要求继电器有足够的灵敏度以便能由集成电路直接控制，而且在尺寸方面要求小到能置于集成电路标准封装之内。TO-5 型和 TO-87 型继电器的出现，在小型化方面满足了集成电路对继电器的要求，但大多数集成电路的输出不能直接推动电磁继电器工作，需要在它们中间加一级放大器。

随着集成电路的发展和印制线路板插件的普遍使用，为了适应印制线路板间隔距离的需要，要求继电器的高度应小于两块印制线路板间的距离，因此扁平的通用继电器得到了发展。例如，已生产出二组、四组或六组转换触点，能切换 5A、125V/250V 交流或 50V 支流的负载。而其高度一般均不超过 11mm。

歼 10 海军型飞机上使用了 J210、J220、J300、J400、J500、J520 和 J550 七个系列的平衡力式密封继电器。

（二）固态继电器

为了克服电磁继电器转换时间长、有活动触点、功率消耗大、可靠性低等缺点，在功率电子器件、控制技术和微电子技术迅速发展的基础上，研制开发出具有无活动触点、转换时间短等优点的新型的电路控制器件——固态继电器。

1. 固态继电器的组成

凡是由固态器件及其相关电路组成的，具有自动完成继电特性的功能和具有输入输出回路电气隔离功能的电子装置即称为固态继电器。也就是说，固态继电器能够像电磁继电器那样，在输入信号的控制下执行关断和接通输出电路的功能。需要特别指出的是，具有输入输出回路之间电气隔离的功能是固态继电器区别于其他半导体开关器件和开关电路（例如，开关三极管、可控硅、单稳态电路、双稳态电路、共射极触发器等）的主要特征

之一。目前最常用的隔离方式有变压器式和光耦合式两种。

固态继电器一般由输入电路、隔离电路和输出电路三个部分组成，如图 3-41 所示。

图 3-41　固态继电器组成

输入电路：主要是接收控制信号的；有些输入控制电路还具有与 TTL/CMOS 兼容，正负逻辑控制和反相等功能。输入电路可以接受 TTL/CMOS 电平，大大简化了接口电路，从而使 SSR 的体积得到减小，使用较为方便。

按输入电压的不同类别，输入电路可分为直流输入电路、交流输入电路和交直流输入电路三种。

输出电路：主要是由固态转换器件构成；代替电磁继电器中的触点系统；固态转换器件主要由功率三极管、功率 MOS 场效应管、可控硅（晶闸管）、三端双向可控硅。

根据负载电流的性质不同，固态继电器的输出电路也可分为直流输出电路、交流输出电路和交直流输出电路等形式。

根据固态的转换器件的不同，输出电路可以分成功率三极管输出电路、功率 MOS 场效应管电路、可控硅（晶闸管）和三端双向可控硅电路。一般来讲，交流输出时，通常使用两个可控硅或一个双向可控硅，直流输出时可使用双极性器件或功率场效应管。采用固态的功率转换器件代替电磁继电器中的机械触点系统，就解决了机械触点的气体放电、机械不平衡的问题。

固态的功率转换器件具有开关功能，一个固态转换器件能否称为固态继电器呢？在输入电路和输出电路之间为何要增加隔离（耦合）呢？

对于功率转换器件，在控制极（基极、栅极）与阳极、阴极之间是通过控制 PN 结或者沟道的变化、从而控制载流子的变化来实现电路的通断的；在两者之间是没有完全隔离的，一旦出现了击穿，主电路的高压就会进入到控制电路中，损坏控制电路，因此，需要在输入电路和输出电路之间进行隔离。

电气隔离（耦合）功能一般是：①输入输出之间或输出输入外壳之间的绝缘电阻，在直流 500V 下测量，金属外壳封装的典型值为 $10^9\Omega$；②输入输出之间，或输出输入外壳之间的介质绝缘电压强度，一般在交流 60Hz 下测量，其值在 1000 ~ 5000V；③输入输出之间或输出输入外壳之间的隔离电容，一般在 1 ~ 10pF 范围内。

2. 固态继电器的电路

固态继电器的隔离方式不同，具体实现的电路也不同。图 3-42 所示为变压器隔离的固态继电器的原理框图，从图中可以看出，主要由下列组成。

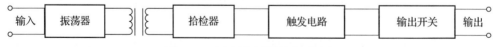

图 3-42　固态继电器的原理框图

振荡器：在输入信号的作用下开始工作，起振，开始振荡；

隔离变压器：实现输入输出的电气隔离；

拾检器：从高频的振荡信号中滤出有用的信号；

触发电路：控制由固态功率转换器件构成输出开关；

输出开关：由固态功率转换器件组成，实现主电路的转换与控制。

输入直流控制信号（若输入是交流信号要另加整流线路）使振荡器起振，由隔离变压器副边输出高频振荡脉冲，再经整形触发电路去推动输出开关器件，这就是变压器隔离的固态继电器的一般工作原理。

光耦合固态继电器框图示于图 3-43，工作原理如下：输入信号使触发电路工作，光电二极管发光，经光敏晶体管接受而控制转换功能固态器件（如开关三极管、MOS 场效应晶体管、三端双向可控硅开关、硅可控整流器）进行开关状态转换。

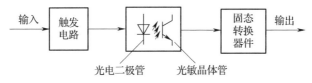

图 3-43 光耦合隔离固态继电器框图

电磁继电器和固态继电器主要性能比较如表 3-22 所示。

表 3-22 电磁继电器和固态继电器主要性能比较表

参数		电磁继电器	固态继电器
输入和输出间绝缘（500GΩ 最小）		可以达到	可以达到
触头工作频率		1 ~ 10Hz	1 ~ 1000Hz
最小触头电流		有的适用于干电路	10mA
触头接触电阻	闭合时	10 ~ 100mΩ（使用后）	100mΩ（导通时）
	断开时	500MΩ	20MΩ
线圈电压 /V		交流 6、12、24、48、115、230、220 直流 6、12、24、110	交流 3 ~ 140（工作电压） 直流 3 ~ 200（工作电压）
动作时间	吸合（接通）	1 ~ 20ms	5μs
	释放（断开）	2 ~ 20ms	100μs ~ 8.3ms
灵敏度 /mW		达 400	达 6
环境温度性能		适用于高温，不适用于低温	适用于有限高温，适用于低温
实现多组触头的可能性		好	可达到
寿命 / 次		3×10^6（最高）	无限
体积重量		大、重	小、轻
电冲击 / 火花危害		有	无
射频干扰 / 电磁干扰		要用辅助元件抑制	（零压切换时）无
振动、冲击环境性能		易受振动、冲击影响，可能出现不允许的触头闭合和断开	耐冲击，不会出现不允许的"触头"闭合或断开
辐射环境性能		抗辐射性能好	易受辐射影响

3. 固态继电器的主要性能

（1）环境温度范围

固态继电器正常工作时周围空气温度极限，通常给出工作和储存两种条件下的温度值，最大温度还受散热器和功率因素的限制。

（2）介质耐压（单位：V）

固态继电器输入端与输出端，输入端、输出端与散热底板之间能承受的最大电压值。注意：不允许测量同一输入（或输出）电路引出端之间的介质耐压，测量之前应先将它们短路。

（3）绝缘电阻（单位：MΩ）

固态继电器输入端与输出端，输入端、输出端与散热底板之间施加500V DC的电压测量的电阻值。注意：不允许测量同一输入（或输出）电路引出端之间的绝缘电阻，测量之前应先将它们短路。

（4）电气系统峰值（单位：V）

在规定的环境条件下，固态继电器输入端开路，在输出端的额定输出电压之上叠加特定波形和能量的电压，试验1min。试验后固态继电器仍符合规定。

（5）关断时间（单位：ms）

从切除常开型固态继电器输入端电压达到保证关断电压开始至输出端电压达到其电压最终变化90%为止的时间间隔。

（6）导通时间（单位：ms）

从施加于常开型固态继电器输入端电压达到保证接通电压开始到输出端电压达到其电压最终变化的90%为止的时间间隔。

（7）输出端漏电流（单位：mA）

在输入端没有施加导通控制信号的情况下，流过输出端之间最大（有效值）断态漏电流。通常是指整个温度范围内在最大的输出额定电压下的值。该值主要是输出端缓冲器产生。

（8）最大通态电压降（单位：V）

在规定的环境温度下，输出端满负载电流跨于输出端两端所呈现的最大（峰值）电压降。

（9）瞬态过压

固态继电器在维持其关断状态的同时，能够承受而不致造成损坏或失误的允许施加电压的最大偏离。超过该瞬态电压可以使固态继电器导通，若满足电流条件则是非破性的。瞬态持续时间一般不做规定，可以在几秒的数量级，受内部偏值网络功耗或电容器额定值的限制。

（10）最小断态 dV/dt（静态）（单位：V/μs）

在没有施加导通控制信号时，固体继电器输出端（交流）能够承受不致导通的电压上升率。通常表达为最大额定电压下的最小电压上升率。

4. 继电器使用注意事项

（1）固态继电器失效不同于电磁继电器

电磁继电器输出失效主要是由于触点的机械磨损、表面污染、电弧和液桥腐蚀、汽化、"冷"焊、熔焊，以及线圈断路、短路等。而固态继电器输出可能产生误导通失效。其主要原因是瞬间过热使输出器件产生热击穿，瞬间的过压使输出器件产生电击穿。或者由于负载回路中过高的电压上升率，通过杂散的寄生电容耦合到输入端而引起误导通。为了使固态继电器能安全地使用，就要控制过热过压，$\mathrm{d}V/\mathrm{d}t$ 一般不要超过 5 ～ 100V/μs。

（2）固态继电器承受输出电流和浪涌电流的能力不是固定的

固态继电器输出电流的额定值是随环境温度的升高而下降，输出功率大的比输出功率小的降得更快。一般用途的产品在 +100℃ 附近已穿通而丧失负载能力。外加散热器可改善负载能力。散热器热阻越小，改善的效果越佳。目前有的厂商已将负载电流、温度、散热器之间的关系绘出曲线，供电路设计者使用。同时输出器件承受浪涌电流的持续周期数越少，持续时间越短，则抗浪涌电流的能力越高。如输出 25A 的固态继电器，可抗 250A 持续时间 0.01s 的浪涌电流；而持续时间若是 5s，则只能抗 27A 的浪涌电流了。

（3）固态继电器有时也需接口电路

固态继电器在实际使用时并非都能和标准逻辑电路相接。为此有时输入端要加入消波限幅、高频滤波等接口电路。当输入信号是低于 1μs 的窄脉冲时，需用单稳或多稳接口电路将输入的窄脉冲展宽。当输入的电流很小时，要用达林顿型射极跟随器、毫伏输入运算放大器或电流输入运算放大器作为接口电路使固态继电器能可靠地工作。

（4）固态继电器的寿命并非是无限长的

一只 15A、250V 的交流电磁继电器，具有寿命 10^6 次。按 10 次 /min 的频率工作，3 个月便到寿命极限（按每月 25d，每天 24h 计）。而用相同功率的固态继电器，若根据平均无故障时间（MTBF）分析可得出具有 40 年的工作寿命周期。但实际上固态继电器有寿命的薄弱环节，就比较理想的光电耦合器隔离式固态继电器来说，其发光二极管的发光效率随工作时间的加长而衰退。若将工作电流控制在 10mA 左右就比较理想。另外，发光二极管正向压降随温度升高而下降，这样工作电流就要增加。增加的电流又引起温度进一步升高，产生恶性循环，对寿命是不利的。

（5）高频噪声对固态继电器的干扰

固态继电器中使用的光电耦合器一般都有很高的电流传输比，光敏三极管基极出现小的电流经放大后都有可能使输出器件误导通。若周围有高频干扰源，如振荡器、高频天线等，其干扰尖峰脉冲有可能通过隔离杂散电容直接耦合到光敏三极管的基极，从而引起输出误导通。一种克服的办法是将光敏三极管基极引出，并在基极与发射极之间接入适当数值的 RC 并联回路，电容使基极对发射极高频短路，电阻对电容提供放电通路。

（6）使用过零导通继电器要慎重

相比随机导通固态继电器，过零导通固态继电器有许多优点。特别是对接通白炽灯泡，电阻发热体之类的阻性负载，因其冷热态电阻相差悬殊，使用电压过零固态继电器作接通开关，可以减少大电流的冲击。若用固态继电器来控制电感负载的通断要特别小心，因感性回路中可能有较大的暂态浪涌电流出现，瞬时最大电流可达数倍至十余倍于稳态电流值。

瞬时大电流的冲击可能损耗固态继电器的输出器件，并产生电尖峰噪声和电磁干扰。而且也使电感绕组产生机械应力和热应力，并引起匝间绝缘下降，因而电压过零导通固态继电器不适用于电感负载电路中。

（三）继电器的测试

1. 测触点电阻

用万能表的电阻挡，测量常闭触点与动点电阻，其阻值应为0（用更加精确方式可测得触点阻值在$100m\Omega$以内）；而常开触点与动点的阻值就为无穷大。由此可以区别出哪个是常闭触点，哪个是常开触点。

2. 测线圈电阻

可用万能表$R \times 10\Omega$挡测量继电器线圈的阻值，从而判断该线圈是否存在着开路现象。

3. 测量吸合电压和吸合电流

用可调稳压电源和电流表给继电器输入一组电压，且在供电回路中串入电流表进行监测。慢慢调高电源电压，听到继电器吸合声时，记下该吸合电压和吸合电流。为求准确，可以多试几次求平均值。

4. 测量释放电压和释放电流

当继电器发生吸合后，再逐渐降低供电电压，当听到继电器再次发生释放声音时，记下此时的电压和电流，亦可多尝试几次取得平均的释放电压和释放电流。一般情况下，继电器的释放电压约在吸合电压的10% ~ 50%，如果释放电压太小（小于1/10的吸合电压），则不能正常使用，这样会对电路的稳定性造成威胁，工作不可靠。

三、继电器的选用

（一）先了解必要的条件

1. 控制电路的电源电压，能提供的最大电流；

2. 被控制电路中的电压和电流；

3. 被控电路需要几组、什么形式的触点。

选用继电器时，一般控制电路的电源电压可作为选用的依据。控制电路应能给继电器提供足够的工作电流，否则继电器吸合是不稳定的。

（二）按使用环境选型

使用环境条件主要指温度（最大与最小）、湿度（一般指40℃下的最大相对湿度）、低气压（使用高度1000m以下可不考虑）、振动和冲击。此外，尚有封装方式、安装方法、外形尺寸及绝缘性等要求。由于材料和结构不同，继电器承受的环境力学条件各异，在超过产品标准规定的环境力学条件下使用，有可能损坏继电器，可按整机的环境力学条件或高一级的条件选用。

对电磁干扰或射频干扰比较敏感的装置周围，最好不要选用交流电激励的继电器。选用直流继电器要选用带线圈瞬态抑制电路的产品。那些用固态器件或电路提供激励及对尖峰信号比较敏感的地方，也要选择有瞬态抑制电路的产品。

（三）按输入信号不同确定继电器种类

按输入信号是电、温度、时间、光信号确定选用电磁、温度、时间、光电继电器，这是没有问题的。这里特别说明电压、电流继电器的选用。若整机供给继电器线圈是恒定的电流应选用电流继电器，是恒定电压值则选用电压继电器。

（四）输入参量的选定

与使用密切相关的输入量是线圈工作电压（或电流），而吸合电压（或电流）则是继电器制造厂控制继电器灵敏度并对其进行判断、考核的参数。对使用来讲，它只是一个工作下极限参数值。控制安全系数是工作电压（电流）/吸合电压（电流），如果在吸合值下使用继电器，是不可靠的、不安全的，环境温度升高或处于振动、冲击条件下，将使继电器工作不可靠。整机设计时，不能以空载电压作为继电器工作电压依据，而应将线圈接入作为负载来计算实际电压，特别是电源内阻大时更是如此。当用三极管作为开关元件控制线圈通断时，三极管必须处于开关状态，对 6V DC 以下工作电压的继电器来讲，还应扣除三极管饱和压降。当然，并非工作值越高越好，超过额定工作值太高会增加衔铁的冲击磨损，增加触点回跳次数，缩短继电器寿命，一般工作值为吸合值的 1.5 倍，工作值的误差一般为 ±10%。

（五）根据负载情况选择继电器触点的种类和容量

国内外长期实践证明，约 70% 的故障发生在触点上，这足见正确选择和使用继电器触点非常重要。

触点组合形式和触点组数应根据被控回路实际情况确定。动合触点组和转换触点组中的动合触点对，由于接通时触点回跳次数少和触点烧蚀后补偿量大，其负载能力和接触可靠性较动断触点组和转换触点组中的动断触点对要高，整机线路可通过对触点位置适当调整，尽量多用动合触点。

根据负载容量大小和负载性质（阻性、感性、容性、灯载及马达负载）确定参数十分重要。认为触点切换负荷小一定比切换负荷大可靠是不正确的，一般说，继电器切换负荷在额定电压下，电流大于 100mA、小于额定电流的 75% 最好。电流小于 100mA 会使触点积炭增加，可靠性下降，故 100mA 称作试验电流，是国内外专业标准对继电器生产厂工艺条件和水平的考核内容。

（六）注意器具的容积

若是用于一般用电器，除考虑机箱容积外，小型继电器主要考虑电路板安装布局。如微型继电器为最长边尺寸不大于 10mm 的继电器；超小型继电器是最长边尺寸大于 10mm，但不大于 25mm 的继电器；小型继电器是最长边尺寸大于 25mm，但不大于 50mm 的继电器等。

第四节　航空接触器

接触器是一种用于远距离频繁地接通和断开交直流主电路或大容量控制电路的自动控制电气元件。而在航空条件下使用的接触器就称为航空接触器，在飞机上它通常作为机载电源系统的发电机连接和汇流条连接开关。它可以安装在远离驾驶员的任何地方。而驾驶员通过操纵安装在驾驶舱里的手动开关或按钮来控制它的线圈电路，实现接通、断开电力线路的目的。

接触器和电磁继电器的工作原理相同，均是以电磁铁为核心制作而成的、用于控制电路的通断和电路转换的电磁元件。但是两者的触点系统在控制电流的大小方面是有差异的，继电器控制的电路电流较小，一般在 25A 以下，而接触器控制的电流较大，电流在50A 以上，因此在具体结构上两者是有较大差异的，如采用设置有专门的灭火装置、有较强的缓冲弹簧和接通时接触压力大的触点等，从而满足分断大电流的要求。

一、接触器的组成及工作原理

接触器种类很多，结构和工作原理都有差别，但各型接触器的基本组成和基本原理大致相同。

接触器由电磁铁和接触装置组成，如图3-44所示。电磁铁为吸入式，由线圈、固定铁芯、恢复弹簧及导磁壳体等组成。接触装置则由固定触点、活动触点和缓冲弹簧组成。活动触点与活动铁芯连接在一起，恢复弹簧装在活动铁芯与固定铁芯之间。

在线圈没有通电时，恢复弹簧的弹力向上推开活动铁芯，使触点分离；线圈通电后，电磁铁所产生的电磁力，把活动铁芯吸下，使触点闭合。

线圈断电后，活动铁芯在恢复弹簧的作用下，重新向上弹起，使触点断开。

接触器正是由于作用在活动铁芯上的电磁力和弹簧力这两个方向相反的力的变化，才引起触点接通和断开的。

活动触点向下运动时具有一定的速度，当它和固定触点碰撞时，会发生弹跳现象，这会使触点间反复出现电弧，很容易使触点烧坏，甚至烧结。为了避免这种现象，接触器一般还装有缓冲弹簧，它的弹力比恢复弹簧的弹力要大。

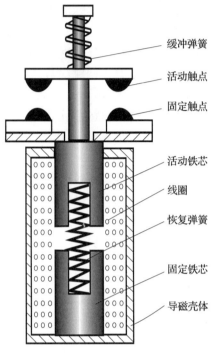

图3-44　接触器组成结构

当接触器线圈两端的电压达到接通电压值而使活动铁芯开始移动后，恢复弹簧被压缩，弹簧力增大；同时电磁力也因铁芯间隙减小而增大，而且电磁力的增大比弹簧力的增大大得多，所以活动铁芯要继续不断地向下移动，直至两铁芯接触时为止。由于铁芯之间的间隙要大于触点之间的间隙，所以当触点接触后，活动铁芯要继续下移，势必压缩缓冲弹簧。缓冲弹簧的弹力，一端作用在活动铁芯上，另一端作用在活动触点上。作用在触点上的弹力，就形成触点的接触压力，这个压力使触点闭合后迅速静止下来，因而电弧大为减小。

当两铁芯接触时，缓冲弹簧被压缩到最大限度，此时触点的接触压力最大，可保证触点接触良好。

当线圈断电时，缓冲弹簧就会和恢复弹簧一起使活动铁芯向上活动，从而增大触点断开的速度，有利于电弧的迅速熄灭。

航空接触器的主要技术参数与电磁继电器基本一致，主要有线圈额定电压、吸合电压、释放电压、触点允许电流等。

二、接触器的种类

1. 按照触点控制的电路性质来分

按照触点控制的电路性质，接触器可以分为直流接触器和交流接触器。

直流接触器的触点系统通过的是直流电，它的电磁线圈通的也是直流电。在飞机上使用的交流接触器，触点系统虽然通的是交流电，但是其电磁线圈仍然用直流电（通常采用整流的办法变交流电为直流电）激磁。因为交流电磁铁的寿命短，容易产生振动，对触点工作不利。

2. 按照工作原理来分

按照工作原理来分，可以分为：单绕组接触器、双绕组接触器、机械自锁式接触器、磁保持式接触器、平衡衔铁式接触器、平衡力式接触器、混合式功率接触器等。

另外，根据触点系统是否是密封的，还可以将接触器分为：密封式接触器和非密封式接触器。

飞机上常用的接触器类型有：MZJ 型直流接触器、JLJ 型交流接触器、HJJ 型转换交流接触器、HZJ 型转换直流接触器及 H 型密封接触器。

飞机上用的接触器的型别符号和数字含义如下。

接触器的电磁系统多数为吸入式的，而电磁线圈是一个绕组构成的接触器就称为单绕组接触器。单绕组接触器的原理结构如图 3-45 所示。单绕组接触器主要的型号是：KZJ-50A、KZJ-200、KZJ-200A、KZJ-300。

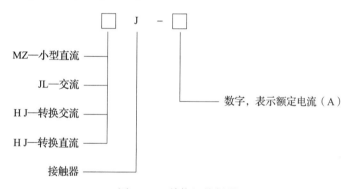

图 3-45　单绕组接触器

基本的工作情况是：线圈没有通电时，恢复弹簧把活动铁芯推向上方，使触点处在断开位置。线圈通电后，产生电磁力，当线圈两端电压达到一定数值，使电磁力大于恢复弹簧的反力时，活动铁芯就带动活动触点向下移动，使触点接通。

线圈断电后，活动铁芯又在恢复弹簧的作用下，重新向上弹起，使触点断开。其结构的特点：（1）采用了双触点桥式的触点结构；（2）有较强的缓冲弹簧。

（一）双绕组接触器

由于单绕组接触器的电磁力与弹簧弹力不匹配，使得单绕组接触器体积、重量大，在工作时消耗的功率大，因此，在单绕组接触器的基础上研制开发了双绕组接触器。国产双绕组接触器主要有 MZJ-50A、MZJ-100A、MZJ-200A、MZJ-400A。首先我们来讨论双绕组接触器的结构和工作原理。

双绕组接触器的结构如图 3-46 所示。双绕组接触器除了其电磁线圈是由两个绕组组成以外，其余各部分的结构与单绕组接触器一样。

两个绕组分别叫作启动绕组 W_{qd}（也称加速绕组）和保持绕组 W_{bc}。启动绕组的导线直径较大，但匝数很少，绕组的截面积也较小，一般只占整个线圈窗口面积的 1/4 ~ 1/3。

而保持绕组的导线直径较细，匝数较多。绕组所占的窗口面积较大。两个绕组的接线如图所示，W_{qd} 与 W_{bc} 为串联连接，但 W_{bc} 被一对辅助触点 K 所短路。活动铁芯处在打开位置时，K 是闭合的，当活动铁芯运动到某一位置时，通过与活动铁芯联动的推杆将 K 打开。

在线圈刚接上电源时，K 是闭合的。将保持绕组 W_{bc} 短接，电压几乎全部加在启动绕组 W_{qd} 上。由于 W_{qd} 导线粗，匝数少，电阻值很小，电流就相当大，因此产生的磁势 $I(W_{qd})$ 很大。此外，W_{qd} 的尺寸小，它的电时间常数也很小，电流增长的速率很快，使活动铁芯加速吸合。当然这时启动绕组消耗的功率也很大。不过由于启动的时间很短（只有百分之几秒），所以还不会使绕组过热而烧坏。

当活动铁芯运动到接近闭合时，K 断开，使保持绕组和启动绕组串联。由于 W_{bc} 导线细，匝数多，电阻值大，线圈电流就大大减小。虽然这时总的匝数（$W_{qd}+W_{bc}$）多了，但产生的磁势 $I(W_{qd}+W_{bc})$ 还是减小了。线圈长时工作时，所消耗的功率并不大，这时虽然多了一个绕组，但接触器整个电磁铁的尺寸和重量还是比单绕组时减小了。

（二）机械自锁式接触器

双绕组的接触器较好解决了电磁力和机械弹力的配合问题，但是，接触器在飞机飞行过程中，线圈要一直通电，白白消耗电能，为此，对接触器又进行相应的改造，当触点闭合后，采用机械方式维持触点的接通，从而不再消耗电能，这就是机械自锁式接触器。

图 3-47 是机械自锁式接触器的原理示意图。工作原理如下：当吸合线圈通电后，接触器吸合并被机械锁栓锁定于闭合位置，吸合线圈则依靠串联的辅助触点自行断电，不再消耗功率。接触器需要释放时，只要接通脱扣线圈，利用脱扣装置解除机械闭锁，再在返回装置的作用下恢复到释放位置。

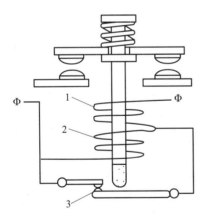

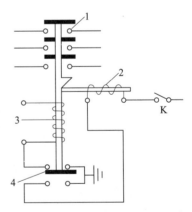

图 3-46 双绕组接触器原理示意图　　　　图 3-47 机械自锁式接触器原理示意图

1—保持绕组 W_{bc}；2—启动绕组 W_{qd}；3—辅助触点 K　　1—主触点；2—脱扣线圈；3—吸合线圈；4—辅助触点

实用的机械自锁式接触器可以有各种各样的机械锁栓和脱扣装置。

下面我们来分析一个三相交流接触器，构造如图 3-48 所示。主触点工作电压为三相 120V/208V，400Hz，额定电流为 175A，电磁铁线圈由直流供电。

工作原理：在主触点处于断开位置时，即接触器在未通电时，主接触器电磁铁活动铁芯 2 及活动触点 7 等运动部分，由返回弹簧 5 的作用，保持在打开位置。

当线圈 16 通电时，活动铁芯 2 被吸向台座 1，通过铸铝框架 3 带动活动触点 7 和

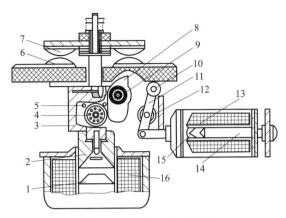

图 3-48　三相交流接触器

1—台座；2—活动铁芯；3—铸铝框架；4—滚珠轴承；5—返回弹簧；6—固定触点；7—活动触点；8—凸轮；
9—盘簧；10—顶轮；11—摇臂；12—盘簧；13—脱扣电磁铁线圈；14—脱扣电磁铁台座；
15—脱扣电磁铁活动铁芯；16—接触器线圈

滚珠轴承 4 一起向下运动，此时滚珠轴承 4 沿着凸轮 8 的直线边向下运动，而凸轮 8 是靠盘簧 9 的反作用力使凸轮紧紧靠着滚珠轴承 4，当轴承 4 运动到离开凸轮 8 的直线边时，凸轮 8 由于盘簧 9 的反力而顺时针方向转动，其底部曲线边便移到轴承 4 的上边，如图 3-48 所示，这时接触器的主触点也已闭合。

当滚珠轴承 4 被凸轮 8 压住的同时，主电磁铁回路中串接的常闭辅助触点（微动开关的一对触点）被随同活动铁芯 2 一起向下运动的顶杆顶开（见图 3-48），于是接触器线圈 16 断电。但是，由于活动铁芯等运动部分已被凸轮和滚珠轴承机构锁住在闭合位置，这时主触点仍保持在接通状态。同时，微动开关的另一对常开触点即被接通，因此常开触点串联在脱扣电磁铁线圈 13 的回路内（见图 3-48），因而为脱扣电磁铁工作做好了准备。所以，主接触器线圈和脱扣电磁铁线圈是通过微动开关的转换触点实现电气联锁的，它们不会同时工作。

当需要接触器断开时，只要把信号电源加到脱扣电磁铁线圈 13 两端即可。这时脱扣电磁铁的活动铁芯 15 被吸合至台座 14，活动铁芯 15 带动摇臂 11 逆时针方向转动，摇臂顶端的顶轮 10 便打到凸轮 8 的上端，迫使凸轮 8 克服盘簧 9 的反力而逆时针方向旋转，于是，凸轮 8 的底端离开滚珠轴承 4，机械自锁状态解除，主接触器的运动部分在返回弹簧作用下回到打开位置，主触点恢复断开状态。与此同时，微动开关的触点也发生了转换，使脱扣电磁铁线圈断电，并为主接触器电磁铁再次工作做好准备。此时，凸轮 8 直线边紧靠住轴承 4，摇臂在盘簧作用下顺时针方向旋转回到原来位置，使脱扣电磁铁的活动铁芯 15 回到打开位置，也使顶轮 10 离开凸轮 8，一切恢复到原来的状态。

（三）磁保持接触器

现代飞机上所使用的接触器，有的是利用永久磁铁产生的吸力，把接触器保持在吸合状态（此时电磁线圈断电），而释放状态仍是依靠恢复弹簧来保持。这种接触器就称为磁保持接触器。

磁保持接触器是在上下两块导磁底板之间装配两个永久磁铁棒和两根支撑柱，在支撑柱与导磁底板之间垫有隔磁的铜垫圈。电磁线圈和静铁芯安装在两导磁底板的中心部位。

活动铁芯在恢复弹簧反力的作用下与静铁芯之间有较大的间隙。

磁保持接触器的原理电路图如图 3-49 所示，有三对主触点控制三相交流电，四对辅助触点控制线圈电路。在线圈未通电时，由于活动铁芯与静铁芯之间的间隙较大，其磁阻远大于由支撑柱与导磁板构成的磁路的磁阻。永久磁铁的磁通不通过活动铁芯，也不会产生吸力，对接触器不发生作用。

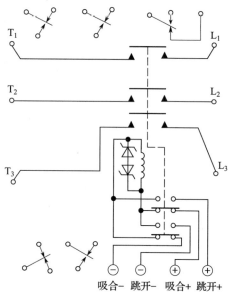

图 3-49　磁保持接触器的原理电路图

在线圈的吸合"+"和吸合"-"之间加上相应极性的输入信号电压，这时线圈产生的磁通方向与永久磁铁的磁通方向相同，线圈磁通产生足够大的吸力克服弹簧的反力，吸引活动铁芯向静铁芯移动，并带动活动触点向下运动。当活动铁芯与静铁芯，活动触点与固定触点完全闭合的时候，辅助触点断开线圈的吸合电路。这时由于通过由活动铁芯、静铁芯构成的磁路的磁阻比有铜垫圈的支撑柱和导磁底板所构成的磁路的磁阻小，永久磁铁产生的吸力使接触器保持在吸合状态。

在线圈的跳开"+"和跳开"-"端头之间加上相应极性的输入信号电压时，线圈在铁芯内产生的磁通大于永久磁铁的磁通，并且方向相反，抵消了永久磁铁的吸力，使活动铁芯在弹簧反力作用下回到释放状态，带动主触点断开，并使辅助触点发生转换，断开跳开信号电路，接通闭合信号电路，为下一次接通做好准备。

线圈两端并联齐纳二极管是为了减小在线圈电路开关上的自感电势。

在接触器中利用永久磁铁除了保持吸通状态以外，还可用来保持断开状态和常闭状态。这种接触器通常称为平衡力式接触器，其结构在继电器中已介绍过，目前，这种接触器在 JH-7A 飞机和 J10 飞机上已使用。

（四）混合式功率接触器（SSPC）

270V 高压直流电源系统有一系列明显的优点，是今后飞机先进供电系统的发展方向，美国已在 F-22 战斗机上采用了这种供电系统。采用高压直流供电方案需要解决的关键问题是开关装置的灭弧问题。在小功率情况下可采用固态功率控制器或固态继电器。对于大功率的切换，采用由固态器件和机电接触器组成的"混合式功率接触器"（Hybrid Power Contactor）方案。美国研制的一种混合式汇流条接触器的原理线路如图 3-50 所示。

接触器的工作情况大致如下：欲接通主电路时，首先使三极管 V 导通，在 V 接通主电路若干毫秒之后，再控制机电接触器接通触点 K，这样避免了触点关合过程中的放电和烧损。触点 K 闭合后

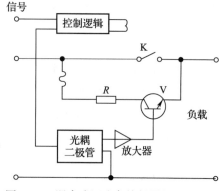

图 3-50　混合式汇流条接触器的原理线路

承担通过大电流的任务，这样又避免了三极管饱和压降所造成的功率损耗。需要开断主电路时，也是首先使 V 导通，触点 K 分断主电路时，负载电感中的能量通过三极管 V 的回路消耗在电阻 R 上。适当选择 R 的数值，使 V 与 R 上的压降不大于燃弧电压 U_{rh}，触点 K 上就不会产生持续的电弧。目前已研制成额定值为 400A，短时可经受 1000A 的电流，使用高度为 21300m 的混合式功率遥控器。

三、接触器的常见故障及判断方法

在实际应用中，由于电压波动、安装环境条件差、生产工艺的欠缺和使用维护不当等因素而导致接触器出现各种故障或问题。

1. 线圈通电后接触器未吸合

造成此类故障的因素较多，其中最常见的原因有：

（1）接触器线圈的控制电压由于控制回路断路或短路而消失；

（2）控制回路电压过低，达不到额定工作电压的 85%；

（3）控制按钮接线错误或断线；

（4）线圈断线开路；

（5）机械故障卡住。

出现上述故障时，应首先用万用表检测控制回路熔断器，若熔断器上端无电压，说明主电路有问题，需先检查主电路；若熔断器上端有电压而其熔芯已烧断，说明主电路正常，而控制电路有短路或击穿现象，应对控制回路进行检查；若控制电路熔芯未断，则可以用万用表检测接触器线圈的两个接线端子，在通电情况下，当启动按钮按压之后有无电压；若无电压，说明控制回路不通，需检查控制电路各个元件及导线；若线圈两端子间有电压，且电压正常，而线圈不工作，说明该线圈已烧断，此时可设法更换线圈；若线圈能工作，但线圈发烫，且有较大的嗡嗡声，而接触器仍不能闭合，则说明接触器的运动部件有机械卡塞现象，此时应及时切断电源，拆开接触器后盖及灭弧罩进行检修。

2. 线圈断电后接触器不释放

此类故障是接触器的常见故障之一。引起此类故障的主要原因有：

（1）铁芯表面涂层粘连，其原因有：接触器的铁芯黏有油污或铁芯片间绝缘漆及外表油漆变热熔化，流到铁芯表面；新购置的接触器，铁芯表面的防锈油脂未擦除。

（2）触头粘连

接触器触头抗熔焊性能差，较大时间通过大电流时，使触头熔焊粘连而不能释放，其中以纯银触头居多。

（3）剩磁过大

由于铁芯与衔铁之间的去磁间隙过小，断电后接触器的导磁铁芯和衔铁剩磁过大，其吸引力增大而不能释放。

（4）机械故障卡住

出现此类故障时必须先切断电源，然后检查主电路有无短路现象，是否存在负荷过大而配用的接触容量较小的问题，以及是否启动操作过于频繁等。

3. 接触器主触头故障

（1）接触器的主触头常常会因表面氧化、积垢而导致接触不良。对于此类故障，可使用小刀或细锉刀清除掉主触头表面的脏污，但不得破坏主触头原先的形状。

（2）因过热或过负荷等原因烧毛的主触头表面往往会形成凸凹不平的斑痕或金属熔渣，从而可能导致主触头之间接触不良。处理这种故障时，可将主触头拆下，先用细锉刀清理凸出的小点或金属熔渣，然后用小铜锤将主触头上的凸凹不平处轻轻敲平，最后再用细锉刀把主触头表面锉平并整形，注意切勿锉修过量。

（3）对于镀银的主触头，若其银层被磨损而露出铜，或触头严重磨损超过原厚度的1/2时，应更换新触头。

4. 接触器振动大、噪声过大

造成此类故障的原因可能是：

（1）接触器铁芯表面上油污较厚，或者铁芯板面有缺损、变形或不平整；

（2）使用砂纸修磨铁芯板面后未将砂粒清除干净或有异物掉落，铁芯板面因氧化而生锈，铁芯板面之间接触不良；

（3）接触器线圈的控制电压不足，达不到额定工作电压的85%；

（4）反力弹簧损坏或移位，因机械运动部件发生问题导致铁芯行程不够或偏移；

（5）铁芯上的短路环断裂等。

第五节 航空开关

电路控制装置是用来接通、断开和转换电路的装置。飞机上采用的电路控制装置有多种，但按操作触头的方法不同，可分为三类：手动控制装置、机械控制装置和电磁控制装置。

一、手动控制装置

手动控制装置是由手来直接操纵的控制装置。手动控制装置包括按钮和开关，一般用于电流不超过35A的电路中。

（一）按钮

按钮用在短时接通的电路中。

常用的按钮有AN-1A型、AN-2A型和AN-3A型三种，如图3-51所示。AN-1A型按钮只有两个固定接触点，AN-2A型和AN-3A型按钮都有三个固定接触点。

当按下按钮时，活动接触点将两个或三个固定接触点同时接通，从而接通一条或两条电路；当松开按钮时，活动接触点在恢复弹簧作用下与固定接触点断开。

（二）开关

1. 开关的一般介绍

开关又称电门。

按功用分有接通开关和转换开关。接通开关用来接通或断开电路。转换开关也有同样的作用，但是它在断开一条电路后即接通另一条电路。

按同时接通或断开的电路数，可以分为单极开关和多极开关。多极开关，同时可接通或断开两条（双极）或两条以上的电路。

各型开关的基本结构和动作原理相同，现以ZK-1型单极转换开关为例进行说明。

开关一般由手柄、弹簧、活动触头、固定触头和接线钉组成，如图3-52所示。

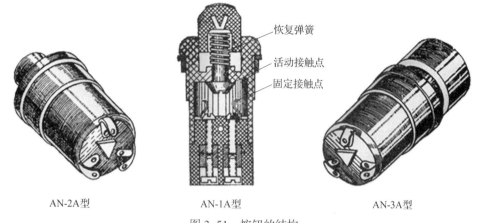

AN-2A型　　　　　　　　　AN-1A型　　　　　　　　　AN-3A型

图 3-51　按钮的结构

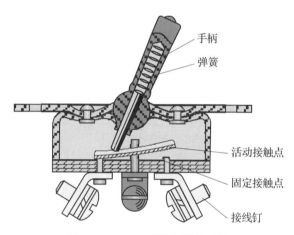

图 3-52　ZK-1 型单极转换开关

当扳动手柄时，手柄内的弹簧被压缩，当手柄扳过中间位置时，在弹簧的作用下，活动触头便迅速地动作，转换电路。弹簧的弹力作用在触头上，可以形成一定的接触压力，保证接触良好。

2. 开关的常用类型

（1）密封开关

①型别符号和数字含义

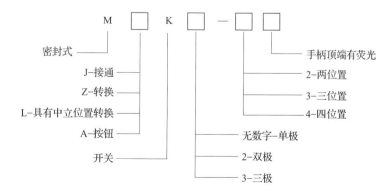

②主要种类有：MAK-2；MAK-3；MAK-4；MZK-2；MLK-3；MLK-3；MLK-4 等。

（2）小型密封开关

①型别符号和数字含义

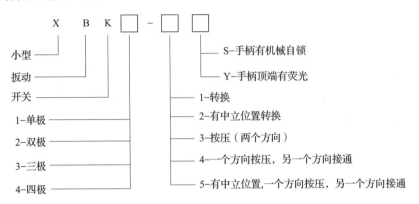

②主要种类有 BX3-1；XBK2-1；XBK2-2；XBK4-2 等。

二、机械控制装置

机械控制装置是由机械来操纵的一种控制装置，主要用在要求由机械来自动操纵触点通断的电路中，常用的机械控制装置有微动开关和终点开关两种类型。

（一）微动开关

常用的微动开关：AK2-1；BK2-1；DK3-2 和 WWK-2。

1. AK 型微动开关

AK 型微动开关的型号和规格有多种，其结构和工作原理基本相同，现以 AK2-1 型微动开关为例介绍其基本结构和工作原理。

AK2-1 型微动开关是一种转换开关，由导电部分、传动部分和壳体组成，如图 3-53 所示。导电部分包括固定接触片、带有活动触点的"Ⅲ"形弹簧片和接线针；传动部分包括顶杆与胶木块。

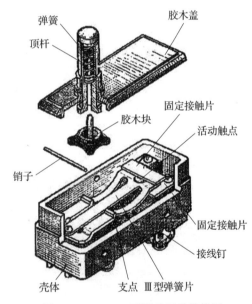

图 3-53　AK2-1 型微动开关结构图

当顶杆不受外力时，在"Ⅲ"形弹簧片的弹力作用下，活动触点是与上面的接触片接通的。

向下压动顶杆时，"Ⅲ"形弹簧片便在顶杆的按压下，迅速向下移动，使活动触点与上面的固定触点分离，而与下面的固定触点接通，电路被转换。触点的接触压力也是由"Ⅲ"形弹簧片提供的。

顶杆外力除去后，中央簧片中部上移，活动触头将自动地恢复原位，并且与常闭触头接通。

2. WK 型微动开关

WK 型微动开关由顶杆、固定在顶杆上的钳形弹簧、恢复弹簧、支撑在钳形弹簧上的带有活动触点的弹簧片、固定触点和外壳等组成,如图 3-54 所示。

顶杆上没有外力作用时,活动触点将下面的一对固定触点接通。这时,作用在触点上的接触压力,由钳形弹簧向外的张力(垂直分力)通过弹簧片供给,这个压力在 70 ~ 150gf 之间,可保证触点有良好的接触。

当按压顶杆时,钳形弹簧就带动弹簧片的支撑向下移。当支撑端移到两活动触头受力点连线以下的位置,垂直分力就改变方向,指向上方,使触点迅速地由下面位置跳到上面位置,断开下面一对固定触点,连通上面一对固定触点。

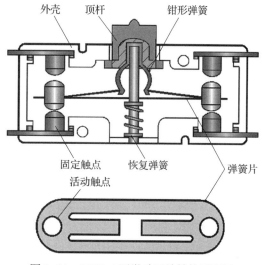

图 3-54 WK4-1 型微动开关结构原理图

去掉外力后,顶杆在恢复弹簧的作用下,便回到原先的位置,微动开关又恢复为原来状态。

WK 型微动开关动作灵敏,但它的缺点是不密闭,容易进入水、灰尘等物,引起接触不良甚至接不通电路。有的微动开关在接通上面一对固定触点以后,如果继续压顶杆,还可能断开,甚至会将恢复弹簧下面的胶木外壳顶破。

(二)终点开关

常用的终点开关种类有:QLK-1 和 AKP2-1。

1. QLK-1 型终点电门

QLK-1 型终点电门,用以控制起落架收放信号电路。

QLK-1 型终点电门基本结构如图 3-55 所示,主要由 WK3-5 微动电门、传动杆、恢复弹簧、压片、压臂和压簧组成的特殊传动装置,以及壳体、接线板、密封胶套、胶垫等。

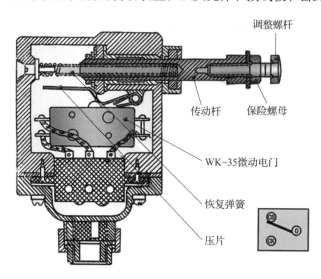

图 3-55 QLK-1 型终点电门结构图

67

向左压传动杆时，恢复弹簧被压缩使压片向下移动，压下微动电门的按钮，从而使微动电门转换电路（"O"与"CK"接通），此时传动杆所移动的距离称为工作行程。此后，还可继续向左压动传动杆移动一段距离，这段距离称为辅助行程。

去掉外力后，传动杆被顶回，微动电门恢复原来状态（"O"与"CB"接通）。

传动杆的工作行程不大于3.5mm，辅助行程不小于8mm。

传动杆上端有调整螺杆。松开保险螺母，转动调整螺杆，可改变传动杆的长度，逆时针拧，长度增长，反之则缩短。使用中，必须使传动杆的长度和工作机构的行程有恰当的配合，否则，将不能保证微动电门可靠地工作，甚至还可能压坏微动电门。工作行程一定时，若传动杆的长度过短，传动杆被压动的距离小于它的工作行程，使电门不能转换；相反，传动杆长度过长，被压动的距离超出传动杆的总行程即工作行程和辅助行程之和，从而压坏微动电门。

2. AKP2-1型终点电门

AKP2-1型终点电门用在前起落架和减速板的收放信号电路中。

它由传动部分、微动电门和壳体组成，如图3-56所示。

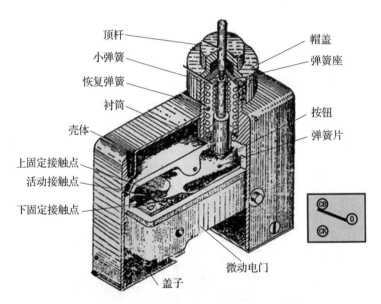

图3-56　AKP2-1型终点电门结构原理图

当传动部分的顶杆受到外力作用时，克服弹簧弹力，可以通过其上的按钮直接压动微动电门带活动接触点的接触弹簧，使活动接触点与下固定接触点相接触（即"O"与"CK"接通）。去掉外力后，顶杆在恢复弹簧弹力的作用下，返回原来位置（"O"与"CB"接通）。传动部分的小弹簧与衬筒对按钮起缓冲作用。

第六节　线路连接部件

一、接线端子（接线片）

接线端子是一种有耳片以便用螺栓、螺母等连接件实现导线转接的、可拆卸的导电的连接件，起到连接电路通路的作用；使用它连接导线或电缆的端部。

（一）接线端子（接线片）的一般介绍

接线片一般用于搭铁线、火警线、热电偶线和接线桩的连接。接线片的尺寸同样是用数字表示，其中以 18、20 和 22 最为常用。

接线片种类很多，按材料分有铜接线片和合金接线片。按功能分有端子带绝缘和不带绝缘的。按尺寸分主要是有效接触面积大小和接线柱直径大小的区别。按形状分也多种多样。如图 3-57 所示。

BACT12AC普通接线片

BACT12AR防护接线片

BACT12M高温非绝缘接线片

3223高温合金接线片

YAV14H非绝缘接线片

42731快速接线片

2888快速接线片

BACT12G非绝缘接线片

2771铝线专用接线片

图 3-57　接线片的结构

接线端子一般采用压接方式进行加工，其中压线筒部分是用来压接导线的导体部分，绝缘筒部分是用来压接导线的绝缘层部分的。接线端子压接后一般要进行检查和测试，以确定其性能的好坏。

（二）接线端子（接线片）的常用类型

1. 铜接线端子

优先使用压接式铜接线端子，或垫收缩焊接套管接线端。压接式铜接线端子符合 HB6-91、HB6-92、HB6-93 压接要求。也可使用符合 HB6-10、HB6-11、HB6-17、HB6-18 的接线端子。

2. 铝接线端子

铝接线端子只能压接到铝芯导线上，铝接线端子应符合专用技术要求。当与接线柱相接时，铝接线端子的耳片或叠放在一起的所有端子耳片夹在两个专为铝端子使用的平垫圈之间。

（三）接线端子（接线片）的使用要求

一个接线端子上端接的导线不多于四根，一个螺栓上连接的接线端子不超过四个。不同电源（主电源、二次电源、转换电源、应急电源等）的地线单独接到各自的接地点上。只有由同一电源供电，且不执行双重功能的设备接地线，才同时接到一个接地点。接线端子的耳片之间不允许垫入衬套或垫圈。拧紧接线柱上的螺母时，不应使接线端子或接线柱变形。接线端子的位置应使在拆卸紧固螺钉或螺母时不需弯曲端子，而且端子的活动方向应使连接趋向拧紧。

二、接线排和连接模块

（一）接线排及连接模块的一般介绍

接线排和连接模块使用在不需要经常断开的导线连接处或用于把两根或两根以上导线接到一个公共点上。

（二）接线排及连接模块的使用要求

接线排的选用符合 HB 6194 或其他标准要求。安装时应带有符合专用技术要求的盖子。电流表分流器不得作为接线排使用。

连接模块包括转接模块和接地模块，其要求符合 HB 6384—1989。连接模块的安装轨道及托架符合相应的专用技术要求，其封严体空孔中都装上相应的封严塞。

接线排有一个独立的项目编号，每块接线排上的接线柱应编出符合布线图的标识号码，号码从 1 开始。识别标识应永久地粘贴在飞机上，并应置于对布线或设备妨碍最小且易于判读之处。当拆下接线排时，识别标识将原封不动地保留下来。连接模块和安装轨道分别给定项目编号。

三、接线盒

接线盒可以用作导线、电缆连接处的专用保护。

（一）接线盒的一般介绍

接线盒由金属或非金属材料制成。金属接线盒内部使用绝缘材料涂覆或粘贴非金属绝缘材料，以减少发生短路的可能性。所有接线盒内部均为自包以便于检查和维修。除防水汽接线盒外设排漏孔，以使飞机停放于地面或在飞行中、机翼折叠或放出、机轮和各种活动收起或放下时，均可排漏。用于制造金属接线盒的材料规格有足够的刚度，使接线盒在工作情况下，足以支撑多个附件而无弯曲或变形，并对铰链或可拆卸的盒盖提供适当的支持和定位。

电气、电子设备安装于接线盒盖上时，盒与盖子使用铰链连接，防止在盒盖打开或关闭时损坏线束和设备。

（二）接线盒的使用要求

接线盒的外部有明显标识，便于接线盒接线时与布线图相对照和检查。防水汽接线盒外部标有"防水汽"字样。

接线盒内导线适当分组，适当支撑和绑扎，使导线满足以下要求：

1. 布线安排整齐有序；
2. 便于检查和维修；

3. 消除接线端子上的应力；

4. 尽量减少发生故障的可能性。

四、拼接管

拼接管在电路中起到连接通路的作用，常用于导线和电缆的修理。

（一）拼接管的一般介绍

拼接管一般采用铜和铜合金制成，有的采用铝材料。拼接管的结构如图 3-58 所示。

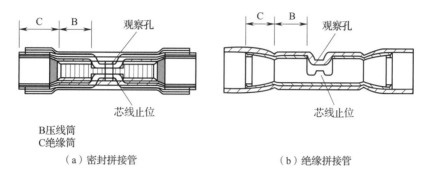

（a）密封拼接管　　　　　　　（b）绝缘拼接管

图 3-58　接线管的结构

（二）拼接管的常用类型

根据用途不同，拼接管有对接拼接管、平行拼接管和端头拼接管；根据工作环境不同，拼接管有密封和非密封拼接管、高温和非高温拼接管；根据拼接管外部是否有绝缘层，可以分为绝缘和非绝缘拼接管。在使用中，应根据导线和电缆的安装位置选择不同型号的拼接管。

1. 冷压免热吹拼接管

冷压免热吹拼接管有红、蓝、黄 3 种规格，待接导线从绝缘套管两端穿入后冷压连接，如图 3-59 所示。

图 3-59　冷压免热吹拼接管

2. 密封拼接管

密封拼接管同样有红、蓝、黄 3 种规格，与上述免热吹拼接管不同点在于，其外绝缘套管与金属连接头分离，待接导线与金属连接头压好后，将绝缘套管热吹至连接处，绝缘套管内的热熔胶融化后与金属连接头紧密结合，起到绝缘和密封作用。这种密封拼接管被美军方和民航广泛采用，其外形与应用实例如图 3-60 ~ 图 3-62 所示。

3. 帽型单接拼接管

帽型单接拼接管也是美军飞机常用的一种拼接管，当插销等电连接器严重损伤时，可将连接器连接的导线部分或全部用帽型拼接管快速连接。帽型拼接管也可用于普通导线的快速压接，其外形与应用实例如图 3-63、图 3-64 所示。

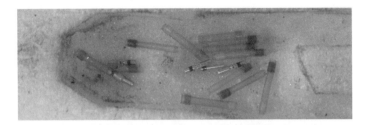

图 3-60　密封拼接管三种规格

图 3-61　密封拼接管的使用

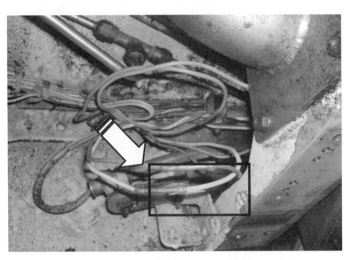

图 3-62　密封拼接管的使用示例

图 3-63　帽型拼接管

图 3-64　帽型拼接管在飞机上可部分替代插销等电连接器

常用帽型拼接管有大、小两种型号，其压接工具如图 3-65 所示。

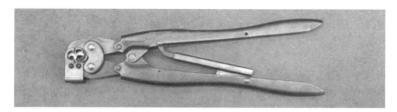

图 3-65　帽型拼接管压接钳

4. 大负载导线的连接接头

对于机上大负载电源线的连接需采用大直径连接接头，其外形及应用实例如图 3-66 ～图 3-68 所示。

大负载连接接头的压接正常需采用专用液压工具，如图 3-69 ～图 3-71 所示。

图 3-66　大负载连接接头外形图

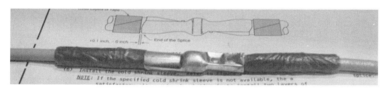

图 3-67　大负载导线连接示例

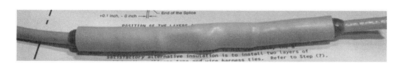

图 3-68　连接完成后需进行密封及绝缘

图 3-69　大直径连接接头冷压工具

图 3-70 大直径连接接头冷压工具连接图（接气源）

图 3-71 冷压工具适配模具

（三）接线管的使用要求

根据不同系统、导线类别、飞机区域的温度级别、是否燃油蒸汽区等，选择不同的接线管。若在温度级别 B 级以上，在非增压区，系统电压高于 115V 时，要选择密封接线管。

对照 AWG 至 CAU（直译：圆形截面单位）的转换表格，由线的尺寸找到 CAU 值（见表 3-23）。

表 3-23　线号（AWG）与圆形截面单位（CAU）转换表

线号（AWG）	圆形截面单位（CAU）	线号（AWG）	圆形截面单位（CAU）
32	0.6	26	3
30	1	24	5
28	1.6	22	8
20	12	4	426
18	19	2	665
16	24	1	837
14	38	0	1045
12	59	00	1330
10	99	000	1665
8	170	0000	2109
6	268	—	—

第七节　常用航空总线

现代飞机的主要特点是内部使用了多个计算机实施控制，计算机间实现信息传输及信息共享通过航空电子总线完成。具有代表性的成果是 20 世纪 80 年代由美国公布的 MIL-STD-1553B 及 ARINC 429 总线标准（使用在军用 F-16、F-15 飞机上，民用波音 747、波音 757、波音 767、A300、A310、A320、A340 等多种飞机上）。20 世纪 90 年代随着光电技术以及电子技术的进一步发展，改进了新的总线标准，即 ARINC 629。

一、MIL-STD-1553B 军用航空总线

（一）技术标准

1. 美军标准

20 世纪 70 年代初，美国空军莱特实验室开始实施 DAIS 计划，首次将串行数据总线引入到军用飞机航空电子系统中。这就是 1973 年颁布的美国军用标准 MIL-STD-1553 "飞机内部时分制命令 / 响应多路数据总线"（Aircraft Internal Time Division Command/Response Multiplex Data Bus），该标准规定了飞机内部数字式的命令 / 响应时分制多路数据总线的技术要求，以及多路数据总线的操作方式、总线上的信息流的格式和电气要求。其作用是提供一个在不同系统之间的传输数据和信息的媒介。1973 年，美国军方和政府共同推出了 MIL-STD-1553B 协议，于 1975 年 4 月 30 日发布了最初的 A 版本，并开始应用于美国空军的 F-16 战斗机和陆军的阿帕奇（Apache）攻击直升机 AH-64A。1978 年 9 月 21 日发布该协议的 B 版本，同时政府将该协议固定在 B 版本，也就是 MIL-STD-1553B 总线标准，一直沿用至今。随后对该标准又陆续进行了局部修改和补充，共发布了四个通告（Notice）。1980 年 2 月 12 日发布了 Notice 1（针对美国空军的应用增加了第 20 节）；1986 年 9 月 8 日发布 Notice 2（删除 Notice 1 中的第 20 节，增加第 30 节）；1993 年 1 月 31 日为便于采办而发布 Notice 3；1996 年 1 月 15 日，由于管理的变化，封面改变而发布 Notice 4。

随着 MIL-STD-1553B 的不断演化，美国国防部提供了相应的应用手册。1984 年 11 月 9 日发布了 MIL-HDBK-1553（多路总线应用手册，Multiplex Applications Handbook），1988 年 11 月 1 日，发布了多路总线应用手册 MIL-HDBK-1553A。

MIL-STD-1553B 总线标准明确规定了 1553B 多路传输数据总线通信网络的系统构成、连接方式、电气特性、工作模式、控制方式、响应规程、字的类型、消息格式、系统管理以及测试准则等。

1988 年 5 月 20 日，美军发布了 MIL-STD-1773（Fiber Optics Mechanization of an Aircraft Time Division Command/Response Multiplex Data Bus）。

2. 国内标准

国军标 GJB 289—1987《飞机内部时分制指令 / 响应式多路传输数据总线》是由中国航空工业总公司参照 MIL-STD-1553B 总线提出的，经国防科学技术工业委员会批准，于 1987 年 3 月 27 日发布，1987 年 10 月 1 日起实施。由于该标准仅限于航空应用，因而需要对其进行修订，以满足陆、海及其他应用的要求，修订后的标准适用于海、陆、空及民

用场合，修订后的标准更名为 GJB 289A—1997《数字式时分制指令／响应型多路传输数据总线》，经国防科学技术工业委员会批准，于 1997 年 11 月 5 日发布，1998 年 5 月 1 日起实施。

目前，GJB 289A—1997 标准已经在军用飞机、军用舰艇、陆军武器及工业方面得到了广泛的应用。在 1997 年后新研或者旧机改型的飞机中，只要有航空电子系统，就会使用符合该系列标准的总线。无论是在主机厂所，还是在航电设计、研制和生产单位，其 1997 年以后的标准化大纲中都引用了。

从 20 世纪 80 年代后期到 1997 年，GJB 289A—1997 修订版颁布期间，GJB 289A—1997 已开始从实验室走向实际应用，为了更好地贯彻实施 GJB 289A—1997，制定并颁布实施了 GJB/Z 209—2002《数字式时分制指令／响应型多路传输数据总线应用手册》。

随着 GJB 289A—1997 的颁布和 GJB 289A 通信网络的推广应用，国内对 GJB 289A 的测试越来越重视，相继建立了 GJB 289A 测试平台，能对远程终端完成全面的有效性测试。2000 年以来，我国机载、弹载、舰载等许多国防领域许多型号任务，采用了 GJB 289A—1997 标准，组建了 GJB 289A—1997 多路传输数据总线网络并实现实时通信。由于不同研制单位在 GJB 289A 通信产品研制过程中采用的设计思想、实现方案及元器件均有差异，故产生了不同类型的 GJB 289A—1997 通信产品。为保证这些产品能够在 GJB 289A—1997 通信网络上顺利实现综合并能可靠稳定地工作，就必须对其进行全面严格的测试。2002 年至今，通过对 GJB 289A—1997 的深入研究，参照 MIL-HDBK-1553A（SECTION100）和 AS4111 ~ AS4117 编写了 GJB 5186《数字式时分制指令／响应型多路传输数据总线测试方法》系列标准（共 7 个部分），规定了多路传输数据总线各个组成部分：远程终端（RT）、总线控制器（BC）、总线监控器（BM）、总线系统、数据总线电缆、耦合器、终止器等的测试方法，这 7 项测试标准覆盖了 GJB 289A 总线网络组成部件的测试内容，能为 GJB 289A—1997 通信产品研制质量的保证提供明确、可行的测试方法。

GJB 289A 系列标准由以下 9 个标准组成，其中后 7 个为与数字式时分制指令／响应型多路传输数据总线测试方法相关的标准。

① GJB 289A—1997：数字式时分制指令／响应型多路传输数据总线；

② GJB/Z 209—2002：数字式时分制指令／响应型多路传输数据总线应用手册；

③ GJB 5186.1—2003：远程终端有效性测试方法；

④ GJB 5186.2—2004：远程终端生产测试方法；

⑤ GJB 5186.3—2003：总线控制器有效性测试方法；

⑥ GJB 5186.4—2004：总线控制器生产测试方法；

⑦ GJB 5186.5—2004：系统测试方法；

⑧ GJB 5186.6—2005：总线监控器测试方法；

⑨ GJB 5186.7—2005：总线耦合器、终止器、电缆测试方法。

GJB/Z 209—2002 解释 GJB 289A，提供了可供采用的介质设计、终端设计和系统设计技术，为编制终端和系统规范以及系统接口控制文件提供了指南，并给出多路传输系统的应用实例。

GJB 5186 规定了 GJB 289A 总线远程终端（RT）、总线控制器（BC）、系统、监控器及总线组成部件（总线耦合器、终止器、电缆）的测试方法与技术。

（二）总线基本结构

GJB 289A 总线可以挂接 3 种类型的终端设备，即总线控制器（Bus Controller，BC）、远程终端（Remote Terminal，RT）和总线监视器（Bus Monitor，MT）。

1. 总线控制器

总线控制器是数据总线上唯一被指定执行启动信息传输任务的设备，发出数据总线命令，参与数据传输，接收状态响应和监视系统的状态，对数据总线实行控制和仲裁；

2. 远程终端

远程终端是子系统到数据总线上的接口，在 BC 的控制下传输数据，并对 BC 来的命令作出响应，既可以是独立的可更换组件，也可以嵌入在子系统内部；

3. 总线监视器

总线监视器监视总线上传输的信息或有选择地提取信息，以完成对总线数据源进行记录和分析。除了接收包含它本身地址的消息外（如果给它分配了一个地址的话），对其他任何消息均不响应。其得到的信息仅限于脱机应用，或者给备用总线控制器提供信息，以便于总线控制器的替换。

数据总线系统可支持多个 BC，但任何时候只能有一个 BC 处于激活状态，其他所有设备只能听令于该 BC，而且要在规定的时间内对 BC 的指令作出响应。其拓扑结构如图 3–72 所示。

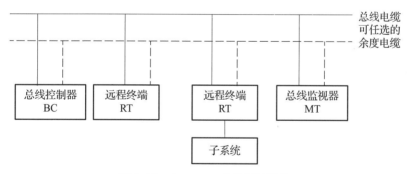

图 3–72 GJB 289A 总线拓扑结构

（三）基本特点

1. 分时多路复用传输方式。对多个信号源的信号在时间上错开采样，形成一个组合的脉冲序列，实现系统中任意两个设备间相互交换信息。

2. 多设备。系统由总线控制器 BC、远程终端 RT 和总线监视器 MT 组成，总线可带 31 个终端，每个终端可带 30 个子系统。

3. 总线上信息具有两种传输方式：一般方式的信息传输仅在两个设备之间进行，而广播方式则是一个设备发送信息，多个设备接收信息。

4. 串行、异步、半双工。

5. 高速信息传送，速率为 1Mb/s。

（四）电气特性

总线通信介质包括由两根导线绞合的屏蔽电缆、总线末端匹配电阻、总线耦合变压器以及收 / 发器等。其物理组成及其连接关系如图 3-73 所示。

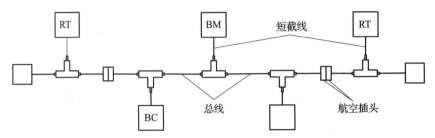

图 3-73　GJB 289A 总线物理组成及其连接关系

1. 双绞屏蔽电缆

根据 GJB 289A 标准规定，主电缆和短截线电缆均应是带护套的，如图 3-74 所示。双绞屏蔽电缆其线间分布电容不应超过 100.0pF/m，每米应不少于 13 绞，电缆的屏蔽覆盖率应不低于 75.0%。电缆的特性阻抗在 1MHz 的正弦波作用下，电缆的标称特性阻抗 Z_0 应为 70.085Ω。在 1MHz 频率作用下，电缆的功率损耗不应超过 0.05dB/m。主电缆末端应接一个（1±2.0%）Z_{oa} 的电阻器即端接器。电缆短截线要尽量短，一般变压器耦合的短截线长度不应超过 6m。而直接耦合时的短截线长度不要超过 0.3m。

图 3-74　总线电缆

2. 耦合变压器

耦合变压器简称耦合器，耦合变压器的匝数比应为 1：1.41（±3.0%），较高匝数边在短截线隔离电阻一侧。耦合变压器的输入阻抗，当在 1.0V（有效值）的正弦波作用下，开路阻抗应大于 3000.0Ω。在 1.0MHz 频率时，耦合变压器的共模抑制比应大于 45.0dB。

耦合变压器可分为盒式（箱式）耦合器和线式（在线）耦合器两种形式。其中盒式耦合器根据短截线引出端的多少，可分为单端子、双端子、四端子、八端子等。图 3-75 为一个单端子盒式耦合器的结构示意图，两端的为主电缆端子，侧面为短截线端子。盒式耦合器可包含多个短截线端子，比较适合终端较多的总线系统，盒体坚固且带固定孔，便于

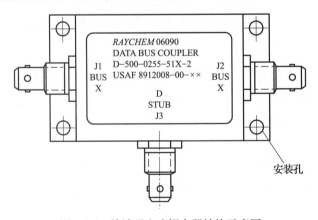

图 3-75　单端子盒式耦合器结构示意图

安装，可与卡口或螺口系列插头配套使用。但相对于线式耦合器而言，体积大、较重，一般适用于实验室环境和仿真系统。

根据安装孔的有无，可分为无孔和带孔两类；根据内部总线终端的有无，可分为无内部总线终端和带内部总线终端两类；根据短截线的个数，可分为单子线和双子线两类；根据短截线端子线缆的长度，一般可分为 12in[①]、78in、79in、120in、236in、240in、360in 等七类。图 3–76 为双子线的线式耦合器尺寸图。

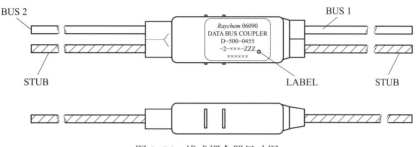

图 3–76　线式耦合器尺寸图

线式耦合器最多包含两个短截线端子，必须通过线接器将多个线式耦合器串联才能满足终端较多的总线系统的连接要求。由于线式耦合器具有体积小、重量轻（单子线 10g；双子线 15g）、抗振动、所有的内部端子均是焊接、内部电路可靠耐用、安装简捷方便、工作环境密封的特点，广泛应用于机载场合。

3. 隔离变压器

1553B 总线标准中规定了有变压器耦合（外部耦合器）和直接耦合两种情况，隔离变压器为这两种耦合方式提供了总线连接，用 55Ω 的隔离电阻器作为直接耦合连接，变压器匝数比按总线连接方式的选择而定，变压器耦合和直接耦合的匝数不同，其目的是补偿外部耦合，信号电平的归约值 1∶1.41。这种特性允许两种总线连接方式使用一个收/发器。由于收/发器的不同，选择的隔离变压器也不同，但基本的特性要考虑到以下几点：

（1）在高频段，提供特定的输入阻抗（1.0MHz 时终端输入阻抗是 1000Ω 和 2000Ω）；

（2）在低频段，保持波形的完整性和较低的倾斜百分比（250kHz 的方波不超过 20%）；

（3）应使绕线间的电容达到最低限度，以便获得共模抑制。

4. 发送/接收器

发送/接收器向终端提供了一个通向数据总线的接口，主要执行如下功能：

（1）耦合总线信号；

（2）输入来自总线的耦合信号；

（3）门阈检测；

（4）发送从编码器到总线的数据。

控制器和远程终端利用发送/接收器来连接总线。监控器终端只使用接收器部分，而不使用发送器部分，发送/接收器对不同的协议芯片可以是单独的，可以是集成在一起的。

5. 总线连接器

总线连接器按连接方式可分为螺纹连接和卡口连接两个系列；按表面处理方式可分为

[①]　1in=25.4mm。

电镀锡和化学镀镍两种；采用热风枪熔焊端接的两同轴插针和插孔，端接方便、可靠。

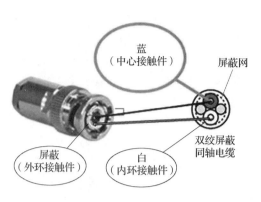

图 3-77　三同轴电连接器和总线电缆示意图

总线连接器为射频三同轴电连接器，如图 3-77 所示，有三个导电层：即中心插孔（或插针）导电层、外层插针（或插孔）导电层和壳体导电层，分别与屏蔽双绞线的屏蔽网及两个内芯导线焊接连接。

根据连接方式、卡口连接插头的相位、插头和插座内部装针或装孔以及表面处理方式的不同，电连接器可分为 20 多个具体型号。图 3-78 为卡口连接器插座相位图。

总线电缆连接器的连接极性应遵循以下规则：连接器中心接触件应是高（正）曼彻斯特双相信号，而连接器的内环接触件应是低（负）曼彻斯特双相信号。

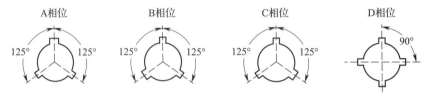

图 3-78　卡口连接器插座相位图

6. 总线和子线终端

总线终端用于总线电缆的阻抗匹配，连接于主电缆的两端；子线终端用于短截线的阻抗匹配，当短截线未接终端时，连接子线终端。根据连接的位置和连接对象的接口形式，总线和子线终端可分为在线连接式、插头式和插座式三种。

7. 终端帽

用于对连接终端的接口连接器的保护，起到连接器防电磁干扰和密封的作用。

8. 线接器

通过线接器可将两根总线电缆对接起来，同时保证总线电缆的屏蔽性。线接器分解如图 3-79 所示，其中两个导线连接器分别连接电缆中的蓝、白导线；连接绝缘套套在导线连接器上，起到绝缘作用；金属丝套套在焊接部位上，并与两总线的屏蔽丝网相接触；屏蔽终端器套在金属丝套与总线的屏蔽丝网接触处，并采用吹焊连接；外层保护套套于金属丝套外，用于保护金属丝套和屏蔽终端器。

（五）拓扑结构

拓扑结构是指数据总线和连接到总线上终端的物理分布形式。以 GJB 289A 总线为基础的航空电子系统可以根据总线应用环境和可靠性的要求，选择多种总线余度设计。但是值得说明的是过多的余度不但没有必要，而且会造成硬件资源的浪费和安装空间的紧张。更有甚者，过多的冗余度会使冗余切换与管理机制本身过分复杂，反而会造成系统总体可靠性指标的下降。在一般机载应用环境下，通常采用双余度总线配置。

数据总线系统拓扑结构的描述是由系统中各数据总线系统的分解程度和总线的层次

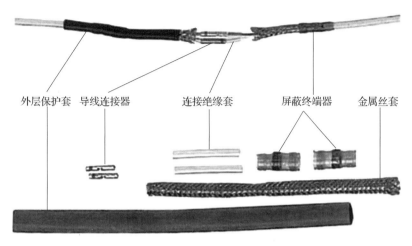

图 3-79　线接器分解示意图

级别决定，主要分为两个类型：单层次总线结构和多层次总线结构。当总线上连接的终端数目不多，传输的数据吞吐量可以承受的情况下，一般采用单总线双冗余度结构形式。但是当总线上连接的终端数目超过 31，或者需要传输的数据量超过总线的数据吞吐能力，则要采用多条总线的结构，各条总线再各自采用余度配置，多总线一般有并列和层次两类结构。

1. 单层次总线结构

它是一种最简单的总线拓扑结构。在单级总线拓扑结构中，所有的终端都是通过相同的总线互相连接的，即使对于特殊应用的余度要求，也可以工作在以不同形式的多条总线构成单层次的拓扑结构中。

把多个单总线结构并列起来使用即为并列总线结构。并列总线的特点是各总线相互独立，每条总线上有它自己的 BC，并且相互之间没有从属关系。

图 3-80 为 B-52 飞机多总线拓扑结构，具有控制 / 显示和导航与轰炸两个总线，它们是由同级控制的处理机 A、B 管理的。

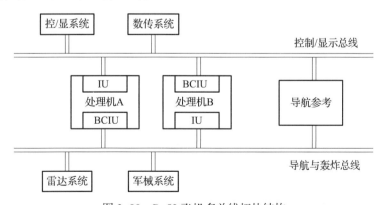

图 3-80　B-52 飞机多总线拓扑结构

图 3-81 为 F-16C/D 飞机航空电子系统拓扑结构。其中 A 总线和 B 总线是两条总线并列的例子，在这里火控计算机内嵌入有两个总线控制器终端，分别做 A 总线和 B 总

线的 BC。在这个具体的例子中，外挂管理处理器作为备份的总线控制器（Backup BC，BBC）。

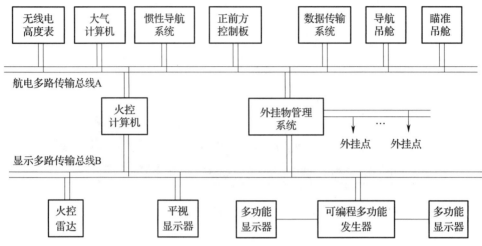

图 3-81　F-16C/D 飞机航空电子系统拓扑结构

2. 多层次总线结构

系统中有多条 1553B 总线，某些设备在两条或两条以上的总线中分别充当 BC 或 RT 的角色，即它作为两条总线网络的网关。在这种设计中，不同总线网络的功能服务于总体设计，往往在功能行为上表现出控制关系，那么这种多总线组合结构为层次总线结构。总线间的关系由本地总线（也称从属总线）和全局总线（也称上级总线）来表示。子系统、数据总线和功能单元可以设计成具有大致相同的余度，即数据总线的拓扑结构要与子系统和功能的余度等级相适应，便于大型系统在任务上进行组织并且满足可靠性要求。

多个单级总线拓扑结构之间的相互性表现出一种层次的控制关系，这种不平等的关系表示如图 3-82 所示。

全局总线是最高的控制权拥有者，有控制其下级局部总线的权力。

局部总线是相对于全局总线而言，它是属于全局总线的下级，服从全局总线的命令。

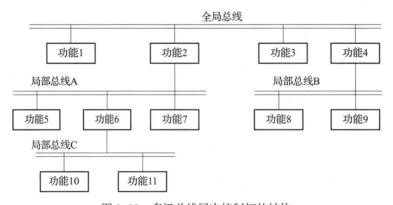

图 3-82　多级总线层次控制拓扑结构

很显然，这种多层次控制的多级总线结构中，介于全局总线和局部总线之间的智能点（如图 3-82 中的功能 2、4、6 节点），它们既要接受上级总线的控制命令，还要按其指挥控制下级总线的工作,其上、下级总线间的信息传输是不透明的,其变换规则由层次型总线的数据传输规则决定。

产生多层次总线拓扑结构的原因,是由于在单级总线上终端挂接的最大数目受到1553B 协议限制——不可能超过最大数 31 个。此外为了更好地进行功能划分和故障的隔离,因而更加强调了以功能的划分而不是以终端的互连作为拓扑构形的基础。从发展的趋势来看,随着各系统、分系统的现场可替换部件(LRU)的不断增加,总线的个数及层次的数目也会随之增加。

图 3-83 为 F-22 飞机总线结构,其总线由一条光纤高速总线 LTPB 和 5 条 1553B 任务总线组成。高速总线连接 3 台核心处理机,5 条 1553B 总线分别承担外挂管理、惯性基准、航空电子和飞行管理、综合飞行和动力控制、综合飞行器系统控制任务。

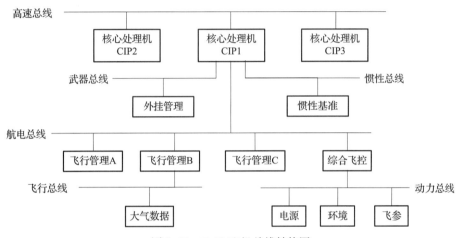

图 3-83 F-22 飞机总线结构图

二、ARINC 429 航空机载总线

ARINC 429 总线协议是美国航空电子工程委员会 20 世纪 80 年代提出,它规定了航空电子设备及有关系统间的数字信息传输要求。ARINC 429 总线是典型的双绞屏蔽导线,以串行方式单向传输数字数据信息,这里的单向传输是指总线上只允许有一个发送器,但可以有多个接收器,最多允许有 20 个接收器。信息只能从通信设备的发送口输出,经传输总线传至与它相连的需要该信息的其他设备的接收口,信息不能倒流至发送端。在需要两个通信设备间双向传输时,则在每个方向各用一根独立的传输总线。数据传输采用广播传输原理,由源系统以足够高的速率提供传输数据,从而保证两次更新间增量值的变化小,按开环进行传输,也就是不要求接收器通知发送源已收到信息。

1. 信息要求

信息流向:基本信息单元是一个 32 位的数字。信息标识符:一个字内含有的信息类型用五字符的标号来识别。源、目标标识符:在数字数据中,第 9 位和第 10 位用作数据的源、目标标识功能。

2. 逻辑要求

数字语言:本标准采用两种数字数据,即 BNR 和 BCD 数据。传输顺序:在信息传输中，先传标号，后传数据。数据位编码逻辑：在位区间内的高状态为"1"，在位区间的低状态为"0"。错误检测校正：为了能够在接收器内部进行错误检测，每个字采用奇校验编码，奇校验范围包括该字的标识信息共31位。

3. 定时要求

传输速率：系统高速工作状态的传输速率为100.0kbit/s（误差为1%）；系统低速工作状态的传输速率应在12.0k ~ 14.5kbit/s范围内。

计时方法：同步是本数字信息传输系统所固有的特性。

字同步：字同步是以传输周期间至少四位的时间间隔为基准。

4. ARINC 429总线

ARINC 429总线由两端接地的差分耦合的双脚屏蔽电缆组成，外边的屏蔽套接地电位，两股屏蔽线中，一股是A线（或+），而另一股线称为B线（或−），每条线上的信号电压范围为+5V到−5V之间，且A线和B线传达的信号相差180°。

第八节　线路的辅助材料

在飞机线路上，除了用于电能与信号传递的导线、端子、接线片，用于电路转换与控制的继电器、接触器、开关以及用于隔离和屏蔽的绝缘、屏蔽线外，还有用于防止振动、摩擦、浸油、腐蚀等飞机线路上的辅助材料，如导线束卡子、捆扎线、热缩管等，这些辅助材料虽然不直接对飞机线路电气性能产生影响，但是一旦损坏，通过积累，将会对飞机线路产生危害，造成飞机线路故障，因此，在日常的维护中，也应当重视和加强对这些飞机线路的维护，做到及时发现问题、及时更换，起到预防作用。

一、辅助部件（材料）的选用原则

在飞机的实际维护工作中，可根据导线、电缆敷设安装的环境条件，先选择符合要求的辅助材料，然后根据所选取的辅助材料，选择特定工艺方法，进行导线、电缆和导线束的捆扎、防护（包扎）、安装（敷设）和固定（支承）。因此，辅助材料的选定就显得十分重要。

（一）辅助材料的温度等级

绝缘和保护材料的温度等级见表3-24。它们相互间的替代原则是：相同温度等级的材料可以相互替代，温度等级高的材料可以替代温度等级低的材料。

表3-24　绝缘和保护材料的温度等级

温度等级	最高环境温度		温度等级	最高环境温度	
	℃	°F		℃	°F
Ⅰ	100	212	Ⅲ	180	356
Ⅱ	135	275	Ⅳ	260	550

（二）辅助材料的选择

常用辅助材料的选择见表3-25和表3-26。

表 3–25　辅助材料的选择要求

电缆敷设安装的环境条件	适用绝缘防护材料	
	温度等级	材料名称
发动机及防冰等高温区域	IV	聚四氟乙烯绝缘导线、氟塑料套管
在高温区域中的一部分 I 级或 II 级导线		石棉布带、无碱玻璃布带
通过隔框、基本结构上的孔、尖角、锐边处或活动部位高振动区域	按环境温度选用	尼龙编织网套、热收缩套管、聚乙烯软管、皮革类及螺旋捆扎带
通过机翼前缘、垂直尾翼、背鳍、起落架短舱及起落架上的易被雨水和油污染的区域		聚氯乙烯软管、夹布胶木套管、草绿色维纶防雨布、人造革、热收缩套管
有被雨水和油等污染危害的电气接插件、组件		密封胶、密封腻子、聚乙烯软管
有绝缘要求的裸露死接头		聚乙烯套管、热收缩套管、压敏胶带、聚氯乙烯胶带
有辐射干扰的导线	I	屏蔽编织套

表 3–26　线路维护常用辅助材料

材料名称	温度等级	颜色	材料名称	温度等级	颜色
聚氯乙烯带	II	乳白色	青壳纸	III	
普通石棉带	IV	白色	棉线	II	黑色、草绿
无碱玻璃布带	IV	本色	聚氯乙烯绝缘胶带	II	蓝色
聚四氟乙烯螺旋带	IV	本色、灰色	聚四氟乙烯带	IV	本色、灰色
聚氯乙烯软管	II	乳白色	尼龙螺旋捆扎带	II	本色
纯胶胶管	I		电工胶带	I	黑色
硅氧橡胶管	I		双面黑胶布软管	I	黑色
氟胶布管	III		辐照聚乙烯热缩套管	II	
聚四氟乙烯软管	IV	灰、黑	氯磺化聚乙烯管	II	
气球布	II	灰色	热缩塑料套管	III	
氟胶布	III		尼龙丝编织网套	V	白色
黄漆绸	II		草绿色维纶防雨布	I	草绿色
牛皮	II	棕红色厚 2mm	双面黑胶布	I	黑色
油韧革（羊皮）	III		航空毛毡	II	白色厚 3mm

表 3-26（续）

材料名称	温度等级	颜色	材料名称	温度等级	颜色
黑色皮革	Ⅱ		硝基胶液		
聚氯乙烯人造革	Ⅰ	黑色、黄色	橡胶液		
电绝缘纸板	Ⅲ				

二、支承件

导线束在飞机构上安装时，需要使用相应支承件进行支承，常用的支承件分为导线束卡子、导线束线槽和导线束支架三类。

1. 导线束卡子

安装在飞机上的线卡有以下几种：尼龙环形线卡（见图 3-84）、防护线卡、P 形线卡、三角形卡子、块形线卡，如图 3-85 所示。

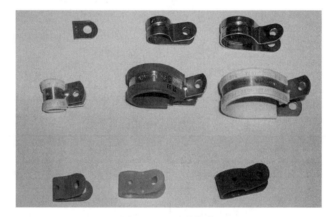

图 3-84　环形线卡

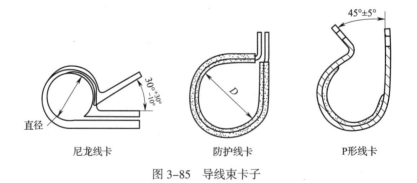

尼龙线卡　　　　防护线卡　　　　P 形线卡

图 3-85　导线束卡子

不同种类的导线束卡子材质不同、大小尺寸不同、安装环境不同，适用导线束的直径也不同；有的适用于非增压区、有的适用于高温和高振动区、有的适用细的控制线、有时适用于粗的发电机的馈线。

在选择导线束卡子时，首先要考虑导线束的安装环境，例如 NsA5515 适用于油箱环境中，P 形线卡适用于带有护套管的导线束上，三角形卡子适用于飞机机翼前缘和高振动区的发电机电源馈线（见图 3-86）；块形卡子适用于飞机的吊架吊舱容易有液体泄漏的区域导线束（见图 3-87）。

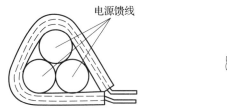
图 3-86　BACC1DKL 三角形卡子

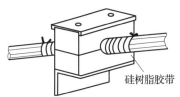
图 3-87　69B90438 块形卡子

　　适用的导线束卡子类型选定之后，根据导线束的直径来选择导线束卡子的直径。要求选用的导线束卡子直径恰好和导线束直径相一致或者略微大于导线束直径，必要时，可以利用提供的线缆颜色代码测量工具测定线缆的直径后，再进行导线卡子的选定。

　　2. 导线束线槽

　　线槽组件安装在飞机特定区域，例如，高振动区。使用它排布和固定导线束，可以防止电磁干扰，保护导线束不易受损。空客系列飞机上使用的导线束线槽组件有两种：ABS0127 安装在 A320 系列的飞机上，ABS0689 安装在 A330、A340 上。

　　以 ABS0127 为例，导线束线槽组件通常由固定块、鱼叉带、导缆器组成，如图 3-88 所示。

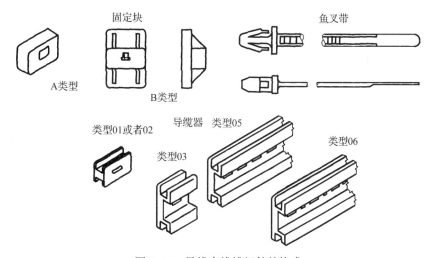
图 3-88　导线束线槽组件的构成

　　3. 导线束支架

　　支架用来固定导线束，根据支架的外形，安装在空客系列飞机上的电缆支架有：楔形支架、V 形或 U 形支架、U 形线卡、导缆器和隔离件。

　　（1）楔形支架

　　楔形支架适用于增压区，适用导线束直径较小，可安装的最大导线束直径为 25mm，适用温度为 -55 ～ 150℃。件号为 NsA935513 的楔形支架如图 3-89 所示。

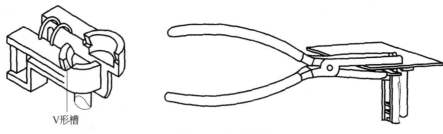

V形槽

图 3-89 楔形支架

（2）V形或者U形支架

V形或U形支架适用于增压区，适应环境温度为 –55 ～ 170℃。此类支架可以用来支承单束、两束或者多束导线束，V形或U形支架适用的导线束直径为 5 ～ 40mm。

三、捆扎材料

为防止用电设备电缆紊乱，尽可能少占用有限的机体空间，避免影响其他机件的工作，通常将几束电缆捆扎在一起。飞机上，常用的捆扎材料有捆扎线和尼龙扎带两种。尼龙扎带的适用温度在 –55 ～ 130℃，捆扎线的适用温度在 –55 ～ 1100℃。尼龙扎带通常使用在飞机上温度比较低的区域，而捆扎线用于飞机的各个区域。尼龙扎带的安装快捷方便，因此在条件允许的情况下，尽量使用扎带。

1. 捆扎线

我国飞机上，常用捆扎线如表 3-27 所示。根据导线束捆扎部位不同，应选用不同的捆扎材料。

表 3-27 导线束绑线捆扎常用材料及适用部位

捆扎材料	规格	适用部位	捆扎方法
浸蜡苎麻线	00#、0#、10#	导线束主、支干线	辫子结（直角结）
黑色棉线		梳形分叉屏蔽导线抽头	手术结辫子结（直角结）
草绿色棉丝线		屏蔽翻边	辫子结（直角结）
白色棉丝线		导线束主、支干线	辫子结（直角结）

2. 尼龙扎带

尼龙扎带只能在飞机的增压区域且温度较低的区域内使用，在飞机的燃油箱区域、非增压区域、高振动区域、高温区域、使尼龙扎带容易磨损的区域和机械传动区域禁止使用其捆扎导线束。

尼龙扎带应当根据导线、电缆束的直径进行选取。

四、防护（包扎）材料

导线束在安装敷设过程中为了避免导线束与结构、导线束与设备、导线束之间的摩擦、碰撞或者导线束下垂等现象的发生，以及为了防止污染物对导线束的侵蚀和防止电磁干扰的发生，需要对导线束进行必要的保护措施。使用的材料有非热缩类材料，包括螺纹套管、金属套管、多功能套管和胶带、缠绕带等防护材料以及热缩类材料。

1. 非热缩类材料

（1）非热缩套管使用要求

①在防护套管内的导线束不能使用捆扎线和扎带进行捆扎。

②高振动区域，建议使用开口编织套管或热缩套管。

③一段导线束只能安装一段套管。

④当套管的长度超过 500mm 时，需要在套管内安装牵引拉线。

⑤对直径超过 10mm 的套管，需要制作滴水孔。

⑥套管内的导线束最小弯曲半径为线缆直径的 6 倍。

（2）非热缩套管的选择

根据导线束的直径和长度选择与其配套的套管。当套管的长度 <2m 时，导线束的截面积不超过套管截面积的 80%，剩余的 20% 是为了方便以后的维护工作而预留。对于电源线路（G）导线束直径尽可能与选用套管直径相同或者略大。当套管的长度 ≥ 2m 时，导线束的截面积不能超过套管截面积的 60%。对于开口套管，使用时，套管重叠部分的范围是 45° ~ 135° 套管的长度一般不超过 3.5m。安装套管时，套管应当超过最近的固定点 10 ~ 20mm，在 A380 飞机上，这个长度为 15 ~ 20mm。

2. 热缩管

热缩管分为热缩模块和热缩套管两类。热缩模块主要用于导线束和连接器尾夹中的线束保护；热缩套管可以广泛用于非绝缘接线片、拼接管和导线束的保护。热缩管分为低温热缩管和高温热缩管，它的选用取决于热缩管类型以及导线束和终端的使用环境。

导线束使用热缩管进行防护时，热缩管的切割边缘应当平齐无缺口，避免热缩管在热缩过程中破裂，如图 3-90 所示。把热缩管安装在导线束上进行热缩，对于长度较短的热缩管，从热缩管中间开始热缩，然后向两边移动；而对于尺寸较长的热缩管，要求热缩管一端必须包裹住导线，热缩管从包裹导线的那一端开始热缩，然后逐渐向另一端移动。热缩时应避免热风枪与导线束接触，当热缩管的外形和轮廓达到平齐时热缩结束。①热缩套管在螺纹套管中的防护，如图 3-91 所示。②使用热缩模块对导线束的防护，如图 3-92 所示。③导线束在线槽组件中的防护，如图 3-93 所示。

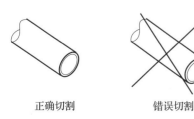

图 3-90　热导管的正确切割

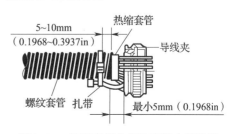

图 3-91　热缩套管在螺纹套管中的防护

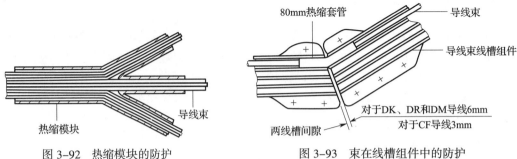

图 3-92 热缩模块的防护   图 3-93 束在线槽组件中的防护

3. 电缆的包扎材料

在飞机线路上，为了防止导线、电缆的磨损、进油、进水、灰尘、高温或增加导线电缆的机械强度，在导线、电缆的外部包扎必要的防护材料。

（1）防止磨损的包扎

飞机线路上常采用的防止磨损的包扎方法有两种，一种是布、革类的缝合包扎；另一种是无胶带类的缠绕包扎。

（2）防止进油和进水的包扎

飞机线路上常采用的防止进油和进水的包扎方法有三种：第一种是软管类的套装包扎，第二种是无胶带类的缠绕包扎，第三种是热收缩套管的套装包扎。

注：插销进行防水包扎后，虽然能防止油、水的进入，但当油、水一旦进入，也不容易挥发，会腐蚀插钉、插孔和导线而导致电路故障。所以，插销包扎后，还要根据具体情况定期进行分解检查、擦洗和晾晒。

（3）防止高温烘烤的包扎

飞机线路上常使用石棉布带、无碱玻璃布带和氟塑料套管等对导线电缆进行包扎防护，并在两端用金属卡子或保险丝扎紧，以防高温烘烤。采用的包扎方法有软管类的套装包扎和无胶带类的缠绕包扎两种。

（4）增加导线束根部机械强度的包扎

飞机线路上常采用聚氯乙烯带、黄蜡布或绝缘带对插销根部导线束进行包扎，以增加插销根部导线束的强度，也可以采用绝缘胶带和热收缩套管对插销根部的导线束进行加强。

增加导线束根部机械强度的包扎的质量检查标准是：包扎方法正确；包扎、捆扎牢固，无破损、裂纹和老化；外表清洁，无灰尘、水分和油垢；热收缩套管位置正确，包覆较紧，无变硬、变脆、断裂、变色现象。

五、热缩管

热收缩套管是利用塑料和橡胶等材料在一定的温度下可以收缩的特性而制成的各种套管，目前，越来越多地用于电缆制作，以取代塑料软管、扎带、布、革等。热收缩套管具有电气绝缘、防潮密封、防磨保护和紧固等作用。

在飞机上常用的热缩套管见表 3-28。常用的热收缩加热工具有微型热空气枪、热空气枪、远红外热空气枪、微型辐射红外热空气枪等和各种反射器，可根据需要选取。

表 3-28 常用的热收缩套管

编号	热收缩套管名称	温度等级	热缩温度范围	
			℃	°F
1	光渗、透明聚烯烃半硬热收缩套管（热固定型）	Ⅱ	135 ~ 254	275 ~ 400
2	光渗、有色聚烯烃热收缩套管	Ⅱ	123 ~ 254	250 ~ 400
3	光渗、透明聚烯烃热收缩软管	Ⅱ	123 ~ 254	250 ~ 400
4	光渗、有色可选交链的双壁聚烯烃热收缩硬套管	Ⅲ	136 ~ 254	275 ~ 400
5	光渗、聚乙二烯加氟化物、高温热收缩半硬套管	Ⅲ	176 ~ 254	350 ~ 400
6	改性聚乙二烯加氟化物高温热收缩软管	Ⅲ	176 ~ 254	350 ~ 400
7	硅橡胶热收缩套管	Ⅲ	176 ~ 254	350 ~ 400
8	电气死接头热收缩套管	Ⅲ	176 ~ 254	350 ~ 400
9	聚四氟乙烯热收缩套管	Ⅲ	176 ~ 254	350 ~ 400
10	辐射交链氟橡胶热收缩软管	Ⅲ	176 ~ 254	350 ~ 400
11	透明 TFE、标准壁厚热收缩套管	Ⅳ	330 ~ 371	625 ~ 700
12	TFE 薄壁热收缩套管	Ⅳ	330 ~ 371	625 ~ 700
13	TFE/FEP 双壁热收缩套管	Ⅳ	344 ~ 371	650 ~ 700

第四章　工具及仪器

第一节　常用工具

这里只介绍飞机线路维护的专用工具，对于一般通用工具不作介绍。

一、电插头钳

电插头钳，又称插头安全钳，是拧紧或松开电插头的专用工具，如图4-1所示。它的钳口与钳柄呈一定角度，并可平行沿滑槽滑动，以此调节夹持范围。电插头钳的钳口类似于圆嘴大力钳的钳口，但其颚口上没有钳齿，而是贴有一层保护层，以在拆装电插头时保护其不受损伤。

电插头钳的夹持力适中，使用方法见图4-2。电插头钳也可用于其他不规则形状工件的夹持作业（带镀层管件、圆形堵头等）。注意：①电插头钳的夹持力应适中，转动速度不能太快。②电插头钳不能带电作业。③禁止用鹰嘴钳代替电插头钳使用。

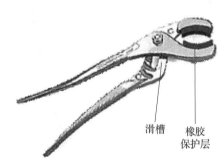

滑槽　橡胶保护层

图4-1　电插头钳

图4-2　电插头钳的使用方法

二、剥线工具

（一）剥线钳

剥线钳，为电气专业常用的工具之一，是一种手动操作的导线绝缘层去除工具，如图4-3、图4-4所示。它由刀口、压线口和钳柄组成，有的还带有断头长短控制器，只需更换不同类型的刀片就可完成多种类型导线的绝缘层去除工作，适用于塑料、橡胶绝缘导线、电缆芯线的剥皮。

剥线钳的使用方法如图4-5所示：首先，根据缆线的粗细型号选择相应的剥线刀口。其次，将准备好的缆线放在剥线钳的刀刃中间，选择好要剥线的长度。再次，握住钳柄，将缆线夹住，缓缓用力握紧钳柄使缆线外表皮慢慢剥落。最后，松开工具钳柄，取出电缆线，这时电缆线金属整齐露出外面，其余绝缘塑料完好无损。

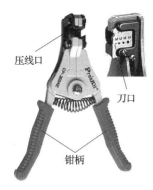

图 4-3　剥线钳

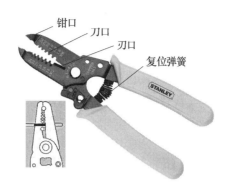

图 4-4　剥线剪线钳

（a）选择相应的剥线刀口

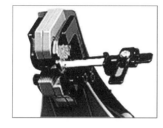

（b）将缆线放在剥线钳的刀刃中间

（c）缓缓握紧钳柄剥皮

图 4-5　剥线钳的使用方法

注意：剥线时，选择合适的刀口，过大则剥不掉导线的绝缘层，过小则会剪断部分线芯。另外，为了不伤及周围的人员和物品，请确认断头飞溅方向再进行切断。

另外，航空维修还常用一种剥线剪线钳，如图 4-4 所示，它具有修线用的钳口、剪切导线用的刃口和不同规格的剥线刀口，可以剥切不同线径的导线。剥线时，首先根据线芯规格选择合适的刀口，然后将导线垂直放在刀口上，一手固定住导线，另一手握紧钳柄进行剥线。剥线时注意，保持刀口与线芯垂直，以免损伤线芯。

（二）替代工具

可以使用专用的剥线刀、单面刀片、壁纸刀或手术刀等替代工具，给导线端头剥皮。使用替代工具时，刀片切入导线绝缘层的深度为绝缘层厚度的 80%，沿着导线向顺时针方向切转一圈，然后在切痕上反复折叠，再取下端头绝缘层，如图 4-6 所示。

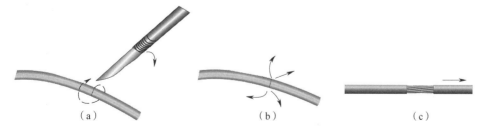

（a）　　　　　　　　　　（b）　　　　　　　　　　（c）

图 4-6　使用替代工具切除导线绝缘层的程序

三、压接工具

冷压接钳，是专门用于在不加热状态下连接金属导线的工具，其原理是通过施加足够大的压力，在金属导线的接触面上，借助压力引起的金属塑性形变，使金属原子相互接近获得牢固的挤压连接。冷压接钳一般用于直径较小的各种材质金属导线的连接，并能将两种不同材质的金属导线连接在一起，使用方便有效，广泛用于维护中的导线连接。在航空维修中，常用的冷压接钳有端子压接钳和电连接器接触偶压接钳两种。

（一）端子压接钳

端子压接钳，是用于压制接线端子、接线管的专用工具。应根据接线端子、接线管的大小尺寸，选择不同的压接端口。在维修工作中，常用的压接钳如图 4-7 所示。

使用时，将已套上导线端头的压接端子的压接部分放入相应规格的压接端口中并用压接钳稍许夹紧固定，同时用一只手扶住导线使其导线断头可靠地保持在压接端子的端口中，然后握住钳柄的手用力将钳柄压至极限位置后松开，即可完成端子与导线的压接。压制接线管连接导线的方法与此相同。

还有一种专门压接密封接线管（该接线管主要适用于无屏蔽层的导线或者电缆）的压接钳，如图 4-8 所示。

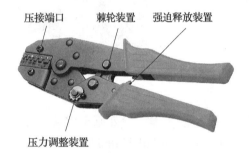

图 4-7　端子压接钳

图 4-8　密封线拼接管压接钳（AMP）

使用时须注意：所选的压接槽的颜色必须与接线管的颜色一致。它是属于通过控制棘轮来实现精密压接的工具。压接时须将手柄按压到全收合位置后才可以松开。

注意：这类压接钳有防倒转棘轮装置，用于保证只有在压接工作完成后，钳柄才能释放，因此压接导线时，必须一次握紧钳柄将其压至极限位置，不得中途松开钳柄。

（二）接触偶压接钳

接触偶压接钳，又称销钉钳、压线钳，是压接电插头、插座的接触偶（插针、插孔）的专用工具。航空维修中经常使用的是手动销钉钳，如图 4-9 所示。它的定位器（又称为塔头）可以在压接操作中对插针 / 插孔快速定位，不同类型的插钉 / 插孔应选择不同的定位器，通常一个销钉钳都带有多个定位器。销钉钳的不同压接挡位，适用于不同规格的导线，通过挡位盘进行调整。

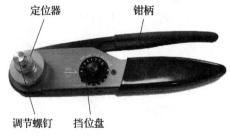

图 4-9　XKE 型插头、插座接触偶压接钳

除了先根据导线和插针 / 插孔的规格，选择定位器并调整挡位外，销钉钳的使用方法与压接钳相同。插针 / 插孔的压接实物见图 4-10。

注意：销钉钳有防倒转棘轮结构，可以保证只有在压接工作完成后，钳柄才能释放，因此压接插针 / 插孔时，必须一次握紧钳柄将其压至极限位置，不得中途松开钳柄。

1. NPOK-2M 型

（1）应用范围

NPOK-2M 型压接钳为 СНЦ23（国产型号：ZH23）系列电连接器中接触体（插针、插孔）与导线实现压接连接专用工具。外形见图 4-11，压接的导线截面积与接触件号及压接钳挡位号见表 4-1。

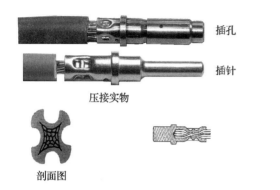

插孔

插针

压接实物

剖面图

图 4-10　插针/插孔压接实物

图 4-11　NPOK-2M 型压接钳

表 4-1　导线截面积、接触件号及压接钳挡位号对应表

接触体直径	$\Phi 1$				$\Phi 1.5$			$\Phi 2$	
导线截面积 /mm²	0.20	0.35	0.50	0.75	0.75	1.00	1.50	2.50	4.00
压接钳挡位号	1	2	3	4	4	5	7	6	8
注：本压接钳压接导线为标准导线，接触件的材质为经局部退火的铜合金材料。									

（2）压接钳的特点

①一钳多用：只需调整选择器和相应的转台位置，在同一把钳子上，完成三种规格的接触体与八种规格导线的压接。

②压接质量可靠：本压接钳设计有质量保证机构，确保压接质量，即压接不到位时钳柄不能张开。

③本压接钳结构紧凑、安全可靠、材质选用具有耐磨、防腐特点。各部件用途用标识和各种颜色显示，清晰明确。

④操作方便灵活，携带方便。

⑤采用本压接钳做冷压接不仅简化了用烙铁焊接的繁琐工艺，提高了工效，消除了环境污染，有利于人体健康，而且压接处的性能比焊接更加稳定可靠，避免了虚焊和产品在使用中的锡氧化等隐患；尤其是压接处的抗拉强度、接触电阻、防振、防潮、防腐等性能比焊接方法有显著提高。

（3）结构

本压接钳由压接体和转台（ZH23）两大部分组成。压接钳体是保证压痕深浅和压接质量的机构。转台是保证压痕在接触体轴向方向位置的机构。

（4）原理

本压接钳采用曲线推进机构，作用力由右钳柄头部腔内的四条曲线传递给四个压头，压头向心直线运动，压头前端的压齿压接接触体而完成导线与接触体的压接。压接到位后消除作用在钳柄上的力，在弹簧力的作用下，四压头自动复位。四压头进退动作协调，压痕深浅一致，可靠地保证了导线与接触体的压接质量。

（5）使用与调整

在使用本压接钳时，要使压接处获得最佳效果必须注意以下几点。

①导线与接触体要匹配，即导线号、接触体号按表4-1提供的规格对应选择，然后再按压接钳上的标牌说明，调整好位置方可进行压接，若导线号与压接钳上的挡位号不对应，就会造成导线与压接触件之间过紧或过松，压得过紧会损坏导线，压得过松会影响压接强度则导线从接触体孔中拉脱。

②不允许任意拆卸或更换压接钳零件。

③发现接触件上的压痕异常时，切勿随意拆卸，可与承制厂家联系检查调试。

④特别注意不要与其他压接工具混用。

（6）使用调整实例

$\varPhi$1号针接触件与0.5mm^{2}导线的压接步骤。

①提起选择器转动到3对准箭头放下，定位销插入选择器槽内。

②转台上的定位套筒转动到红色端头对准白色刻线后按下，被定位块卡住。

③空合钳柄多次。

④将选好的导线剥去绝缘层（不得损伤线芯）剥去长度按有关标准规定。

⑤将剥去绝缘层导线的接触体放入压接钳的齿腔内，切勿悬空，导线插入接触体孔中要到位。

⑥用力将左右钳柄合拢一直压到位。

⑦松开手、卸除压力，在弹簧力的作用下，右钳柄自动返回到原来的位置。

⑧取出压接好的压接体，即完成一次压接。

⑨变换接触体则按动定位块，定位套筒弹起。再按上述方法进行调整。

（7）故障排除及注意事项

①当小挡误入大直径接触体压接或压齿腔内被硬物卡住时，如继续使钳齿闭合会使钳齿或其他机件损坏，出现此问题可与承制厂联系检查调试。

②不得将坚硬的钢质压接件或实心或壁厚的圆筒形件放入压齿腔内肆意压接，否则将使钳齿和有关机件损坏。

③凸轮的工作表面和与凸轮表面接触的可调钳柄的相应表面，特别要注意清洁，否则将影响压痕深浅，降低压接质量。

④使用时注意齿条棘爪的动作，发现异常时停止使用。

⑤使用完毕应将钳子清理干净放入盒或袋内以防灰尘杂质进入钳体，影响性能。

⑥若长时间不使用压接钳，应用防锈油封存。

⑦压接钳开始使用后每隔一年或压接50000次至少取四个压接件进行检查试验，试验方法与要求按相关标准规定进行。

2. SYQ-001/002型

（1）适用范围

SYQ-001/002型手动压接工具适用于XKE系列电连接器接触体与导线之间的压接。

其中，SYQ-002 适用于 Φ1.5、Φ2.0、Φ3.0 接触体，具体对应关系见表 4-2。外形见图 4-12 和图 4-13。

表 4-2　XKE 系列电连接器（接触体）与压接钳对应关系表

压接钳	XKE 系列电连接器（接触体）			
	Φ1.0	Φ1.5	Φ2.0	Φ3.0
SYQ-001	√	×	×	×
SYQ-002	×	√	√	√

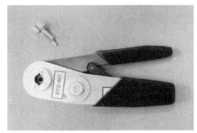

图 4-12　SYQ-001 型压接钳

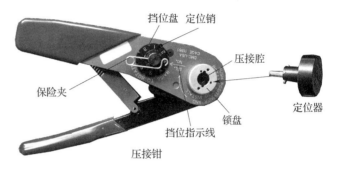

图 4-13　SYQ-002 型压接钳

（2）结构说明

①基本结构

端面装有互为 90° 四只钳齿的钳轴，安装在左钳柄的头部孔内，当左钳把以钳柄为轴心绕其转动时，其头部曲面形状孔壁推进钳齿，使钳齿闭合，钳齿挤压端子完成压接。钳齿压入端子的深度，是靠右钳柄中段处的深度调节器改变其凸轮位置得到。压痕在端子轴向的位置是由相应的定位器调节控制的。锁定机构是用来控制左右钳把开启位置，从而保证了每批压接件压深的一致性。

②工作原理

SYQ-001/002 型手动压接工具采用偏心曲面推进机构，作用力由活动钳体通过其头部曲面传递钳齿，钳齿再挤压接触体而完成压接。压接结束时，钳齿自动复位，四个钳齿进退动作协调，能够保证每批接触体压痕的一致性。

（3）使用方法

①钳柄完全放开。

②调好定位套筒（1.5、2.0 和 3.0 三种）。

③调整好选择器。

④空合钳柄数次。

⑤将剥去绝缘层的导线装入接触体中后，放入压腔中，切勿悬空。

⑥用力将左右钳柄合拢直至压到位。

⑦松开手柄，钳柄自动复位，完成全部工作。

（4）压接提示

①对于 SYQ-001 压接工具

选择正确的定位器，根据定位器上的标牌正确选择定位器及相应的选择器号，并应注意接触体在定位器中的正确位置，详细阅读定位器上的标牌。

适当调节压痕位置。当压痕位置无要求时，可将剥去皮的裸线插入端子孔内，放进背部的腔中即可压接。

当压痕位置在端子轴向有尺寸要求时，请按图 4-13 将定位器插销对准面板缺口，压入腔体，压到底后按顺时针旋转 120° 即进入卡槽内，再将压接件通过腔体插入定位器孔中。

压痕深度是指钳齿压入压接件直径方向上的深度，当需要调节压痕深度时，可分为一般调节和精确调节两种（航空接插件一定遵守精确调节原则）。一般情况下，出厂的压接工具均已按精确调节原则调试完成，如无特殊情况用户无须再行调节。用户可根据导线面积和端子尺寸，对照定位器上的标牌选择挡位。

②对于 SYQ-002 压接工具

SYQ-002 配有三只定位套，分别标记 1.5、2.0、3.0，并分别对应于 $\Phi1.5$、$\Phi2.0$、$\Phi3.0$ 接触体的压接。定位套选定后，旋下旋盖，将定位套有台阶端对准钳体上的定位孔放入，确认定位套定位准确后，旋入旋盖，然后根据所使用的导线大小参考表三选择调节盘位置，最后进行压接。

调节盘主要起到控制压痕深度的作用，现所供工具调节盘上有 7 个挡位，作标记的有 1 ~ 5 挡位，即标准挡位，建议参照表 4-3 使用标准挡位，如遇特殊情况，用 4 挡过松，3 挡过紧时，可用 3 ~ 4 之间无标记一挡；当压大孔径时，如所压接导线线径过大，可使用最后一个无标记挡。需作挡位调节时，按下定位销连接按钮，即可转动调节盘，位置选定后，弹动按钮，使定位销钉弹起，限制调节盘旋转即可压接。

（5）注意事项

①试压或操作中钳齿压合到位后，钳柄会自动张开，严禁用外力掰开手柄，这样会造成整个钳体机构失灵。

②必须在钳柄完全打开时调整选择器挡位，否则会损坏个别零部件。

③凸轮的工作表面和凸轮表面接触的可调钳柄的相应表面，特别要注意清洁，否则将影响压痕深浅，降低压接质量。

④不得用坚硬的钢质压接件或实心或壁厚的圆筒形件塞入压腔中肆意压接，否则会使钳齿和有关机件损坏。

⑤使用完毕后将钳子清理干净放入盒或袋内以防灰尘杂质进入钳体影响性能。

⑥若长时间不使用压接钳，用防锈油油封。

⑦压接钳开始使用后，每隔一年或压接 50000 次后，至少取四个压接件进行检查试验。试验方法与要求按相关标准规定进行。

（6）操作应用实例

导线 0.35mm²；XKE 接触体 $\Phi1$；压接钳 SYQ-001。

①钳柄完全打开。

②调节选择器对应选择至 6 位置后（对准标识线）让定位销卡入选择器槽内。

③将 SYQ 定位器正确安装到钳体上。

④空合钳柄几次（检查是否开合自如）。

⑤将选好的导线（0.35mm²）剥去绝缘层（不得损伤线芯，其长度按有关标准规定）。

⑥将导线装入接触体内同时放入压腔中（切勿悬空，导线与接触体都要到位）。

⑦用力将左右钳柄合拢一直压到位。

⑧松开手柄卸除压力，在弹簧的作用下右钳柄自动复位。

⑨取出压接好的导线接触体，即完成一次压接。

各种型号导线选用本压接钳的挡位见表4-3。

表4-3　各型导线与压接钳挡位选用关系表

接触体规格	国产导线/mm²	美标导线/mm²	SYQ-001 压接钳		SYQ-002 压接钳	
			调节盘挡位	轴向定位器代号	调节盘挡位	轴向定位器代号
Φ1.0	0.20	24	5	SYQ-001		
	0.30		5			
	0.35	22	6			
	0.50	20	7			
Φ1.5	0.50	20			1	1.5
	0.75				1	
	1.00	18				
	1.20	18			1	
		16				
	1.50				2	
Φ2.0	1.50				3	2.0
	2.00	14				
	2.50	12				
Φ3.0	3.00	12			4	3.0
	4.00				4	
	5.00	10			4	
	6.00				5	

3. YJQ-1A 型

（1）应用范围

本压接钳为ZH8525（GJB598）系列、ZH83723系列、JY27系列（GJB 599）电连接器中的12、16、20号接触体（插针、插孔）与导线实现压接连接专用工具。压接的导线号与接触件号见表4-4。压接钳外形见图4-14。

表 4-4 接触号、导线规格与压接钳位号关系表

接触体号		20#			16#			12#	
导线 规格	截面积 /mm²	0.60	0.38	0.21	1.34	0.93	0.60	3.18	1.91
	导线号	20	22	24	16	18	20	12	14
压接钳位号		3	2	1	6	5	4	8	7

注：本压接钳压接导线为标准导线，接触件的材质为经局部退火的铜合金材料。

（2）压接钳的特点

①一钳多用：只需调整选择器和相应的转台位置，在同一把钳子上，能完成三种规格的接触体与七种规格导线的压接。

②压接质量可靠：本压接钳设计有质量保证机构，确保压接质量，即压接不到位时钳柄不能张开。

③本压接钳结构紧凑、安全可靠、材质选用具有耐磨、防腐特点。各部件用途用标识和各种颜色显示，清晰明确。

图 4-14 YJQ-1A 型压接钳

④操作方便灵活，携带方便。

⑤采用本压接钳做冷压接不仅简化了用烙铁焊接的繁琐工艺，提高了工效，消除了环境污染，有利于人体健康，而且压接处的性能比焊接更加稳定可靠，避免了虚焊和产品在使用中的锡氧化等隐患；尤其是压接处的抗拉强度、接触电阻、防振、防潮、防腐等性能比焊接方法有显著提高。

（3）结构

本压接钳由压接钳体和转台两大部分组成。压接钳体是保证压痕深浅和压接质量的机构。转台是保证压痕在接触体轴向方向位置的机构。有 DWQ-10（ZH8525、83723 系列用）和 DWQ-11（JY27 系列用）两种。

（4）原理

本压接钳采用曲线推进机构，作用力由右钳柄头部腔内的四条曲线传递给四个压头，压头向心直线运动，压头前端的压齿压接接触体而完成导线与接触体的压接。压接到位后消除作用在钳柄上的力，在弹簧力的作用下，四压头自动复位。四压头进退动作协调，压痕深浅一致，可靠地保证了导线与接触体的压接质量。

（5）使用与调整

在使用本压接钳时，要使压接处获得最佳效果必须注意以下几点。

①更换转台（定位器）时，只需将固定它的两个螺钉卸开即可，除此外不允许任意拆卸或更换压接钳零件。

②选择器挡位调整时，必须将钳把完全打开。

③压接的导线截面积、接触件及选择器挡位三者之间必须完全对应。不对应时应以接触件和选择器挡位为准，适当调节导线截面积。此时导线与接触件之间的拉力值不能按标

准执行。

④发现接触件上的压痕异常时，切勿随意拆卸，可与承制厂家联系检查调试。

⑤特别注意不要与其他压接工具混用。

（6）使用调整实例

20 号针接触件与 20 号导线的压接：

①提起选择器转动到 3 对准箭头放下，定位销插入选择器槽内。

②转台上的定位套筒转动到红色端头对准白色刻线后按下，被定位块卡住。

③空合钳柄多次。

④将选好的导线剥去绝缘层（不得损伤线芯）剥去长度按有关标准规定。

⑤将剥去绝缘层导线的接触体放入压接钳的齿腔内，切勿悬空，导线插入接触体孔中要到位。

⑥用力将左右钳柄合拢一直压到位。

⑦松开手、卸除压力，在弹簧力的作用下，右钳柄自动返回到原来的位置。

⑧取出压接好的压接体，即完成一次压接。

⑨变换接触体则按动定位块，定位套筒弹起。再按上述方法进行调整。

（7）故障排除及注意事项

①当小挡误入大直径接触体压接或压齿腔内被硬物卡住时，如继续使钳齿闭合即会使钳齿或其他机件损坏。

②不得将坚硬的钢质压接件或实心或壁厚的圆筒形件放入压齿腔内肆意压接，否则将使钳齿和有关机件损坏。

③凸轮的工作表面和与凸轮表面接触的可调钳柄的相应表面，特别要注意清洁，否则将影响压痕深浅，降低压接质量。

④使用时注意齿条棘爪的动作，发现异常时停止使用。

⑤使用完毕应将钳子清理干净放入盒或袋内以防灰尘杂质进入钳体，影响性能。

⑥若长时间不使用压接钳，应用防锈油封存。

⑦压接钳开始使用后每隔一年或压接 50000 次至少取四个压接件进行检查试验，试验方法与要求按相关标准规定进行。

4. YJQ-2A 型

（1）应用范围

YJQ-2A 型压接钳为 JY27（GJB599）系列电连接器中的 12# 屏蔽接触体压接筒与导线屏蔽网实现压接连接专用工具。外形见图 4-15。

（2）YJQ-2A 型压接钳的特点

①压接质量可靠：YJQ-2A 型压接钳设计有质量保证机构，确保压接质量，即压接不到位时钳柄不能张开。

②压接钳结构紧凑、安全可靠、材质选用具有耐磨、防腐特点。各部件用途用标识和各种颜色显示，清晰明确。

图 4-15　YJQ-2A 型压接钳

③操作方便灵活，携带方便。

④采用 YJQ-2A 型压接钳做冷压接不仅简化了用烙铁焊接的繁琐工艺，提高了工效，消除了环境污染，有利于人体健康，而且压接处的性能比焊接更加稳定可靠，避免了虚焊和产品在使用中的锡氧化等隐患；尤其是压接处的抗拉强度、接触电阻、防振、防潮、防腐等性能比焊接方法有显著提高。

（3）结构

该压接钳由压接钳体和转台两大部分组成。压接钳体是保证压痕深浅和压接质量的机构。转台（DWQ-02）是保证压痕在接触体轴向方向位置的机构。

（4）原理

YJQ-2A 型压接钳采用曲线推进机构，作用力由右钳柄头部腔内的四条曲线传递给四个压头，压头向心直线运动，压头前端的压齿压接接触体而完成导线与接触体的压接。压接到位后消除作用在钳柄上的力，在弹簧力的作用下，四压头自动复位。四压头进退动作协调，压痕深浅一致，可靠地保证了导线与接触体的压接质量。

（5）使用与调整

①不允许任意拆卸或更换压接钳零件。

②选择器挡位调整时，必须将钳柄完全打开。

③发现接触件上的压痕异常时，切勿随意拆卸，可与承制厂家联系检查调试。

④特别注意不要与其他压接工具混用。

（6）故障排除及注意事项

①当误入大直径接触体压接或压齿腔内被硬物卡住时，如继续使钳齿闭合即会使钳齿或其他机件损坏，出现此问题可与承制厂联系检查调试。

②不得将坚硬的钢质压接件或实心或壁厚的圆筒形件放入压齿腔内肆意压接，否则将使钳齿和有关机件损坏。

③使用完毕应将钳子清理干净放入盒或袋内以防灰尘杂质进入钳体，影响性能。

④若长时间不使用压接钳，应用防锈油封存。

⑤压接钳开始使用后每隔一年或压接 50000 次至少取四个压接件进行检查试验，试验方法与要求按相关标准规定进行。

5. YJQ-1B 型

（1）应用范围

本压接钳外形见图 4-16，为 GJB 599—1988（MIL-C-38999）系列耐环境快速分离高密度小圆形电连接器中的 22D 接触件（插针 12# 屏蔽接触件的中心接触件及 8# 双绞屏蔽接触件的中心接触件）与导线实现压接连接专用工具。压接的导线与接触件号及选择器挡位对应关系见表 4-5。

（2）结构及原理

①基本结构

端面装有互为 90° 四只钳齿的钳轴，安装

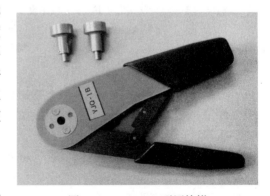

图 4-16 YJQ-1B 型压接钳

表 4–5　接触件、导线截面积与定位器选型关系表

接触件	挡位	导线截面积 /mm²	定位器
22D	3	0.095	DWQ-14（针）
	4	0.15	DWQ-15（孔）
	7	0.21	DWQ-18（针）
	7	0.38	DWQ-19（孔）
8# 双绞屏蔽接触件中心接触件	5	SEFF-78-1-51 标准电缆	DWQ-03
12# 屏蔽接触件的中心接触件	3	0.012in（直径）	DWQ-04
	4	0.02in（直径）	

注：本压接钳压接导线为标准导线，接触件的材质为经局部退火的铜合金材料。

在左钳柄的头部孔内，当左钳柄以钳轴为轴心绕其转动时，其头部曲面形状孔壁推进钳齿，使钳齿闭合，钳齿挤压端子完成压接。钳齿压入端子的深度，是靠右钳柄中段处的深度调节器改变其凸轮位置得到。压痕在端子轴向的位置是由相应的定位器调节控制的。锁定机构是用来控制左右钳柄开启位置，从而保证了每批压接件压深的一致性。

②工作原理

YJQ-1B 型手动压接工具采用偏心曲面推进机构，作用力由活动钳体通过其头部曲面传递钳齿，钳齿再挤压接触件而完成压接。压接结束时，钳齿自动复位，四个钳齿进退动作协调，能够保证每批接触件压痕的一致性。

（3）使用方法

①钳柄完全放开。

②选择合适的定位器（见表 4–5）。

③调整好选择器。

④空合钳柄数次。

⑤将剥去绝缘层的导线装入接触件中后，放入压腔中，切勿悬空。

⑥用力将左右钳柄合拢直至压到位。

⑦松开手柄，钳柄自动复位，完成全部工作。

（4）影响 YJQ-1B 压接效果的因素

①使用该工具压接接触件时，须根据导线号选择旋钮盘上的数字，再进行压接。

②当压痕位置无要求时，可将剥去皮的裸线插入端子孔内，放进背部的腔中即可压接；

③ YJQ-1B 配有四只定位器来确定规则接触件的压接。

（5）注意事项

①在试压或操作中钳齿压合到位后，钳柄会自动张开，严禁用外力掰开手柄，这样会造成整个钳体机构失灵。

②必须在钳柄完全打开时调整选择器挡位，否则会损坏个别零部件。

③压接的导线截面积、接触件及选择器挡位三者之间必须完全对应，不对应时应以接触件和选择器挡位为准，适当调节导线截面积。（此时导线与接触件之间的拉力值不能按标准执行）

④凸轮的工作表面和凸轮表面接触的可调钳柄的相应表面，特别要注意清洁，否则将影响压痕深浅，降低压接质量。

⑤不得用坚硬的钢质压接件或实心或壁厚的圆筒形件塞入压腔中肆意压接，否则会使钳齿和有关机件损坏。

⑥使用完毕后将钳子清理干净放入盒或袋内以防灰尘杂质进入钳体影响性能。

⑦若长时间不使用压接钳，用防锈油油封。

⑧压接钳开始使用后，每隔一年或压接10000次后，至少取四个压接件进行检查试验。试验方法与要求按相关标准规定进行。

（6）应用实例

导线24#；22D插针接触件一只。

①钳柄完全打开。

②提起选择器对应选择至3位置后（对准白色刻线），让定位销卡入选择器槽内。

③选择合适的定位器DWQ-07（见表4-5）旋入钳体内。

④空合钳柄几次（检查是否开合自如）。

⑤将选好的导线剥去绝缘层（不得损伤线芯，其长度按有关标准规定）。

⑥将导线装入接触件内同时放入压腔中（切勿悬空，导线与接触件都要到位。）

⑦用力将左右钳柄合拢一直压到位。

⑧松开手卸除压力，在弹簧的作用下右钳柄自动复位。

⑨取出压接好的导线接触件，即完成一次压接。

6. YJQ-2B型

（1）适用范围

YJQ-2B型手动压接工具适用于GJB 599A（MIL-C-38999D）系列电连接器中12#同轴接触体中心接触件与导线之间的压接。

（2）结构及原理

①基本结构

本产品结构如图4-17所示。端面装有互为90°四只钳齿的钳轴，安装在左钳柄的头部孔内，当左钳柄以钳轴为轴心绕其转动时，其头部曲面形状孔壁推进钳齿，使钳齿闭合，钳齿挤压端子完成压接。钳齿压入端子的深度，是靠右钳柄中段处的深度调节器改变其凸轮位置得到的。压痕在端子轴向的位置是由相应的定位器调节控制的。锁定机构是用来控制左右钳把开启位置，从而保证了每批压接件压深的一致性。

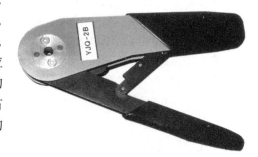

图4-17　YJQ-2B型压接钳

②工作原理

YJQ-2B 型手动压接工具采用偏心曲面推进机构，作用力由活动钳体通过其头部曲面传递给钳齿，钳齿再挤压接触体而完成压接。压接结束时，钳齿自动复位，四个钳齿进退动作协调，能够保证每批接触体压痕的一致性。

（3）使用方法

①钳柄完全放开。

②选择合适的定位器（见表 4-6）。

表 4-6　压接接触件与定位器选型关系表

定位器名称	压接的接触件
DWQ-06	12# 同轴针中心接触件
DWQ-09	12# 同轴孔中心接触件

③调整好选择器。

④空合钳柄数次。

⑤将剥去绝缘层的导线装入接触体中后，放入压腔中，切勿悬空。

⑥用力将左右钳柄合拢直至压到位。

⑦松开手柄，钳柄自动复位，完成全部工作。

（4）压接提示

①对于 YJQ-2B 型压接工具。使用该工具压接中心接触件时，须选择旋钮盘上的数字5，再进行压接。

②压痕位置的调节。当压痕位置无要求时，可将剥去皮的裸线插入端子孔内，放进背部的腔中即可压接；YJQ-2B 配有两只定位器，分别用于插针和插孔中心接触件。

（5）注意事项

①试压或操作中钳齿压合到位后，钳柄会自动张开，严禁用外力掰开手柄，这样会造成整个钳体机构失灵。

②必须在钳柄完全打开时调整选择器挡位，否则会损坏个别零部件。

③凸轮的工作表面和凸轮表面接触的可调钳柄的相应表面，特别要注意清洁，否则将影响压痕深浅，降低压接质量。

④不得用坚硬的钢质压接件或实心或壁厚的圆筒形件塞入压腔中肆意压接，否则会使钳齿和有关机件损坏。

⑤使用完毕后将钳子清理干净放入盒或袋内以防灰尘杂质进入钳体影响性能。

⑥若长时间不使用压接钳，用防锈油油封。

⑦压接钳开始使用后，每隔一年或压接 10000 次后，至少取四个压接件进行检查试验。试验方法与要求按 OCT10 3867—1977《导线在电插头接线柱内的压接方法》标准规定进行。

7. YJQ-1C 型

（1）应用范围

本压接钳为 JY27（GJB599）系列耐环境快速分离高密度小圆形电连接器中的 12# 同轴接触件压接筒 8 # 双绞屏蔽接触件压接筒与导线屏蔽网实现压接连接及 8# 双绞屏

蔽接触件中间接触件与导线实现压接连接的专用工具。适配导线与接触件号对应关系见表4-7。

表4-7 适配导线与接触件号对应关系

接触件	适配导线	定位器
8# 双绞屏蔽接触件压接筒	SEFF-78-1-51 标准电缆	DWQ001/A
8# 双绞屏蔽接触件中间接触件	SEFF-78-1-51 标准电缆	DWQ-01/B
12# 同轴接触件压接筒	SFF-50-2-51 标准电缆	DWQ-05

（2）基本结构

本产品结构如图4-18所示。钳子由上下两个钳头组成，其中上面的钳头不动，当钳柄收拢时，下面的钳头沿轨道向上运动，直到两钳头相对的端面重合，最后在两钳头之间形成一个正六边形。锁定机构用来控制左右钳柄开启位置，从而保证了每批压接件压深的一致性。

（3）压接程序

①钳柄完全放开。

②选择合适的定位器（见表4-7）。

③调整好选择器。

④空合钳柄数次。

⑤将所压接的部件，放入压腔中，切勿悬空。

图4-18 YJQ-1C型压接钳

⑥用力将左右钳柄合拢直至压到位。

⑦松开手柄，钳柄自动复位，完成全部工作。

（4）注意事项

①试压或操作中钳齿压合到位后，钳柄会自动张开，严禁用外力掰开手柄，这样会造成整个钳体机构失灵。

②不得用坚硬的钢质压接件或实心或壁厚的圆筒形件塞入压腔中肆意压接，否则会使钳齿和有关机件损坏。

③使用完毕后将钳子清理干净放入盒或袋内以防灰尘杂质进入钳体影响性能。

④若长时间不使用压接钳，用防锈油油封。

⑤压接钳开始使用后，每隔一年或压接10000次后，至少取四个压接件进行检查试验。试验方法与要求按相关标准规定进行。

8. YJQ-2C 型

（1）适用范围

YJQ-2C型手动压接工具适用于MIL-C-38999系列电连接器中10#接触体与导线之间的压接。

（2）结构说明

①基本结构

本产品结构如图4-19所示。端面装有互为90°四只钳齿的钳轴，安装在左钳柄的头部孔内，当左钳柄以钳轴为轴心绕其转动时，其头部曲面形状孔壁推进钳齿，使钳齿闭合，钳齿挤压端子完成压接。钳齿压入端子的深度，是靠右钳柄中段处的深度调节器改变其凸轮位置得到。压痕在端子轴向的位置是由相应的定位器调节控制。锁定机构用来控制左右钳把开启位置，从而保证了每批压接件压深的一致性。

图 4-19　YJQ-2C 型压接钳

②工作原理

YJQ-2C 型手动压接工具采用偏心曲面推进机构，作用力由活动钳体通过其头部曲面传递给钳齿，钳齿再挤压接触体而完成压接。压接结束时，钳齿自动复位，四个钳齿进退动作协调，能够保证每批接触体压痕的一致性。

（3）使用方法

①钳柄完全放开。

②调好定位套筒。

③调整好选择器。

④空合钳柄数次。

⑤将剥去绝缘层的导线装入接触体中后，放入压腔中，切勿悬空。

⑥用力将左右钳柄合拢直至压到位。

⑦松开手柄，钳柄自动复位，完成全部工作。

（4）压接提示

①对于 YJQ-2C 型压接工具。考虑到本工具的多用性，使用该工具压接 10# 接触件时，只需选择旋钮盘上的数字 5，即可进行压接。

②压痕位置的调节。当压痕位置无要求时，可将剥去皮的裸线插入端子孔内，放进背部的腔中即可压接。YJQ-2C 配有一只定位套，已安装到位，使用者无须再进行调节。

（5）注意事项

①试压或操作中钳齿压合到位后，钳柄会自动张开，严禁外力掰开手柄，这样会造成整个钳体机构失灵。

②必须在钳柄完全打开时调整选择器挡位，否则会损坏个别零部件。

③凸轮的工作表面和凸轮表面接触的可调钳柄的相应表面，特别要注意清洁，否则将影响压痕深浅，降低压接质量。

④不得用坚硬的钢质压接件或实心或壁厚的圆筒形件塞入压腔中肆意压接，否则会使钳齿和有关机件损坏。

⑤使用完毕后将钳子清理干净放入盒或袋内以防灰尘杂质进入钳体影响性能。

⑥若长时间不使用压接钳，用防锈油油封。

⑦压接钳开始使用后，每隔一年或压接 50000 次后，至少取四个压接件进行检查试验。试验方法与要求按 OCT10 3867—1977《在电插头接线柱内的压接方法》标准规定进行。

四、焊接工具

（一）焊料

焊料是一种熔点低于被焊金属，在被焊金属不熔化的条件下能润湿其表面，并在接触面处形成合金层的物质。手工焊接操作中，最常用的焊料成分一般是含锡量为 60% ~ 65% 的铅锡合金焊锡丝（即焊锡），如图 4-20 所示。

1. 焊锡的化学反应

焊接时，锡与焊件发生化学反应，会产生新的物质。新物质是既不同于焊料，也不同于焊件的金属合成物。它产生后，是以一种膜的形式存在于锡与焊件之间。这层膜我们通常称它为 IMC 层，IMC 层的成分便是锡与焊件发生化学反应而产生的所有物质的合成。IMC 层的厚度以微米（μm）计，IMC 形成的时间和温度决定了 IMC 层的强度及导电性，见表 4-8（焊料为 37：63 的铅锡合金）。

图 4-20　常见的焊锡丝

表 4-8　IMC 层的特性

IMC 层厚度 a/μm	形成时间 t（340℃ ±20℃）	特性
$a<1.2$	$t<1s$	强度很低、导电性较好
$1.2<a<3.5$	$1s<t<4s$	强度最高、导电性最好
$a>6$	$t>10s$	强度较低、导电性较差

锡在经过加热后，可以与铜、银、金等产生反应，轻微与铁、镍产生反应，但是几乎不与锌、铝及金属氧化物产生反应。这也是为什么锡可以焊接铜、银、金，而不易焊接不锈钢（为铁、镍合金）元件及氧化的元器件和导线。

注：锡在焊接铜件时，与铜件的化学反应所产生的新物质是 Cu_3Sn、Cu_6Sn_5 和一些未经查明的化学物质及铜锡合成物。

2. 铅锡合金焊锡的优点

锡（Sn）是一种质地柔软、延展性大的银白色金属，在常温下化学性能稳定，不易氧化，不失金属光泽，抗大气腐蚀能力强，能使元器件引线与印制电路板的连接点连接在一起。铅（Pb）是一种较软的浅青白色金属，高纯度的铅耐大气腐蚀能力强，化学稳定性好，但对人体有害。锡中加入一定比例的铅和少量其他金属可制成熔点低、流动性好、对元件和导线的附着能力强、机械强度高、导电性好、不易氧化、抗腐蚀性好、焊点光亮美观的焊料，一般称焊锡，具有一系列铅和锡不具备的优点：

（1）熔点较低。如图 4-21 所示，锡的熔点为 232℃，铅的熔点为 327℃，但是当铅锡比例达到 37：63 时，其合金的熔点最低，为 183℃。

焊料的熔点越低，其加工工艺要求越低，其中包括对焊接工具的要求（如电烙铁），以及对产品的损伤（如贴片元器件、电缆、PCB 的焊盘等）也会减少，尤其是对温度影响较敏感的元器件，焊料熔点的影响更大。

（2）机械强度较高。锡、铅是两种很软、强度又弱的金属；但是锡、铅合到一起，强度就会提高许多，铅锡合金的机械强度是锡、铅本身的 2 ~ 3 倍。

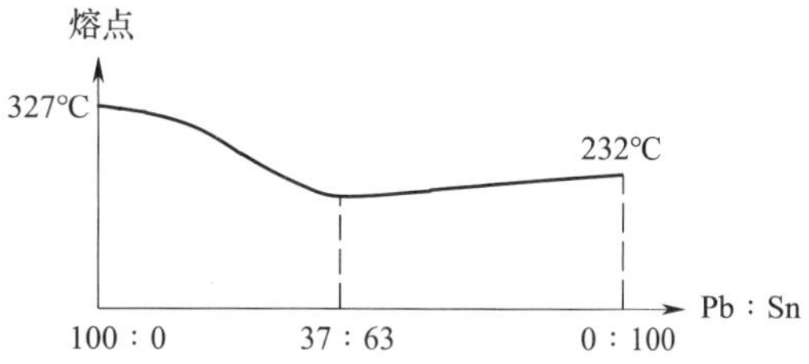

（3）降低了液态铅锡合金的表面张力及黏度，从而增大了液态流动性，有利于焊接时形成可靠的焊接接头。

（4）提高了抗氧化能力，抗腐蚀性能好。

图 4-21　铅锡合金熔点变化图

3. 铅锡焊料中杂质的影响

铅锡焊料中通常含有铋、银、铜、铁、锌、铝、砷、镉、锑等杂质，是影响焊接质量的重要因素，在选用铅锡焊料时，应充分考虑杂质的影响，见表 4-9。

表 4-9　焊料中杂质含量及其影响

杂质	合格品含量 /%	不合格品含量 /%	对焊料性能影响
铝（Al）	0.003	0.006	影响效果相同于锌，含量超过 0.05% 时，焊料氧化加剧
锑（Sb）	0.300	—	含量大时，焊料硬度增大，流动性下降。含量达到 1% 时，铺展面积减少 25%
砷（As）	0.020	0.030	含量超过 0.2% 时，铺展面积下降 25%
铋（Bi）	0.006	0.250	使焊料熔点下降且机械性能也下降，含量超过 0.5% 时，使焊料表面氧化变色
镉（Cd）	0.001	0.005	含量超过 0.15% 时，铺展面积降低 25%
铜（Cu）	0.010	0.080	使焊料熔点升高，可焊性下降，含量超过 0.2% 时，引起焊点松散
金（Au）	0.001	0.080	影响效果相同于铜
铁（Fe）	0.001	0.020	使焊料熔点升高，润湿性下降
银（Ag）	0.002	0.010	使焊料熔点升高
锌（Zn）	0.001	0.005	使焊料流动性降低，机械性能下降，含量超过 0.003% 时，焊料表面氧化且不耐腐蚀

4. 焊锡丝的分类与选择

手工焊接中，常用的焊锡丝有两种，一种是将焊锡做成管状，管内填有松香，称为管状松香芯焊锡丝（结构示意图见图 4-22），使用这种焊锡丝焊接时可不加助焊剂；另一种是无松香的焊锡丝（实心焊锡丝），焊接时要加助焊剂。

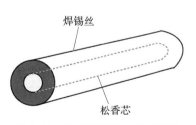

图 4-22　松香焊锡丝结构示意图

根据焊接的不同需要，焊锡丝粗细各不相同，规格很多，常见的锡线直径（mm）有 0.5、0.8、0.9、1.0、1.2、1.5、2.0、2.3、2.5、3.0、4.0、5.0 等多种，实际应用时，应根据焊接对象来选择焊锡丝的直径。如图 4-23 所示，序号 1 用于一般接线焊接，序号 2 用于小型端子与导线的焊接；序号 3 用于大型端子与导线的焊接；序号 4 用于印制板组装件的焊接；序号 5 用于微小型印制板组装件的焊接。

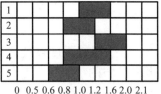

图 4-23　焊锡丝的直径与应用

（二）助焊剂

在焊接领域里众所周知一个道理，几乎所有的金属暴露于空气中就会立刻氧化，氧化物会阻碍润湿，阻碍焊接。因此，需要一些方法来去除去氧化物，且不会形成再次氧化。除去氧化物，通常用两种方法，即机械方法和化学方法：机械方法是用砂纸和小刀将其去掉，但是会损坏被焊件；化学方法是用助焊剂清除。有些材料可以去除氧化物且盖住金属表面使氧化物不再形成，这就是助焊剂（简称"焊剂"），它是焊接工作必不可少的辅助材料。

1. 助焊剂的作用

助焊剂这个词来自拉丁文"FLUX"，是"流动"的意思，但在此处它的作用不只是帮助流动，还具有其他的作用：

（1）助焊剂是一种具有化学及物理活性的物质，能够除去被焊金属表面的氧化物或其他形式的表面膜层以及焊锡本身外表上所形成的氧化物，有利于焊锡的浸润和焊点合金的生成。

（2）保护焊接表面，使焊料或金属在焊接的高温环境中不再被氧化。由于焊接时必须把被焊件加热到使焊料发生润湿并产生扩散的温度，但是随着温度的升高，金属表面的氧化就被加速，而助焊剂此时就在整个金属表面上形成一层薄膜，包住金属使其与空气隔绝，从而起到了加热过程中防止氧化的作用。

（3）增强焊料和被焊金属表面的活性，降低焊料的表面张力。当焊锡熔化后，将贴附于金属表面，但由于焊锡本身表面张力的作用，力图变成球状，从而减少了焊锡的附着力，而助焊剂则有减少表面张力，增加流动性的功能，故使焊锡附着力增强，使焊接质量得到提高。

（4）焊料和焊剂是相融的，可增加焊料的流动性，进一步提高润湿能力。

（5）能加快热量从烙铁头向焊料和被焊件表面传递。因为在焊接中，烙铁头的表面及被焊件的表面之间存在许多间隙，在间隙中充有空气，空气又为隔热体，这样必然使被焊物的预热速度减慢。而焊剂的熔点比焊锡和被焊物的熔点都低，故先熔化，并填满间隙和润湿焊点，使烙铁的热量通过它很快地传递到被焊件上，使预热的速度加快。

（6）合适的助焊剂还能使焊点美观。

2. 助焊剂的种类

助焊剂可分为无机系列、有机系列和树脂系列。

（1）无机系列助焊剂。主要成分是氯化锌或氯化铵及其他的混合物。其最大的优点是具有很好的助焊作用，但具有很强的腐蚀性。因此，多数用于可清洗的金属制品的焊接。

如果对残留焊剂清洗不干净，就会造成被焊物的损坏。如果用于印制电路板的焊接，将破坏印制板的绝缘性能。市场出售的各种焊油多数属于这类。

（2）有机系列助焊剂。主要是由有机酸卤化物组成。特点是助焊性能好、可焊性高。不足之处是有一定的腐蚀性，且热稳定性差，即一经加热，便迅速分解，然后留下无活性残留物。

（3）树脂系列助焊剂。这种焊剂系列中最常用的是在松香助焊剂中加入活性剂。松香是一种天然产物，它的成分与产地有关。用作助焊剂的松香是从各种松树中分泌出来的汁液中提出的，是采用蒸馏法加工成固态松香。

3. 助焊剂的选用

在手工焊接时，通常使用的助焊剂有松香助焊剂、液态助焊剂（松香基助焊剂）和带有助焊剂的焊料（松香芯焊锡丝）。这样可以保证元件不被腐蚀，电路板的绝缘性能不至于下降。焊接飞机上的导线时，禁止使用氯化锌、盐酸等酸性助焊剂，因为它们有强烈的腐蚀作用，会损坏导线。

松香助焊剂，如图 4-24 所示，它的活性成分主要是松香酸，它约占松香成分的 80% ~ 90%。在常温下，松香为固态，其活性几乎不产生作用。当松香加热至 172℃时，松香"熔化"，这时它才发挥助焊剂的作用。当温度达到或超过 300℃时，就开始分解与炭化。冷却后，可再次固化，再次失去活性。焊接后，其残渣分布均匀，无腐蚀性，有良好的稳定性和绝缘性。由于松香的熔点低于锡丝的熔点，且在高温状态极易挥发和氧化，从而失去其助焊的作用，因此要尽量减少松香直接受热，以及减少松香在助焊前的受热时间。

图 4-24　松香助焊剂

液态的松香基助焊剂一般用于航空电子设备装配焊接中。松香基助焊剂分为 R 型、RMA 型和 RA 型三种。手工焊接时，常用 R 型助焊剂，特殊情况下也可使用 RMA 型助焊剂（如自动焊）；RA 型助焊剂禁止使用。三种松香基助焊剂的化学特性及等级见表 4-10，助焊剂活性越高，可焊性越好，但对材料的腐蚀也越强，在选择时，以考虑腐蚀性低或无腐蚀的因素为主。表 4-11 给出了常用 R 型助焊剂的配方及助焊效果。液态的松香基助焊剂优点是没有腐蚀性、高绝缘性能和长期的稳定性及耐湿性，焊接后清洗容易，并形成膜层覆盖焊点，使焊点不易被氧化腐蚀。

表 4-10　松香基助焊剂的类型和等级

助焊剂类型	活化程度	绝缘电阻 /Ω	
		一级	二级
R	松香级，不含活化剂	$\geqslant 1 \times 10^{12}$	$\geqslant 1 \times 10^{11}$
RMA	中等活性松香级，含少量活化剂，无腐蚀	$\geqslant 1 \times 10^{12}$	$\geqslant 1 \times 10^{11}$
RA	活性松香级，含活化剂量大	$\geqslant 1 \times 10^{11}$	$\geqslant 1 \times 10^{10}$

表 4-11　常用助焊剂的配合及助焊效果

助焊剂名称	配方	润湿面积
松香酒精焊剂	松香 25%、酒精 75%	85% ~ 90%
松香甲醇焊剂	松香 25%、甲醇 75%	90%
松香异丙醇焊剂	松香 25%、异丙醇 75%	88% ~ 92%
二乙胺盐酸盐活性焊剂	松香 7.5g、酒精 25mL、二乙胺盐酸盐 1.2g	95% ~ 98%

另外，电子元器件的引线多数是镀了锡的金属，但也有镀了金、银或镍的，这些金属的焊接情况各有不同，可按金属的不同选用不同的焊剂。对于铂、金、铜、银、镀锡等金属，可选用松香助焊剂，因这些金属都比较容易焊接；对于铅、黄铜、青铜、镀镍等金属可选用有机焊剂中的中性焊剂，因这些金属比上述金属焊接性能差，如用松香焊剂将影响焊接质量；对于镀锌、铁、锡镍合金等，因焊接较困难，可选用酸性焊剂，当焊接完毕后，必须对残留焊剂进行清洗。

（三）电烙铁

常用的手工焊接工具是电烙铁，其作用是加热焊料和被焊金属，使熔融的焊料润湿被焊金属表面并生成合金。外场常用的是 27V 直流电烙铁；内场常用 110V/220V 交流电烙铁。电烙铁的工作电压必须与电源电压一致。如果电源电压高于工作电压，就会烧坏电烙铁的电阻丝；如果电源电压低于工作电压，电烙铁的温度不够，就熔化不了焊锡。因此，使用一把烙铁以前，必须检查它的工作电压是否与电源电压相符。

1. 电烙铁的种类与构造

常用的电烙铁有外热式电烙铁、内热式电烙铁、恒温电烙铁等，如图 4-25 所示。

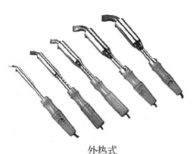

内热式　　　　　　　　　外热式　　　　　　　　可调恒温式

图 4-25　常用的电烙铁

（1）外热式电烙铁的结构如图 4-26 所示，它由烙铁头、烙铁芯、外壳、手柄、电源引线、插头等部分组成。

由于烙铁头安装在烙铁芯里面，故称为外热式电烙铁。烙铁芯是电烙铁的关键部件，它是将电热丝平行地绕制在一根空心瓷管上构成的，中间由云母片绝缘，并引出两根导线与 220V 交流电源连接。外热式电烙铁的主要特征为功率可以做得相对很大，寿命较长。

外热式电烙铁的规格很多，常用的有 15W、25W、30W、40W、60W、80W、100W、150W 等。功率越大烙铁头的温度就越高。烙铁芯的功率规格不同，其内阻也不同。25W

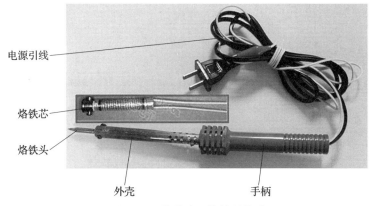

图 4-26　外热式电烙铁的构造

烙铁的阻值约为 2kΩ，40W 烙铁的阻值约为 1kΩ，80W 烙铁的阻值约为 0.6kΩ，100W 烙铁的阻值约为 0.5kΩ。当我们不知所用的电烙铁为多大功率时，可测其内阻值，按参考已给阻值加以判断，确定其性能是否良好。

（2）内热式电烙铁的结构如图 4-27 所示，它由手柄、连接杆、弹簧夹、烙铁芯、烙铁头组成。由于烙铁芯安装在烙铁里面，因而发热快，热利用率高，因此称为内热式电烙铁。内热式电烙铁头的后端是空心的，用于套接在连接杆上，并且用弹簧夹固定，当需要更换烙铁头时，必须先将弹簧夹退出，同时用钳子夹住烙铁头的前端，慢慢地拔出，切记不能用力过猛，以免损坏连接杆。内热式电烙铁的烙铁芯是用比较细的镍铬电阻丝绕在瓷管上制成的，其电阻约为 2.5kΩ（20W），烙铁的温度一般可达 350℃左右。

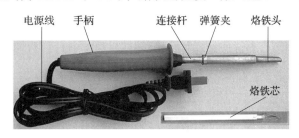

图 4-27　内热式电烙铁的构造

内热式电烙铁的常用规格为 20W、50W 等几种，它的热效率较高，20W 内热式电烙铁就相当于 40W 左右的外热式电烙铁。由于内热式电烙铁的烙铁有升温快、重量轻、耗电小、体积小、热效率高的特点，因而得到了普遍的应用。

（3）恒温电烙铁。由于在焊接集成电路、晶体管元件时，温度不能太高，焊接时间不能太长，否则就会因温度过高造成元器件的损坏，因而对电烙铁的温度要予以限制，而恒温电烙铁（见图 4-28）就可以达到这一要求，这是由于恒温电烙铁头内，装有带磁铁式的温度控制器，控制通电时间而实现温控，即给电烙铁通电时，烙铁头的温度上升，当达到预定的温度时，因强磁体传感器的居里点而磁性消失，从而使磁芯触点断开，这时就停止向电烙铁供电；当温度低于强磁体传感器的居里点时，强磁体便恢复磁性，并吸动磁芯开关中的永久磁铁，使控制开关的触点接通，继续向电烙铁供电，如此循环往复，便达到了控制温度的目的。

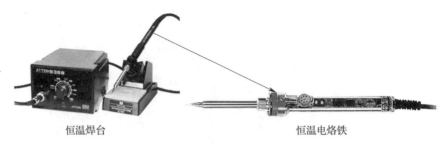

恒温焊台　　　　　　　　　　　恒温电烙铁

图 4–28　恒温电烙铁的构造

2. 电烙铁的选用

电烙铁的种类及规格有很多种，而且被焊工件的大小又有所不同，因而合理地选用电烙铁的功率及种类，对提高焊接质量和效率有直接的关系。表 4–12 给出了电烙铁的瓦数与烙铁头温度的关系，表 4–13 给出了焊接温度及其影响（除固体松香外，均指带有助焊剂的焊料），在选用电烙铁时可供参考。

表 4–12　电烙铁的工作温度

功率 /W	焊接温度 /℃	功率 /W	焊接温度 /℃
20	350	70	440
25	400	100	455
45	420		

表 4–13　焊接温度的影响

焊接温度 /℃	影响	焊接温度 /℃	影响
220 以下	焊料熔化不足，焊不上	210 以上	助焊剂开始分解
220 ~ 280	焊料抗拉强度大	260 以上	有使印制板上焊盘剥离的危险
300 以上	易生成金属化合物		

如果被焊件较大，使用的电烙铁功率较小，则焊接温度过低，焊料不能充分熔化，焊剂不能挥发出来，其焊点就不光滑、不牢固，不但效率低，而且焊接时间也长；相反，如果使用烙铁功率过大，温度太高，就容易使元器件的焊点过热，造成元器件被烫坏，致使印刷电路板的铜箔脱落，且焊料在焊接面上流动过快，并无法控制。选用电烙铁时，可以从以下几个方面进行考虑。

（1）焊接集成电路、晶体管及受热易损元件时，应选用 20W 内热式或 25W 的外热式电烙铁。

（2）焊接导线及同轴电缆时，应选用 45 ~ 75W 外热式电烙铁，或 50W 内热式电烙铁。

（3）焊接较大的元器件时，如输出变压器的引线脚，大电解电容器的引线脚，金属底盘接地焊片等，应选用 100W 以上的电烙铁。

3. 烙铁头的选用与维护

（1）烙铁头的选择

烙铁头一般是用紫铜材料制成的，作用是储存热量和传导热量，它的温度必须比被焊接的温度高很多。烙铁头的温度与烙铁头的体积、形状、长短等都有一定的关系。当烙铁头的体积比较大时，则保持温度的时间就较长些。另外，为适应不同焊接物的要求，烙铁头的形状有所不同，常见的有锥形、凿形、马蹄形（圆斜面形）等，具体的形状如图4-29所示。不同形状的烙铁头，其应用场合不同，一般来说，锥形烙铁头多用于电缆插针的焊接；马蹄形烙铁头多用于通孔电缆的焊接；凿形烙铁头的用途较广泛，小型的可用于通孔电缆及焊盘较小的贴片器件的焊接，大型的可用于振子的灌锡及焊盘和焊点要求较大的器件焊接。

| 锥形 | 凿形 | 马蹄形 |

图4-29　常用的烙铁头

为适应不同焊接物的需要，应根据焊件的形状来选择不同的烙铁头，选择的原则是焊件与烙铁头大小一致、接触面吻合：当焊点较大，而烙铁头太小，焊点温度不够；焊点较小，而烙铁头太大，焊锡量难以控制（见图4-30）。有些焊点难以接触，这时可使用细而长的烙铁头。

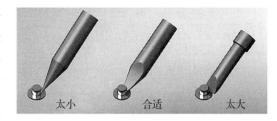

太小　合适　太大

图4-30　烙铁头的选择

（2）烙铁头的温度的调整与判断

烙铁头的温度可以通过烙铁头插在烙铁芯上的长度来调节，烙铁头插在烙铁芯上的长度越深，其温度越高。另外，环境可对烙铁头的温度产生一定的影响，例如，在通风口或有风扇吹风时，可导致焊盘散热加快，同时可使烙铁温度下降20～40℃。

通常情况下，我们可用目测法判断烙铁头的温度，根据助焊剂的发烟状态判别，方法是在烙铁头上熔化一点松香芯焊料，根据助焊剂的烟量大小判断其温度是否合适，见表4-14。也可使用松香来判断烙铁头的温度，方法是将烙铁头碰触松香，若有"吱吱"的声音，说明温度合适；若没有声音，仅能使松香勉强熔化，则说明温度太低；若烙铁头一碰上松香就大量冒烟，则说明温度太高。

表4-14　用松香芯焊料判断烙铁头的温度

观察时间	烟细长，持续时间长，>20s	烟稍大，持续时间10～15s	烟大，持续时间短，约6～8s	烟很大，持续时间短，3～5s
估计温度	小于200℃	230～250℃	300～350℃	大于350℃
焊接	达不到锡焊温度	PCB及小型焊点	导线焊接、预热等较大焊点	粗导线、板材及大焊点

（3）烙铁头的维护

①新的烙铁使用前，应用细砂纸将烙铁头打磨光亮，通电烧热，蘸上松香后用烙铁头刃面接触焊锡丝，使烙铁头均匀地镀上一层锡（见图4-31），这样可以便于焊接并防止烙铁头表面氧化。但是，对于有镀层的烙铁头，一般不要锉或打磨，因为电镀层的目的就是保护烙铁头不易腐蚀。

注意：烙铁通电后，烙铁头一定要立刻蘸上松香，否则表面会生成难镀锡的氧化层。

②对于已使用过的烙铁头，在使用之前，应除去旧锡，镀上新锡。

③使用过程中，如果烙铁头上有氧化层及焊料残渣，应将烙铁头在含水的海绵上擦拭一下再使用（见图4-32），以清洗烙铁头，避免将残渣焊入焊点，导致虚焊。海绵含水量不要太多，以保持湿润但是不往下滴水的状态为宜；过干或过湿的海绵不能达到清除氧化层的目的，且易烫伤过干海绵，过湿的海绵则会吸走烙铁头大量的热量（见图4-33）。海绵浸湿的正确方法是：将海绵泡在水里清洗后取出，轻轻挤压海绵，直至可挤出3～4滴水珠为宜（见图4-34）。应尽量避免用砂纸或锉刀打磨，这样会加快烙铁头的氧化损耗速度，缩短烙铁头寿命。

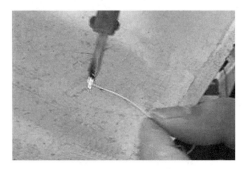

图4-31　烙铁头上锡

图4-32　烙铁头使用中的清洁

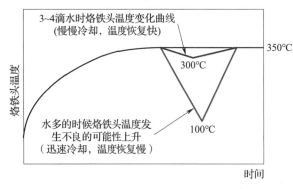

图4-33　烙铁头清洗时间和温度的关系曲线

图4-34　海绵浸湿的方法

④若使用时间很长，烙铁头已经氧化发黑、凸凹不平时，可用细锉刀轻轻锉去表面氧化层并修理平整，在其露出光亮的紫铜后立即用同新烙铁头镀锡一样的方法进行处理，才能使用。实在无法正常使用时，可以选择更换新的烙铁头。

（4）电烙铁的握法

使用电烙铁的目的是加热被焊件而进行锡焊，绝不能烫伤、损坏导线和元器件，因此必须正确掌握电烙铁的握法。手工焊接时，电烙铁要拿稳对准，可根据电烙铁的大小、形状和被焊件的要求等不同情况决定电烙铁的握法。电烙铁的握法通常有 3 种，如图 4-35 所示。

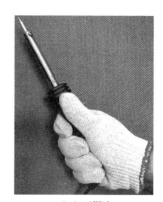

　　（a）握笔法　　　　　　　　　（b）反握法　　　　　　　　（c）正握法

图 4-35　电烙铁的握法

　　①握笔法：这种握法类似于写字时手拿笔一样，易于掌握，见图 4-35（a），但长时间操作容易疲劳，烙铁头会出现抖动现象，适用于小功率的电烙铁和热容量小的被焊件。

　　②反握法：这种握法是用五指把电烙铁柄握在手掌内，见图 4-35（b），焊接时动作稳定，长时间操作手也不容易疲劳，适用于大功率的电烙铁和热容量大的被焊件。

　　③正握法：这种握法是手心朝下用五指把电烙铁柄握在手掌外，见图 4-35（c），适用于中等功率电烙铁、弯烙铁头电烙铁或用直烙铁头在机架上焊接互连导线。

　　（5）电烙铁的操作方法

　　①电烙铁熔化焊锡丝的方法（电烙铁的进入）

　　电烙铁切不可作为运载焊料的工具来使用，原则上是先加热被焊件，然后将焊锡丝熔化在焊点上。

　　a. 热容量较大的工件，可先加热工件且在烙铁头最近处放上焊锡丝并将其熔化，见图 4-36（a）。

　　b. 在受热易损的工件上，可将焊锡丝和烙铁头同时放在工件上，也可先放焊锡丝，随后再将烙铁头放在焊锡丝上且使焊锡丝熔化，见图 4-36（b）。

　　c. 禁止将焊锡丝放在烙铁头上熔化，见图 4-36（c）；否则，助焊剂会提前分解挥发，既影响焊接质量又污染环境。

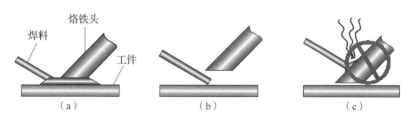

图 4-36　电烙铁熔化焊锡丝的方法

②电烙铁控制

a. 烙铁头从烙铁头的轴线45°方向撤离，此时焊点圆滑而且烙铁头只带走少量的焊料，见图4-37（a）。

b. 烙铁头垂直向上撤离，此时焊点容易出现拉尖，烙铁头只带走少量焊料，见图4-37（b）。

c. 烙铁头从水平方向撤离，此时烙铁头带走大部分焊料，见图4-37（c）。

d. 烙铁头垂直向下撤离，此时烙铁头把绝大部分焊料都带走，见图4-37（d）。

e. 烙铁头垂直向上撤离，此时烙铁头只能带走很少量的焊料，见图4-37（e）。

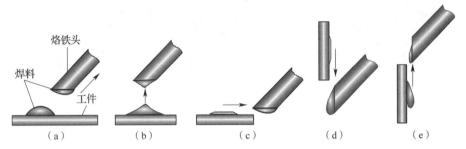

图4-37　烙铁头撤离方向与焊料量的关系

（四）辅助工具

在焊接操作中，还需要用到以下辅助工具：剥线钳（用于剥除导线绝缘层）、剪钳（克丝钳，用于剪断元器件引线）、镊子（用于夹持并可给元器件分热）、砂纸或细锉刀（用于打磨烙铁头）、吸锡器或吸锡线、烙铁架（用于放置电烙铁）等，应正确使用这些工具。以下主要介绍吸锡器和吸锡线的使用方法，它们是拆焊时去除焊锡的常用工具。

1. 吸锡器

吸锡器的种类比较多，有球型手动吸锡器、笔型手动吸锡器、电动吸锡器、气动吸锡器、电烙铁吸锡器等。图4-38所示为常见的笔型手动吸锡器，为活塞式结构，其吸筒内有一个弹簧。使用时，先把吸锡器末端的滑杆压入，直至听到"咔"的一声，则表明吸锡器已被固定；再用电烙铁对焊点加热，使焊点上的焊锡熔化，同时将吸锡器的吸嘴靠近焊点，按下吸锡器上面的按钮即可将焊锡吸上（见图4-39）；若一次未吸干净，可重复上述步骤。吸锡器接触焊点以前，每次都给吸嘴蘸一点松香，可以改善焊锡的流动性。

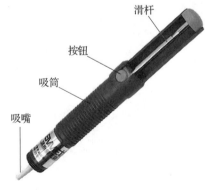

图4-38　手动吸锡器

图4-39　手动吸锡器的使用

使用吸锡器清除焊点上的焊料的优点是安全可靠，工作量大时尤其显示出此种方法的优越性。在采用此方法吸取焊点上的焊料时应注意，在一个焊点上做第二次吸锡时，必须在焊点冷却后方可进行第二次吸锡；否则，容易造成焊盘翘起或者焊盘脱落。

2. 吸锡线

如图4-40所示，吸锡线是一种铜编织线（屏蔽线编织层），精密的几何编织设计保证了最大的表面张力和吸锡能力，用于除锡时吸取多余的焊锡，耐氧化防腐蚀，导热上锡性能好，吸锡干净。

使用时，将吸锡线前端吃上松香，放在将要拆焊的焊点上，再把电烙铁放在吸锡线上加热焊点，一旦焊锡熔化，就被吸锡线吸去（见图4-41）。如焊点上的焊料一次没有吸完，可将吸锡线吸满焊料的部分剪去，再重复以上操作，直到焊点上的焊料被吸干净。

图4-40　常用的吸锡线

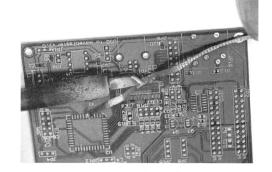

图4-41　吸锡线的使用

使用这种方法清除焊点上焊料的优点是操作方便简单易行，效果好。对任何待修焊点都适用，尤其对中、双面印制板上待修焊点的焊料清除，或对多脚元器件在印制板上焊点的焊料清除更为方便；不足之处是除锡工作效率不高。

五、热缩工具

热风枪是进行热缩的施工工具。按照用途分为：通用型和专用型。通用型热风枪是一种多用途的热风枪，见图4-42，可以配置不同的反射罩完成多项热缩工作。远红外加热枪使用预加热焊锡套管，见图4-43。

六、插钉插孔取送工具

接触偶的安装、拆卸工具是用来将压接好的接触偶（插针、插孔）装入、卸出电连接器的电插头和电插座内的专用工具，见图4-44和图4-45。

以下以典型的后松后卸式电连接器的接触偶拆装工具为例，详细介绍其使用方法。前松后卸式电连接器接触偶的拆装工具与其类似。

（一）安装工具的使用方法（见图4-46）

（1）根据接触偶的规格，选择合适的安装工具。

（2）将压接完成的插钉/插孔嵌入安装工具。

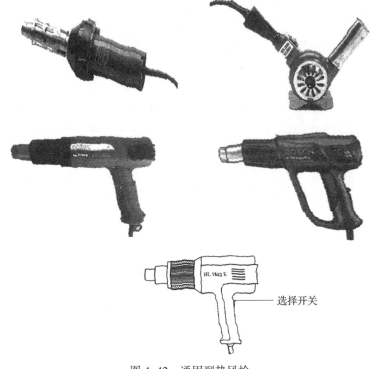

选择开关

图 4-42　通用型热风枪

图 4-43　远红外加热枪

安装（蓝色）　　　　　　　　拆卸（白色）

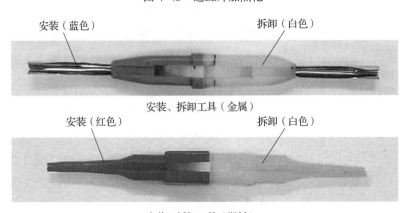

安装、拆卸工具（金属）

安装（红色）　　　　　　　　拆卸（白色）

安装、拆卸工具（塑料）

图 4-44　国产 XC 型插头座接触偶（后松后卸式）的安装、拆卸工具

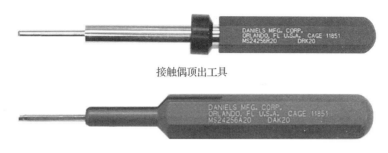

接触偶顶出工具

接触偶送入工具

图4-45 国外常用的插头座（前松后卸式）接触偶拆装工具

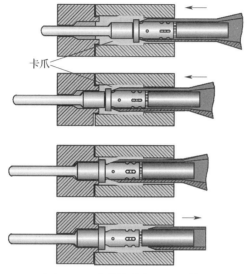

卡爪

图4-46 安装接触偶工具的使用

（3）使安装工具与插头座封严体尾部平面保持垂直，然后顺着插钉/插孔轴线插入封严体，直至推到止位。有的可以听到清脆的"咔嗒"声响，有的有手感，说明插钉/插孔已经送到位。

（4）从连接器中拔出安装工具，轻轻向后拉扯导线，插钉/插孔不应被拉出连接器。

（5）使用注意事项：

①安装工具在送插钉/插孔过程中，不允许左右扭动或搅动，以免将连接器内部锁定插钉/插孔的卡爪损坏。

②安装工具不能当作拆卸工具使用。

（二）拆卸工具的使用方法（见图4-47）

（1）根据接触偶的规格，选择合适的拆卸工具。

（2）将需要退出的插钉/插孔的导线卡入拆卸工具，然后将拆卸工具沿着导线向前移动到导线与连接器的封严体处，并与封严体平面保持垂直。

（3）将拆卸工具顺着接触偶外围插入插头座，直至推到止位（推动过程中，拆卸工具不允许左右扭动），将锁定插钉/插孔的卡爪打开。

（4）轻轻地向后扯拽导线，将带有导线的插钉/插孔和拆卸工具一起拉出，完成退接触偶工作。

当取卸未压导线的接触偶（插针、插孔）时，拆卸工具需和顶出工具配合使用，取卸工具插到位后，用顶出工具从接触偶前端将接触偶顶出。

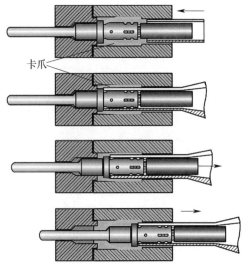

（5）使用注意事项：

①当导线外径超出产品使用说明书规定时，不能用于取卸。

②在取卸中，不要用力过大，以免损坏工具。

③在拆卸工具插到底仍取不出插针、插孔时，可将拆卸工具取出，转换角度，重新插入拆卸工具即可取出。严禁工具在封严体内转动，以免损坏卡爪。

图 4-47　拆卸接触偶工具的使用

（三）顶出工具的使用方法

顶出工具（见图 4-48）是一种辅助工具，当在后松后卸系统中，导线与接触件在端接部位断线时，使接触件滞留在插头、插座的孔腔内，因单独用拆卸工具无法卸出，所以辅以顶出工具。顶出工具必须严格按插针、插孔的工作直径选用，而且插针与插孔的工具不能通用，都有各自规格的专用工具。使用时：

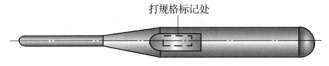

图 4-48　典型的顶出工具（与拆卸工具配合使用）

（1）拧下需要取卸插孔、插针电连接器的尾端螺母。

（2）按要求选定拆卸工具，插入所需取卸的插针、插孔的孔腔里。

（3）拆卸工具送到位后，用选定的顶出工具，从插针、插孔的前端将所要取卸的插针、插孔顶出。

（4）使用注意事项：

①如果对顶出工具施加轴向推力而插针、插孔取卸工具无后退现象，则说明卡爪未充分松开。此时，应停止对顶出工具加力，将拆卸工具拔出后旋转一个角度，重新插到位后再进行顶出。严禁在未将拆卸工具拔出的情况下旋转拆卸工具。

②施加在顶出工具上的推力不大于 3.0kgf[①]，且顶出的作用力的方向应与所要顶出的插针、插孔保持同轴，以免造成工具的弯曲和锁定爪、封严体等零件的损伤而导致电连接器失效。

③当顶出工具有目视可见的弯曲时，应校直后再用。

④对插针、插孔的顶出应是一次成功，严禁在顶出中途拔出工具又再次插入进行顶

---

① 1 千克力（kgf）≈ 9.807 牛（N）。

出；如果一次顶出没有成功，应将工具取出，将插针、插孔重新送入到位后，再按上述步骤（2）、（3）中的操作方法重新进行。

⑤顶出过程中应注意防止插针、插孔、拆卸工具跌落，以免造成零件和工具损坏。

第二节 常用仪器仪表

一、万用表

万用表具有用途多、量程大、使用方便等优点，是电子测量中最常用的工具。万用表能测量电流、电压、电阻以及导线的通断性，有的还可以测量三极管的放大倍数、频率、电容值、逻辑电位、分贝值等。常见的万用表有指针式万用表（模拟式万用表）和数字式万用表，见图4-49。

（一）万用表的使用要求

1. 更换电池和熔断丝时，为避免错误的读数导致电击或人员伤害，打开机壳或电池盖以前，必须把测试线断开，电源关闭后方可进行（见图4-50）。

2. 万用表使用完毕后，应关闭电源（见图4-51），放回盒子，保存于干燥且干净的地方，禁止把万用表放在高温、易冲击或者容易掉下的地方。如果长期不使用，还应将万用表内部的电池取出来，以免电池腐蚀表内其他器件。

图4-49 万用表

图4-50 更换电池

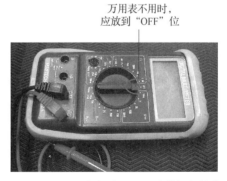

图4-51 不用时放到"OFF"（关闭）挡位

（二）数字式万用表使用注意事项

1. 使用前检查数字万用表的计量日期是否在有效期内，并且检测外壳完好无损，表笔的绝缘性良好，无暴露的金属。

2. 检查表笔的导通性（见图4-52）：在电阻挡位将两表笔短时相碰，如果导通，电阻值为零，有的万用表可以发出警报声。

3. 通过测量已知电压的方法，确认仪表工作正常。否则，禁止使用该仪表。

4. 禁止超量程使用。在测量之前一定要保证量程开关正确，以免外电路受损。36V电压为人体安全电压，当电压高于36V时，需注意人身安全。

5. 测量电压、电流、电容、二极管导通性时，必须先切断电源，并将所有的高压电容器放电，注意表笔端子的极性（红正、黑负）、量程、挡位的正确选择，接线端必须正确。

使用前，检查表笔的导通性：
①量程开关：Ω挡；
②红表笔连Ω/V插孔，黑表笔连COM插孔；
③红黑表笔相接触，此时电阻指示为零。

图4-52　表笔导通性的检查

6. 在测量某一电量时，不能在测量的同时换挡，尤其是在测量高电压或大电流时，更应注意。否则，会使万用表毁坏。如需换挡，应先断开表笔，换挡后再去测量。

7. 切勿在爆炸性的气体、蒸气等环境恶劣的地方使用这类仪表。

8. 表笔接入电路时应先黑表笔，断开时应先红表笔。测量时，禁止人手与被测元件及表笔导电金属接触。

（三）指针式万用表使用注意事项

1. 在使用万用表之前，应先进行"机械调零"，看指针是否指在左端"零位"上。即在没有被测电量时，使万用表指针指在零电压或零电流的位置上。

2. 测试前要确定测量内容，将量程转换旋钮旋到所示测量的相应挡位上，以免烧毁表头，如果不知道被测物理量的大小，要先从大量程开始试测。

3. 在使用万用表过程中，不能用手去接触表笔的金属部分，这样一方面可以保证测量的准确，另一方面也可以保证人身安全。

4. 在测量某一电量时，不能在测量的同时换挡，尤其是在测量高电压或大电流时，更应注意。否则，会使万用表毁坏。如需换挡，应先断开表笔，换挡后再去测量。

5. 万用表在使用时，必须水平放置，以免造成误差。同时，还要注意避免外界磁场对万用表的影响。

6. 测电阻时，使用前要调零；不能带电测量；被测电阻不能有并联支路。

7. 测量电流时，应将万用表串联在被测电路中；测量电压时，应将万用表并联在被测电路两端。注意万用表的红表笔接被测电路的正极，黑表笔接被测电路的负极。

8. 万用表使用完毕，应将转换开关置于交流电压的最大挡。如果长期不使用，还应将万用表内部的电池取出来，以免电池腐蚀表内其他器件。

（四）万用表的使用方法

在航空维修中，数字式万用表使用越来越广泛，以下以其为例介绍数字式万用表的使用方法。

在数字万用表面板的下部，一般有四个输入插孔，分别标有"COM"、"V/Ω"、"mA"和"10A"（见图4-53），除"COM"插孔（公共端）为黑色外，其余插孔均为红色。使用时，黑表笔插入"COM"插孔，红表笔根据被测量的种类和大小插入"V/Ω""mA"或"10A"的插孔中。

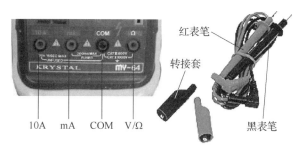

红表笔

转接套

黑表笔

10A   mA   COM   V/Ω

图 4-53　万用表的表笔

1. 电阻值测量

如图 4-54 所示，测量电阻时，将量程开关拨至"Ω"挡范围内的适当量程；将红色表笔插入"V/Ω"插孔，将黑色表笔插入"COM"插孔；用测量表笔接触到被测元件的两端，显示屏上便可显示此元件的电阻值。

①挡位开关：Ω挡；
②红表笔：Ω/V 插孔，黑表笔COM插孔；
③连接被测元件两端进行测量。

图 4-54　电阻的测量

在测量电阻时，为了避免仪表或被测设备的损坏，测量前应先切断电路的电源，并把所有的高压电容器放电。仪表是通过输出小的电流到电路上来测量电阻，由于该电流流过表笔之间所有的通道，所以在电路上的电阻读数代表了表笔之间所有通道的总电阻。在进行小电阻测量时，测试导线会带来 0.1～0.2Ω 的电阻测量误差。

2. 交 / 直流电压测量

如图 4-55 所示，测量直流电压时，将红表笔插入"V/Ω"插孔，将黑表笔插入"COM"插孔；将量程开关拨至"V=="挡范围内的适当量程；给测量元件接通电源，将红表笔接元件的正极，黑表笔接元件的负极，并联于电路测试点上，显示器上就会出现直流电压测量值。测量交流电压的方法，类同于直流电压测量，只是要把量程开关拨至"V～"挡范围内的适当量程。

注意：普通万用表，不得接高于 1000V 的直流电压或有效值高于 750V 的交流电压。

3. 交 / 直流电流测量

如图 4-56 所示，测直流电流时，把红表笔插入"mA"插孔，若所测电流大于 200mA 时，需插入"10A"插孔，并将黑色测试导线插入"COM"插孔。将量程开关拨到"A=="挡范围内的适当量程，将两表笔串联接在测量点上（将红表笔接元件的负极，黑表笔接电源的负极；或将红表笔接电源的正极，黑表笔接元件的正极），打开电路的电源开关，这

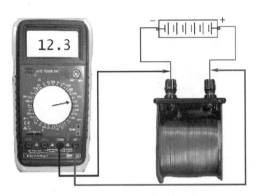

图 4-55　交 / 直流电压的测量

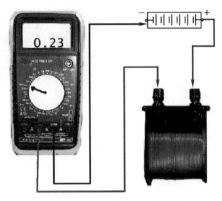

图 4-56　交 / 直流电流的测量

样就可在显示屏上读出测量值了。

交流电流的测量方法，方法同直流电流的测量，只是要把量程开关拨至 "A ~ " 挡范围内适当的量程。当电压超过 1000V 时，切勿尝试在电路上进行电流的测量。

4. 电路通断性的测量

如图 4-57 所示，测量电路的通断性时，将量程开关拨至 "Ω" 挡范围内的适当量程或通断挡；将红色表笔插入 "V/Ω" 插孔，将黑色表笔插入 "COM" 插孔；将测量表笔接触到被测元件的两端（与测量电阻的方法相类似）。如果被测试电路的电阻不超过 50Ω，蜂鸣器则会发出连续报警声，表明短路或连通。

为避免仪表或被测设备损坏，进行通断测试之前，应先切断电路的电源，并把所有的高压电容器放电。

5. 二极管导通性的测量

如图 4-58 所示，测量二极管时，将量程开关旋至二极管符号 "▷|" 挡（或 "Ω" 挡的 2K 位），将红色表笔插入 "V/Ω" 插孔，将黑色表笔插入 "COM" 插孔。将红色表笔接到待测的二极管的阳极，而黑色表笔接到二极管的阴极。此时，万用表上显示的是二极管的正向电阻。若将测试表笔的极性与二极管的电极反接，则显示屏读出来的是 "1" 或 "0"，通过这样的测量，可以区分二极管的阳极和阴极，并可判断二极管的好坏。

为避免仪表或被测量设备损坏，测试二极管之前，应先切断电路的电源，并把所有的高压电容器放电。

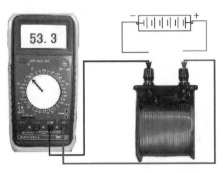

图 4-57　电路通断性（电阻）的测量

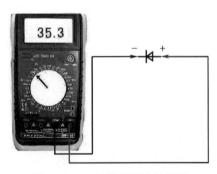

图 4-58　二极管导通性的测量

6. 电容值测量

如图 4-59 所示，测量电容时，将量程开关转至电容符号"┤┣"或"μF"挡位范围内的适当量程，将红色测试导线插入"V/Ω"插孔，并将黑色测试导线插入"COM"插孔，将表笔接触电容器导线，待读数稳定后（15s 以上），阅读显示屏上的电容值。

为避免仪表或被测设备损坏，测量电容以前，应先切断电路的电源，并把所有的高压电容器放电。用直流电压功能挡确定电容器均已被放电。大部分电容器的值在纳法或微法之间。

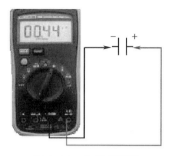

图 4-59　电容的测量

二、钳形电流表

钳形电流表，简称钳表，是一种不需断开电路即可测量电流的电气仪表，是根据单互感器的原理制成的，由电流互感器和电流表制成。常见的钳形电流表，有指针式和数字式两种，如图 4-60 所示。

（一）钳形电流表的使用要求

1. 避免单独一人使用此类仪表，确保发生意外时，有人可以及时发现。

2. 在有裸露的导体或汇流条附近工作时，注意人身安全。

3. 使用前必须认真阅读操作程序，并遵守所有安全注意事项。

4. 不能同时将两根以上的电流导线放置于电流钳内。

5. 测量过程中不得转动量程开关，若要换量程，应脱离被测线路后再换量程；为提高其准确度，被测导线应置于钳口中央。

6. 被测线路的电压不得超过钳形电流表所规定的使用电压和频率，以防损坏仪表。

（二）钳形电流表的使用方法

1. 测量交流电流

（1）将电表挡位开关转到"AC"（交流）挡位上，将量程开关转动到 600A 挡位上；量程小于 200A 时，量程开关放置在 200A 挡位。

（2）将单一的电流导线放入电流钳，进行读数（见图 4-61）。

图 4-60　数字式钳形电流表

图 4-61　钳形电流表的使用

2. 测量直流电流

（1）将电表挡位开关转到"DC"（直流）挡位上，将量程开关放置于 1000A 挡位上；

测量电流小于 200A 时，量程开关放置在 200A 挡位上。

（2）将单一的电流导线放置于电流钳内，进行读数（见图 4-61）。

3. 测量电压

将量程选择开关转动到 600V，小于 200V 时用 200V 挡位。测量直流电压时将开关转换到直流挡，测量交流时将开关转换到交流挡，用探针测试电压。

三、兆欧表

手摇式兆欧表又称为摇表，如图 4-62、图 4-63 所示。它的主要用途是测量电路、电缆、电机及电气设备等的绝缘电阻。

图 4-62　兆欧表（摇表）

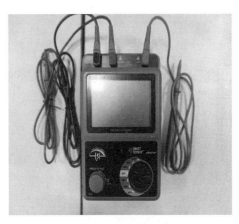

图 4-63　数字式"摇表"

（一）兆欧表的使用要求

1. 使用前，仔细阅读并遵守兆欧表上的使用说明（见图 4-64）。

兆欧表使用说明

1. 使用兆欧表时应远离磁场，并安放于水平位置。
2. 顺时针方向转动手柄，并慢慢将转动速度增加并稳定在 120r/min，在调速器发生滑动后，可得到稳定的电阻读数。
3. 绝缘测定：将被测物体的两端分别连接到"线路"及"接地"两接线柱上。
4. 通地测定：将被测端及其地线分连接到"线路"及"接地"两接线柱上。
5. 在测定特高电阻时"保护环"应接到被测两端之间最内层的绝缘层上，以消除因漏电而引起的读数误差。

图 4-64　兆欧表上的使用说明铭牌

2. 测量前，必须将被测电气设备的电源切断，并对被测设备进行接地短路放电，以排除断电后电感、电容带电的可能性。

3. 测量前对被测设备表面进行清洁处理。手摇式兆欧表使用前，需要做开路试验和短路试验。

4. 测量前请检验兆欧表的好坏，并正确放置（放平），按规定进行接线。兆欧表使用的是多股软线，其两表笔导线切忌绞在一起。

5. 测量完毕后，对感性或容性负载进行放电，在兆欧表摇把未停止转动或被测物设备未放电前，不可用手去触及被测物的测量部位或进行拆线，以防触电。

6. 仪表不可以在强磁场和强电场中使用。

7. 应尽量避免剧烈、长期的振动，使表头轴尖和宝石受损而影响刻度指示。

8. 兆欧表的选择：

应根据测量要求，选择兆欧表的额定电压值和测量范围。

对于高电压的电气设备，必须使用额定电压高和测量范围大的兆欧表进行测量；而对于低电压的电气设备，其内部绝缘所能承受的电压不高，为了设备安全，此时应选用额定电压较低的兆欧表。航空器上使用的兆欧表的试验电压必须小于等于100V，否则将会对航空器上导线、电缆的绝缘造成损坏。

（二）兆欧表的使用方法

1. 兆欧表的工作原理

与兆欧表表针相连的有两个线圈，一个同表内的附加电阻 R_X 串联，另一个同被测电阻 R 串联，然后一起接到手摇发电机上（见图4-65）。当手摇发电机时，两个线圈中同时有电流通过，在两个线圈上产生方向相反的转矩，表针就随着两个转矩的合成转矩的大小而偏转某一个角度，这个偏转角度决定于两个电流的比值，附加电阻是不变的，所以电流值仅取决于待测电阻的大小。

2. 兆欧表的使用方法

（1）传统摇表

①检查兆欧表。将兆欧表放在平稳的位置上，将两个接线端开路，摇动手柄，由慢到快，此时指针应在"∞"处；然后将两个端子短路，缓慢摇动手柄，指针应指在"0"处，则可判断兆欧表及表笔正常可用。

②接线（见图4-66）。

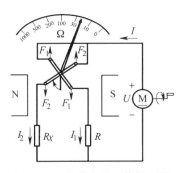

图4-65　兆欧表的工作原理图

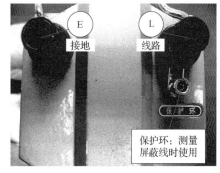

图4-66　兆欧表的接线端

a. 测量绝缘电阻：将被测物的两端分别连接在"E"接线端和"L"接线端上；

b. 测量接地电阻：将被测一端接到"L"接线端上，用接触良好的地线（端）接到"E"接线端上；

c. 测量电缆芯线与电缆外层绝缘层之间绝缘电阻：除将被测两端分别接于"L"接线端与"E"接线端外，还要将电缆壳芯之间的内层绝缘层与"保护环"（屏蔽）接线端相接，以消除因表面漏电而引起的测量误差。

注意："E"接线端接在被测设备的外壳时，一定要接在金属外壳上。

③检测。按顺时针方向由慢到快摇动兆欧表的手柄，最后保持在120r/min，测试时要在1min以上，在指示稳定后，即可进行读数。

④测量完毕，对非电容性负载直接拆线即可；对容性较小的负载，拆线前要进行放电；对电容性较大的负载，拆线时保持兆欧表的转速不变，用一只手拆下"E"接线端，然后再对被测设备放电，最后再拆另一端线。

（2）数字"摇表"

数字"摇表"是一款功能强大的手持式数字绝缘测试仪，采用全中文界面和LCD显示屏。它是一款适合各种应用的精密工具，包括电缆、马达和变压器的测试。

数字"摇表"非常坚固、可靠、易于使用。

绝缘技术指标为：

绝缘测试范围：0.01MΩ 至 10GΩ；

绝缘测试电压：50V、100V、250V、500V 和 1000V；

在进行测试初始化之前，如果检测到大于30V的电压，则禁止进行测试。

（3）数字"摇表"与传统摇表的比较（见表4-15）

表4-15 数字"摇表"与传统摇表的比较

数字"摇表"	传统摇表
● 操作简单，数据可以存储调用，自动计算	● 操作麻烦，摇和记同时进行
● 读数快稳	● 指针反应速度慢
● 50V、100V、250V、500V 和 1000V绝缘测试电压，一台表能完成	● 不同伏的绝缘测试电压，用不同的摇表进行测试

四、毫欧表

毫欧表是用于低电阻测量的精密仪器，在航空器维护和修理工作中扮演着比较重要的角色，如图4-67。毫欧表主要用于测量接触电阻、接地电阻，包括：继电器、接触器、开关的触点，电连接器接触偶、电缆以及接线片的连接，电接触接地，静电释放接地，易爆区域接地，金属结构结合表面连接，金属结构内部连接，接地的搭接，其分辨率可达到微欧级，因此根据使用量程，也称为微欧表。

电阻的测量方法较多，有比较法、替代法、直流电桥法、伏安法、恒流源法等。毫欧表的测量方法一般采用四线法测量，即在电阻的两端施加一个恒流，通过测量电阻两端的电压、计算得出所得的电阻值，其优点是消除了测试线本身电阻的影响，更加能够反映出被测电阻的真实的微小的阻值。根据施加电流的大小不同，可以分为0.5A、1A、10A、100A和200A

图4-67 毫欧表

的毫欧表。

不同毫欧表在不同工作量程的分辨率也是不同的，如 10A 微欧表在不同测试电流情况下的分辨率如表 4-16 所示。

表 4-16　10A 微欧表在不同测试电流情况下的分辨率

测量范围	5.0000mΩ	25.000mΩ	250.00mΩ	2500.00mΩ	25.000Ω	250.00Ω	2500.0Ω
测试电流	10A	10A	10A	1A	100mA	10mA	1mA
分辨率	0.1μΩ	1μΩ	10μΩ	0.1mΩ	1mΩ	10mΩ	100mΩ
测试精度	0.015% +1.0μΩ	0.05% +3μΩ	0.05% +30μΩ	0.05% +0.3mΩ	0.05% +3mΩ	0.05% +30mΩ	0.05% +300mΩ

毫欧表（微欧表）在使用时应注意：①检查校准日期；②确认被测物体断电；③确认被测物体表面清洁，无氧化层、腐蚀、油污等；④确认探针与被测物体表面有良好的接触；⑤在使用过程中不宜将测试探针长期带电短接。

五、红外热像仪

一般情况下，特别是在外场条件下，人眼的目视检查与经验分析，无法在设备运行时准确分辨出故障点的具体部位，尤其是电气设备的断路器、接触器、开关和电连接部位等。近年来。随着红外成像技术的发展，人们利用红外热像仪来探测线路以及线路部件工作时的温度分布并形成人类视觉可以分辨的图像和图形，使人们可以看到部件表面的温度分布情况，进而判读设备故障。采用红外成像技术，可以弥补人类目视检查的不足，提高地勤维护工作能力（见图 4-68）。

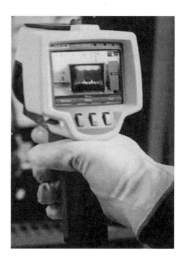

图 4-68　热成像仪

红外成像仪是利用红外成像技术，探测目标物体的红外辐射，并通过光电转换、信号处理等手段，将目标物体的温度分布图像转换成视频图像的设备。红外热像仪可实时提供高分辨率的彩色影像，温度分辨率高，测温功能强大。通过利用红外热像仪对飞机线路、电气设备舱等区域进行检测，依据被测设备热像图的异常现象，及时准确地确定故障部位，避免了故障的发生和扩大，为飞机线路维护工作提供了可靠的依据。

（一）红外热像仪功能

红外热像仪具有点温、高温报警、高低温捕捉、等温分析、图像存储、回放等功能。

（二）红外热像仪原理

物体表面温度如果超过绝对零度即会辐射电磁波。随着温度变化，电磁波的辐射强度与波长分布特性也随之改变，波长介于 0.75μm 到 1μm 之间的电磁波称为"红外线"，而人类视觉可见的"可见光"介于 0.4μm 到 0.75μm 之间；波长为 0.78μm 到 2μm 的部分称为近红外，波长为 2.0μm 到 1000μm 的部分称为热红外线。

红外线在地表传递时，会受到大气组成物质（如水、二氧化碳、一氧化氮以及臭氧等）的吸收，强度明显降低，仅在短波 3～5μm 及长波 8～12μm 的两个波段有较好的穿透率，通称大气窗口。大部分的红外热成像仪就是针对这两个波段进行检测，计算并显示出物体的表面温度分布。此外，由于红外线对极大部分的固体及液态物质的穿透能力极差，因此红外热成像检测的是目标物体的表面红外线辐射能量。由于自然界中，一切物体都可以辐射红外线，因此利用探测仪探测目标的本身和背景之间的红外线差并可以得到不同的红外图像。

红外热像仪是利用红外探测器、光学成像物镜和光机扫描系统（目前先进的焦平面技术则省去了光机扫描系统）接收被测目标的红外辐射能量分布图形，反映到红外探测器的光敏源上，在光学系统和红外探测器之间，有一个光机扫描机构（焦平面热像仪无此机构）对被测物体的红外热像进行扫描，并聚焦在单元或分光探测器上，由探测器将红外辐射能转换成电信号，经放大处理、转换成标准视频信号，通过电视屏或监测器显示红外热像图。而近几年推出的阵列式凝视成像的焦平面热像仪，属新一代的热成像装置，在性能上大大优于光机扫描式热像仪，有逐步取代光机扫描式热像仪的趋势。其关键技术是探测器由单片集成电路组成，被测目标的整个视野都聚焦在上面，并且图像更加清晰，使用更加方便，仪器非常小巧轻便，同时具有自动调焦图像冻结，连续放大，点温、线温、等温和语音注释图像等功能，仪器采用 PC 卡，存储容量可高达 500 幅图像。

（三）红外热像仪在飞机线路中的应用

红外热像仪在飞机上应用，主要是针对飞机线路或机载设备的接触不良、线路负载过大等故障。运行中的带电导体及电接触部位出现故障，在电流的作用下，都会出现热效应，使得故障部位的温度相对于非故障部位和环境都要有所升高。通过红外热像仪对设备的检测，就能够根据温度的变化，来判断设备是否存在故障部位，即故障点的具体部位，并根据温度的相对变化，来判断故障的缺陷类别，制订检修计划。

通过红外诊断技术，对电气设备的早期故障缺陷及绝缘性能做出可靠的预测，使传统电气设备的预防性试验维修提高到预知状态检修。

（四）使用红外热像仪，应注意以下两点

1. 由于在现场操作中一般难以确定目标的辐射率，所以利用红外热像仪测量原理测量出的温度，只能是实际温度的近似值。因此，在使用红外热像仪进行测温时，需了解以下两点：一是在不调整辐射率的情况下，当不同物体具有同一温度时，表面辐射率大的物体，显示的图像较明亮，测出的温度较高；表面辐射率小的物体，显示的图像较暗，测出的温度较低。二是测定温度值均为目标表面温度值。

2. 红外热像仪红外镜头应避免强光照射，要远离强磁场，勿靠近高温热源。

六、线路故障定位仪

无论是军用飞机还是民用飞机，深埋在飞机结构中的、总长度达几百千米的导线、电缆随着机龄的增加，在温度、污染、振动等因素的影响下，必然会出现裂纹、断丝、断路、短路和磨损等故障，因而，对飞机电缆的故障在线检查和故障定位需求是十分紧迫

的。在这样的技术需求下，出现了低压脉冲反射法、高阻冲击闪络法、电桥法以及二次脉冲法等各种电缆故障诊断及定位技术；特别是基于传输线理论的时域反射测量法（TDR）和驻波反射测量法（SWR）日益成熟，并研制开发出相应线路的故障定位仪（见图 4-69）。

时域反射测量法（TDR）是向电缆输送一个短的、一般为矩形的脉冲，电缆的阻抗、端接和长度就使反射信号具有独特的时态特征。此方法能够非常清晰地显示导线的短路点、断点或终点，与手册上的电缆长度相比较即可判定电缆的故障点或终点位置。

驻波反射测量法（SWR）是对导线输送一个正弦波形，一个反射正弦波形便从导线端处返回，两个信号相加在导线上形成驻波。此驻波的峰值和零位给出电缆长度和端接负载的信息，一根完好导线给出的波形跟具有开路或短路导线的波形明显不同。

900AST 是 3M 公司的一款便携式航空线路故障测试定位仪。该仪器能够快速准确地分析、定位线路故障。900AST 包含目前大部分电气测量仪器最为常用的故障测试及定位功能，包括：交流、直流电压测试，负载测试，电容测试，短路故障定位，TDR，信号音发送，等等，完全可替代三用表及兆欧表等仪器。使用三用表可能会损坏机载继电器等设备，而 900AST 仪器具备以上仪器不具备的带电压电阻测试，其本身的微电流和电压不会损坏机载设备。另外，900AST 可测试 0.001Ω 的微电阻，例如，测出接触开关的老化、氧化造成的接触不良，并具有故障定位功能，可在液晶显示屏上显示出故障点距离测试点的距离，精确到米，不需要分段测试。其防爆、防碰撞、背光显示等设计完全符合飞机的维修作业环境。900AST 的使用能快速查找飞机导线的故障点，从而大大缩短飞机的排故时间，节省维修成本。

900AST 采用时域反射测量法（TDR）来实现快速查找飞机导线的故障点的功能，此法通常在已怀疑导线有问题时采用。方法是向电缆输送一个短的、一般为矩形的脉冲，电缆的阻抗、端接和长度就使反射信号具有独特的时态特征。此方法能够非常清晰地显示导线的短路点、断点或终点，与手册上的电缆长度相比较即可判定电缆的故障点或终点位置。

美国 Astronics 公司生产的 WIT（见图 4-70）是一款独立的便携式的测试平台，用于对金属线缆的验证测试和故障检测、隔离以及修复。测试系统包含硬件和软件两部分组成。其主要功能是对线缆的完整性进行测试，包括检测线路的开路、短路、间歇性故障以

图 4-69　线路故障定位仪

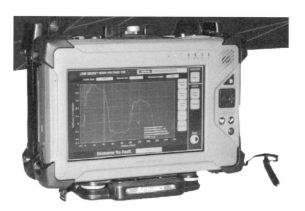

图 4-70　线路完整性测试仪

及线缆绝缘层的破损情况。线缆的完整性测试仪采用最新的扩展频谱时域反射计（SSTDR）技术进行线缆的开路和短路的定位；采用低能量高电压时域反射计（LEHV）技术在无供电的线缆上进行间歇性软故障的检测；采用脉冲捕捉、火花放电时域反射计（PASD）技术在无供电的线缆上进行线缆绝缘层的破损情况的测试。

美国 Astronics 公司的 WIT 采用 SSTDR 技术的开路和短路的定位精度在 5 ~ 100ft 范围是 3% ~ 5%；在 100 ~ 5000ft 范围是 5% ~ 10%。采用低能量高电压时域反射计（LEHV）技术进行检测时，最大开路电压是 5kV DC，最大短路电流是 62μA；进行间歇性测试时，间歇性事件持续时间大于 1ms。

第五章 基本工艺

第一节 导线端头绝缘层的剥除

一、导线的剪切

为了使安装、维护和修理容易，在飞机上规定的区域内穿过的导线和电缆要断开，例如，连接器、接线柱和汇流条。附件连接前，导线和电缆必须切割到规定的长度。

（一）技术要求

1. 导线和电缆的型号、规格应符合装配要求。

2. 绝缘层不应损伤、变质，线芯不应锈蚀、断线。

（二）质量标准

导线和电缆剪切的质量标准是：

1. 所有导线和电缆应按图样和接线图的规定长度切割。

2. 切口应该干净并呈直角，且不应该使导线和电缆变形、损伤。

3. 如有必要，大直径的导线切割后应整形。

二、导线端头的剥皮

导线端头绝缘层的剥除又称导线的剥头。几乎所有的导线都包裹着某种材料的绝缘层，为了进行导线连接，必须除去一部分绝缘层，以露出线芯。导线端头绝缘层的去除是电路施工中最基本的工作内容，以下介绍航空维修中两种常用的导线端头绝缘层剥除方法。

（一）导线端头剥皮长度的确定

导线端头剥皮长度应符合工艺文件的规定，一般根据线芯截面积确定，见表5-1和图5-1。

与接线端子焊接的绝缘导线的绝缘层，应多剥离一段距离，用作检验空隙，见图5-2。除另有规定外，检验空隙的长度见表5-2。

表 5-1 按线芯截面积确定剥皮长度

线芯截面积 /mm^2	< 1	1.1 ~ 2.5
剥皮长度 L_1、L_2/mm	8 ~ 10	10 ~ 14

图 5-1 导线端头剥皮长度

图 5-2　接线端子焊接时的检验空隙

表 5-2　检验空隙的长度

导线规格 /mm²	检验空隙长度 /mm	
	最小	最大
0.2 ~ 0.5	0.75	3.00
0.65 ~ 2.05	1.50	4.50
> 2.5	3.00	6.30

（二）用剥线钳给导线端头剥皮

剥线钳是一种手动操作的导线绝缘层去除工具，操作简单易行。目前常用的剥线钳如图 5-3 和图 5-4 所示，适用于截面积小于 $6mm^2$ 的各种导线。在"常用钳子的使用"一节中，介绍了剥线钳的操作方法，在此不再复述。

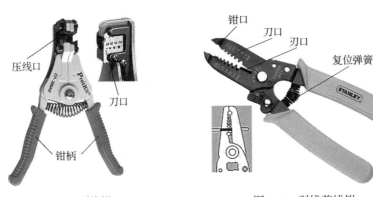

图 5-3　剥线钳　　　　　　　图 5-4　剥线剪线钳

如果无剥线钳，可以使用替代工具，详见"剥线工具"一节。

（三）注意事项

对任何类型导线的剥皮，通常推荐注意下面几方面。

1. 使用任一类型的导线剥皮工具时，应握住导线，且使导线与切割刀口相垂直。

2. 依照剥线钳的使用说明书，仔细地调节剥皮工具，避免划伤、割伤导线线芯或造成其他损坏，这对铝导线和截面较小的铜导线尤为重要。

3. 剪去多余的线头或剥除导线端头的绝缘层时，要防止其崩出掉进飞机里去，万一崩出，一定要找回。

4. 剥皮后，检查剥皮导线是否有损坏，如果线芯划痕或折断的数量超过规定值，应切除端头并重新剥皮（如果导线长度足够时），或报废并更换新导线。

在航空电子设备中，禁止使用有芯线损伤或被切断的多芯绞合线。其他电气设备使用多芯绞合线损伤或被切断的芯线数目，可参考 SJ 2267—1982《军用电子设备机械电气装配通用技术要求》规定，见表 5–3。

表 5–3　多芯绞合导线最大允许损伤和切断数目

多芯绞合导线股数	最大允许的损伤或切断的芯线数目	多芯绞合导线股数	最大允许的损伤或切断的芯线数目
< 7	0	26 ~ 36	4
7 ~ 15	1	37 ~ 40	5
16 ~ 18	2	> 40	6
19 ~ 25	3		

5. 保证绝缘层割齐，没有参差不齐的边缘和残留的绝缘层，不应为除去绝缘层残留物而使线芯弯曲。

6. 保证从剥皮区域完全除掉绝缘层。某些类型的导线在线芯与内绝缘层之间附有一层透明的绝缘层，如果有也应除掉。

7. 当使用钳子除去长于 20mm 的绝缘层时，为便于完成，可分成两次或几次进行。

8. 剥皮后，如果线芯松散，则可用手或钳子重新扭绞。

三、导线端头剥皮后的保护

导线端头剥皮后，为使导线的纤维编织外绝缘层或护套和纤维绕包内的绝缘层不外露和松散，可按照本章第五节第四条"导线的收头"方法，对导线端头进行保护。

四、捻头

多股导线的端头剥皮后，线芯容易散开，应按原来绞合方向捻紧，否则在镀锡时就会散乱，容易造成电气故障。捻头后的线芯应均匀顺直，松紧适宜，不应卷曲或单股线芯越出，不应损伤线芯或使线芯断股。

为了保持导线清洁，使焊锡容易浸润，捻头时，最好不要直接用手触及线芯。可捏紧已剥断而没有剥落的绝缘皮进行绞合，绞合时旋转角一般以 30° ~ 40° 为宜，旋转方向应与原线芯旋转方向一致。绞合完成后，再将绝缘皮剥掉。

五、导线端头剥皮的质量标准

1. 导线线芯没有受伤或切断。

2. 绝缘层切口齐平。

3. 绝缘层切面均匀，不允许撕拉起毛。

六、导线端头剥皮后的检查

（一）良好的剥线

根据导线端头绝缘层剥除的技术要求，好的剥线应如图 5–5 所示。

图 5-5　良好的导线端头剥线

（二）不良的剥线

1. 线芯剪切无序，长短不一，如图 5-6 所示。这会造成导线在焊接或压接时操作不便。

产生的原因：导线剪切时，切口不规则，
　　　　　　剥线前未给端头整形

排除方法：将线芯剪切齐平

图 5-6　线芯剪切无序、切斜

2. 线芯未捻头，如图 5-7 所示。这会造成导线在焊接或压接时操作不便。

图 5-7　线芯未捻头

3. 线芯受伤、切断，如图 5-8 所示。这会造成导线的导电性和机械强度降低。

线芯受伤

产生的原因：放错剥线钳的刃口（刃口过小）
　　　　　　或用刀片切割绝缘层过深

排除方法：切除受伤的线芯，仔细地重新
　　　　　　剥皮

线芯切断

图 5-8　线芯受伤、切断

4. 绝缘层剥斜，如图 5-9 所示。

产生的原因：剥线时，导线与刀口不垂直
排除方法：仔细地重新剥除

图 5-9　绝缘层剥斜

5. 绝缘层被拉毛，如图 5-10 所示。

产生的原因：导线错放在剥线钳过大的刃口
　　　　　　中，或刀片切割绝缘层深度过
　　　　　　浅，强行扯断绝缘层

排除方法：仔细地重新剥除

图 5-10　绝缘层被拉毛

6. 线芯残留绝缘层，如图 5–11 所示。

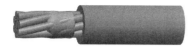

排除方法：仔细地清除绝缘层

图 5–11　线芯残留绝缘层

7. 端头绝缘层损伤（被夹扁、夹伤、破损、开裂），如图 5–12 所示。

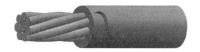

产生的原因：夹线钳夹线夹板连杆过紧或有尖角
排除方法：修理或更换剥线钳，仔细地重新剥线

图 5–12　端头绝缘层损伤

第二节　导线与电连接器的焊接

本节主要介绍导线端头线芯的搪锡以及电气插头（座）的焊接技术，以提高维护维修人员的焊接技能。

一、工具、器材

焊接工作台（见图 5–13，含工作台、换气设备、焊锡丝、台钳、电烙铁及支架、松香、海绵等）、剥线钳、相应规格的导线及普通电缆插头（座）及镊子、吸锡器等辅助工具。

注：电烙铁优先选用自动温控电烙铁。

换气设备
工作台
镊子等辅助工具
电烙铁及烙铁架
焊锡丝
台钳或焊接支架
海绵
松香
人员

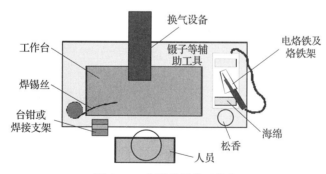

图 5–13　典型的焊接工作台

二、准备工作

1. 清理焊接工作台，准备并清点工具。

2. 清洗并浸湿海绵。

3. 检查电烙铁的状态，保证电烙铁各部件连接可靠，电源线的绝缘层不应破损。

4. 检查电源电压符合要求后，接通电烙铁的电源加热电烙铁，然后用海绵清除烙铁头上的杂质及氧化物。

三、导线与电气插头（座）焊接的一般方法

（一）给电烙铁包锡

加热电烙铁，蘸上松香后用烙铁头刃面接触焊锡丝，给烙铁头上均匀地镀上一层锡（见图 5-14）。

（二）给导线的端头剥皮

用剥线钳剥去导线端头的绝缘层，绝缘层剥除的长度 b 要求与插头（座）接触偶焊孔的深度 a 一致，实际操作时绝缘层剥除的长度 b 一般应稍短于插头（座）接触偶焊孔的深度 a（见图 5-15），以免焊好后线芯外露过多，降低导线强度并造成短路。

图 5-14　给电烙铁包锡

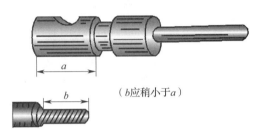

（b 应稍小于 a）

图 5-15　导线端头剥皮长度

对于多股线芯的导线，如剥皮时造成线芯松散，还应进行捻头处理。

（三）给导线端头搪锡

将要搪锡的导线端头在松香酒精焊剂中浸一下（绝缘层端面离开焊剂面约 2mm），用带适量焊锡的烙铁头轻触导线线芯（以防绞合的线芯松开或变形），同时将导线顺着线芯绞合的方向旋转 360°（见图 5-16）。

对于端头剥去绝缘层较长时间（大于 2h）的导线，端头线芯可能已氧化，此时应将线芯散开，用细砂纸彻底擦去表面上的氧化物和脏物（具有镀锡层的铜丝，不必用砂纸擦，清除表面脏物即可）。再按线芯原来扭紧的方向将线芯扭紧，如果线芯上的脏物过多，也可以用小刀轻轻地刮除。清除铜丝表面的氧化物和脏物十分重要，如果清除得不彻底，就会直接影响焊接的质量。

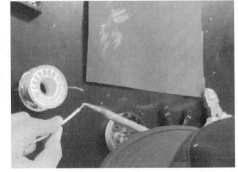

图 5-16　给导线端头搪锡

（四）插头（座）的准备

插头（座）接触偶的焊孔（钎焊筒）内，常留有残余的线芯，焊接前，必须取出来，取线芯的方法是（见图 5-17）：先将焊孔加温，等焊孔内的焊锡熔化后，再用尖嘴钳或镊子将线芯夹出来，如焊孔不清洁，可用小刀刮净。

接触偶准备完毕之后，将插头（座）固定在台钳或专用焊接支架上（见图 5-18），以利于焊接导线。台钳的钳口应垫上铝垫或石棉布，以免夹伤插头（座）。

图 5-17　取残留线芯的方法

图 5-18　将插头（座）固定在台钳上

对于直径超过 8mm 的接触偶，应将其从插头（座）内的组件上取下，然后固定在有石棉布的台钳或其他夹具上进行焊接（见图 5-19）。

（五）给接触偶焊孔灌锡

灌锡前，滴 2 ~ 3 滴助焊剂到接触偶的焊孔内。然后，用电烙铁头加热焊孔，并向焊孔内送入焊锡丝，直至将焊孔灌满为止。

（六）焊接导线

导线与接触偶的连接，通常采用"插焊连接"法。插焊连接时，先用烙铁头加热接触偶的焊孔，待焊孔内的焊锡熔化成液态之后，迅速将导线端头的线芯顺直地插入焊孔内并插到位（插到底）（见图 5-20），确保导线绝缘层与接触偶焊孔端面的间隙不超过 1mm（见图 5-21 和图 5-22）。然后，迅速撤开电烙铁。当焊孔内的焊锡完全凝固后，导线与接触偶就焊接好了（见图 5-23）。

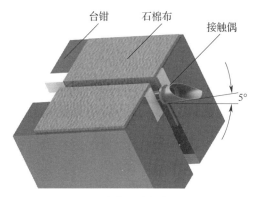

图 5-19　大直径接触偶的固定

图 5-20　将线芯顺直地在焊孔内插到底

为避免电烙铁在加热接触偶的焊孔时，其热量影响固定接触偶的塑料件，可采用"一手两用"法进行操作，即用左手大拇指和食指拿导线，食指和中指拿焊锡丝，当右手中的电烙铁把接触偶的焊孔加热后，用左手把导线端头插进焊孔的同时，把焊锡丝放在焊孔处进行熔化（见图 5-24），待熔化的焊料将要灌满管孔时，移开焊锡丝和烙铁；待焊料完全凝固之后，再松开拿导线的手。

若导线直径大于接触偶焊孔的内径，则按照需要剪修线芯，方法有两种：一种方法是将导线的线芯斜向剪去 1/4，见图 5-21（a）；另一种方法是剪去线芯总丝数的 1/4，见图 5-21（b）。

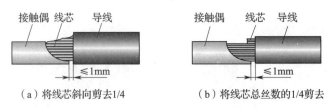

（a）将线芯斜向剪去1/4　　　　　　（b）将线芯总丝数的1/4剪去

图 5-21　直径大于接触偶焊孔的导线的剪修

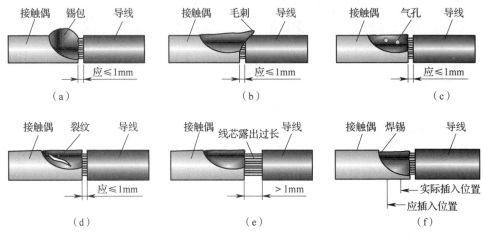

图 5-22　导线与接触偶的焊接缺陷

图 5-23　焊接好的导线与接触偶　　　　　图 5-24　"一手两用"法

（七）清除助焊剂残渣

用毛刷浸蘸无水酒精，逐一刷洗接触偶的焊接表面，清除助焊剂残渣。

四、收尾工作

导线焊接好以后，先断开电烙铁的电源，再清除焊接处的脏物，检查导线有无焊错，有无碰搭，然后把每根导线上的聚氯乙烯套管套好，将插头（座）装配好，最后清点器材和工具，整理工作台。

五、注意事项

1. 导线与接触偶焊接时，导线应伸入焊孔内，导线的绝缘层应靠近插钉末端，焊接完必须在被焊处套上绝缘套（塑料管、黄蜡管、热缩套管）或包上绝缘胶带。

2. 在焊接过程中，焊孔的焊锡未凝固前，绝对禁止移动和碰触导线，以免线芯与接触偶结合不牢（产生虚焊）或造成焊接面不光滑，影响焊接质量。

3. 导线端头上要焊接线片时，先要把接线片的焊接处擦干净，涂上焊剂，再将接线片包在线芯上，然后进行焊接，焊接时，导线应斜立着，以便焊锡能顺利地渗入焊缝中。

4. 焊接时要注意，不能在飞机油箱附进行焊接，在焊接场地也不得有易燃易爆气体，以免引起火灾。

六、质量标准

1. 焊接表面应光亮、平滑，无裂纹、气孔、毛刺和锡包，以及线芯末插到位等缺陷，如图 5-22 所示。

2. 应保证线芯尽可能进入接线端子或插头接触偶的焊孔内，并要到位。

3. 除有规定者外，导线绝缘层与钎焊筒的端面间隙均应不大于 1mm。

4. 焊接后，导线绝缘层不应被烧焦，灼黄宽度不大于 3mm。

5. 手拉时，导线不应有被拉脱的现象。

第三节　导线与电连接器的压接

一、概述

航空电气、电子设备连接电缆的电连接器（插头、插座）与导线的连接，原采用焊接连接的，正逐步被压接方式的连接技术所取代。

压接方式的连接技术就是先除去导线端头的绝缘层，然后插入插头、插座接触偶（插针、插孔）的压接筒内，用压接工具给压接筒加压进行连接，使金属铜发生塑性变形而形成金属组织一体化的结合，达到电气和机械连接的性能。

二、工艺特点

（一）优点

1. 解决航空用小型电连接器高密度孔组的焊接困难。

2. 接触偶（插针和插孔）可单独从电连接器中取出和送入，给装配和维护带来方便。

3. 不会因使用中焊料腐蚀而增加接触电阻。

4. 耐高温和低温性能好。

5. 连接的机械强度高。

6. 连接质量一致性好，可靠性高。

7. 没有焊接的热损伤。

8. 对装配场所的环境没有安全与环境保护的特殊要求。

（二）缺点

1. 导线规格必须与压接筒适配，以保证压接电阻和压接强度。使用的工具也必须与压接筒适配。

2. 每一个接触偶只能压接一次，不能重复使用。

3. 压接工具必须用配套的工具和量具定期校正。

4. 手动压接工具压接有一定的劳动强度。

三、工艺比较

压接与焊接工艺比较，见表5-4所示。

表5-4　压接与焊接工艺比较

序号	比较项目	焊接	压接
1	对工具、设备、材料的要求	需要焊锡、焊剂、电烙铁、焊接设备、清洗设备、清洗剂、三防涂料等	需要压接端子及专用的压接工具或设备
2	对操作者的要求	需要做技术培训，比较容易掌握	需要做技术培训，很容易掌握
3	对操作环境的要求	使用焊剂、清洗剂需要防火，排除烟雾等安全与环境保护设施	无特殊要求
4	工时消耗	焊接工时少，加上清洗和三防涂覆工时就消耗多	消耗工时少
5	高温性能	高温性能很差，在高于90℃环境下，机械强度很低，不适合高温环境	高温性能优良，能在<650℃高温环境下正常工作
6	低电阻、低电压、大电流特性	优	优
7	抗拉强度等综合机械性能	优	优
8	可检验性	检查较困难，主观因素较多	检验容易

四、压接的准备工作

（一）材料的选择

接触体为压接形式的电连接器的特点是：接触体装卸方便，无污染，操作方便，便于维修和更换，可靠性高。

导线压接具体操作步骤如下。

1. 根据选用的电连接器适用的接触体规格按表5-5 ~ 表5-7的要求选择相应规格的不同颜色的导线，或者对每根导线进行编号。

2. 线按需要的长度进行剪切，要有一定的余量，同时保证不使绝缘层或者线芯变形，线芯变形会使导线不易插入到接触体的尾套筒中，绝缘层变形会影响电连接器的防潮密封性。

3. 剥导线

（1）导线在压接前，每根导线压接端必须取出一段绝缘层。

（2）导线剥皮要用专用的剥线工具，根据具体情况，选用适当形式的工具。

（3）将端接导线按接触体代号依据表5-5 ~ 表5-7规定尺寸进行绝缘皮剥除。

表 5-5　ZH8525、ZH83723、ZH23 系列接触体端接导线规格

接触体代号	接触体插配直径 /mm	美标线规（AWG）	端接导线截面积 /mm²	A	B
20	Φ1.0	20、22、24	0.5、0.3、0.2	3.8	1.02 ~ 2.11
16	Φ1.6	16、18、20	1.2、1.0、0.5	6.0	1.65 ~ 2.77
12	Φ2.4	12、14	3.0 、2.0	6.0	2.46 ~ 3.61

表 5-6　JY27、J599 系列接触体端接导线规格

接触体代号	接触体插配直径 /mm	美标线规（AWG）	端接导线截面积 /mm²	A	B
20D	Φ0.76	22、24、26、28	1.3、0.125、0.2、0.08	3.5	0.76 ~ 1.37
20	Φ1.0	20、22、24	0.5、0.3、0.2	5.3	1.02 ~ 2.11
16	Φ1.6	16、18、20	1.2、1.0、0.5	5.3	1.65 ~ 2.77
12	Φ2.4	12、14	2.0、3.0	5.3	2.46 ~ 3.61

表 5-7　XKE 系列接触体端接导线规格

接触体插配直径 /mm	端接国产导线标横截面积 /mm²	美标线规（AWG）	A/mm
Φ1.0	0.15 ~ 0.5	24、22、20	6.3
Φ1.5	0.5 ~ 1.5	20、18、16	6.8
Φ2.0	1.5 ~ 2.5	14、12	6.8
Φ3.0	3.0 ~ 6.0	12、10	6.8

（4）导线剥皮以后，应有一定长度完好无损的导体伸出绝缘层外（导体不允许有断丝或压伤，以免影响压接强度），为压线做好准备。

（二）工作要求

1. 导线的压接是用专用的压接钳来完成的。它是借助控制压力和金属位移，使接触体和导线实现可靠连接。

2. 应严格按规定进行操作，防止过压和欠压的故障发生。过压会造成接触体端接处的金属碎裂和线芯断裂，欠压会造成接触体与导线接触端接触体有空隙，降低导电性能和端接水平。压窝深度对压接头的抗拉强度和导电性能有直接的影响。

3. 导线与接触体要匹配，即导线号、接触体的规格对应选择正确，然后按压接钳的使用说明调整好位置，方可进行压接。

4. 若导线与接触体匹配不当，就会造成导线与接触体尾孔之间的间隙过大或过小。间隙过小，接触体端部在压接后会发生裂纹，压伤导线；间隙过大，则导线与接触体端部变形过小，导线容易从端接孔中拉脱，影响压接强度。

（三）注意事项

1. 使用中不能将压接型插针、插孔 T 形焊接。

2. 压接时，应注意区分插针、插孔的压接筒，压接筒上有三条色带和一个观察孔，

特别是插孔，有时误将接触端作为压接筒进行压接。

3. 插针、插孔按孔位排列图规定的位置进行装配，当送入工具接触封线体时，应小心和缓慢进入封线体，以防对封线体造成损伤。应注意插针、插孔是否到位并锁紧在插头、插座中。

4. 后附件的电缆夹应确保已将电缆束夹紧，如果电缆束细，可加毛毡等物包裹，以便将电缆夹紧，电缆夹的螺钉拧紧后须打保险。

五、压接工作的实施

（一）定位器的安装

1. 安装轴向定位器

把轴向定位器用六方扳手安装在压接钳上，如图 5-25 所示。

2. 轴向定位器的使用

轴向定位器的旋钮上安装着适用于不同接触件规格的定位芯，旋钮是偏心安装，通过旋转可以使所需接触件规格的定位芯处于中心位置。

（1）调整旋钮（若旋钮没伸出，按动旋钮，听到"啪"的一声，旋钮被弹出），把所需接触件规格的定位器转至标示位置（见图 5-26）。

图 5-25 把轴向定位器安装在压接钳上

图 5-26 定位器转至标示位置

（2）向下按下按钮，听到"啪"的一声，此时按钮压下，轴向固定完毕（见图 5-27）。

3. 径向定位的选择

径向定位器是通过调节选择器完成的，在选择器上有八个不同的刻度分别适合不同导线的压接（见图 5-28）。

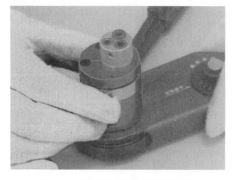

图 5-27 手动按钮进行轴向固定

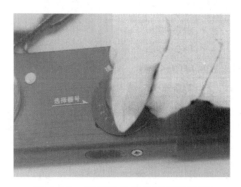

图 5-28 拉起转盘旋转至指定位置

（1）根据所压接的接触件的规格通过表5-8确定径向选择号码数。

（2）拉起转盘旋转至指定位置，放下时转盘上的凹槽与钳体上的销子正对，径向调节完毕（见图5-29）。

表 5-8　径向选择器挡位选择

针孔规格	20 #			16 #			12 #	
压接筒外径 /mm	1.78			2.62			3.84	
压接筒内径 /mm	1.17			1.68			2.49	
径向选择器挡位	8			6			4	3
适配导线（AWG）	24	22	20	21	18	16	14	12
压接接触电阻 /mΩ	1.0	0.8	0.7	0.7	0.5	0.4	0.3	0.2
压接强度 /N	30	49	74	74	74	206	314	471

图 5-29　凹槽与钳体上的销子对正

（二）压接操作步骤

1. 准备压接件：按照表5-8所对应的接触体规格适配导线，将剥好的线芯塞入接触件的压接筒内，线芯应超过压接筒上的观察孔，如图5-30和图5-31所示。

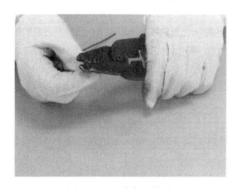

图 5-30　剥除绝缘皮

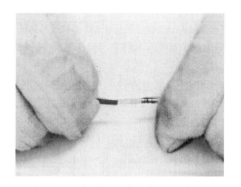

图 5-31　将剥好的线芯塞入压接筒内

2. 压接：将压接件塞入钳孔的孔位内，使接触件端部接触定位孔底，握压手柄至死位置，松开手柄，取出被压件（见图5-32）。

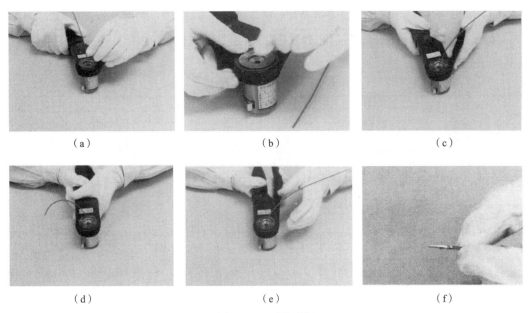

| （a） | （b） | （c） |

| （d） | （e） | （f） |

图 5-32　压接过程

注意：压接到位后钳柄自动弹开，切勿施加外力，以免损伤钳体。

六、特殊接触体的压接

（一）概述

针对 8# 双绞屏蔽和同轴接触体的特殊性，特编制压接装配说明。

8# 双绞接触体的装配说明

插针：J1216/90-529；插孔：J1216-530。所需压接工具见表 5-9。

表 5-9　8# 双绞接触体所需压接工具

中心接触体		中间接触体		外层接触体	
压接钳	定位器	压接钳	定位器	压接钳	压接钳
YJQ-1B	DWQ-03	YJQ-1C	DWQ-01	YJQ-1C	DWQ-01

所用电缆牌号：SEFF-78-1-51。针接触体装配示意图如图 5-33、图 5-34 所示。

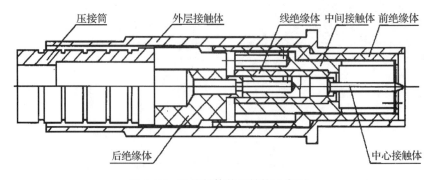

图 5-33　针接触体装配结构示意图

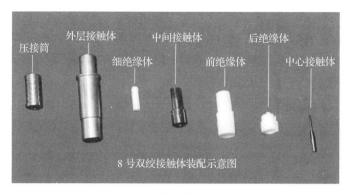

图 5-34　针接触体装配示意图

（二）实施步骤

第一步：将密封管（或热缩套管）和压接筒套在电缆上，按图 5-35 尺寸剥电缆绝缘皮并露出屏蔽层，过程见图 5-36。

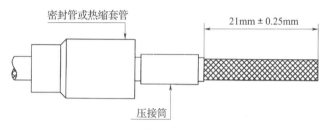

图 5-35　电缆绝缘皮的剥除尺寸

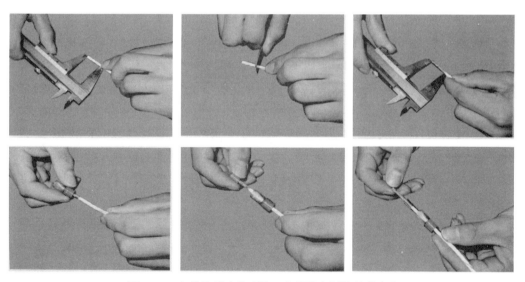

图 5-36　电缆绝缘皮的剥除、密封管和压接筒的安装

第二步：按图 5-37 尺寸剥电缆屏蔽层，并露出两根导线，将屏蔽层向后翻折。过程见图 5-38。

第三步：剪掉两根填充线到屏蔽层，按要求尺寸剥导线并跨出中心接触体，如图 5-39、图 5-40 所示。

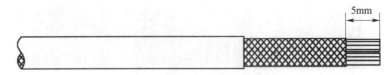

图 5-37　电缆屏蔽层的剥除尺寸

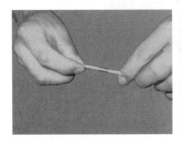  

图 5-38　电缆屏蔽层的剥除

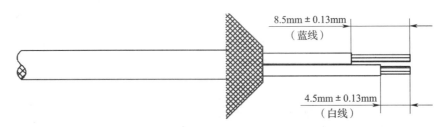

图 5-39　填充线绝缘层的剥除尺寸

 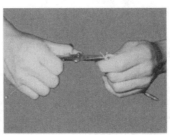 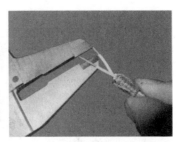

图 5-40　填充线绝缘层的剥除

　　第四步：将白色导线向外弯曲，把蓝色导线穿过绝缘体中心，使后绝缘体与中心绝缘体外皮接触上，如图 5-41、图 5-42 所示。

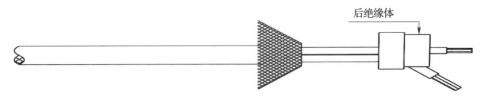

图 5-41　后绝缘体与中心绝缘体结构示意图

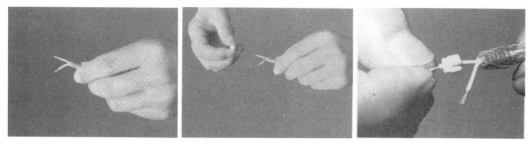

图 5-42　后绝缘体与中心绝缘体的安装

第五步：将中心接触体套在蓝色导线上，确保在接触体的观察孔中可以看到蓝色导线，并使中心接触体和绝缘体接触上，用压接钳 YJQ-1B 配定位器 DWQ-03，压接中心接触体，压接钳要求悬在位置 5，将细绝缘体套在中心接触体上，如图 5-43、图 5-44所示。

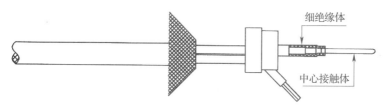

图 5-43　中心绝缘体结构示意图

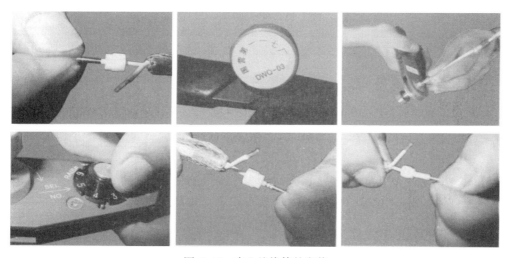

图 5-44　中心绝缘体的安装

第六步：把中间接触体套在细绝缘体上，把白色导线穿过中间接触体侧面的小孔内，确保在观察孔内可以看见白色导线，中间接触体要求与后绝缘体接触上，用压接钳 YJQ-1C，定位器 DWQ-01，压接中心接触体，定位器位置选在 B 确保定位器不要走偏，再将前绝缘体套在中间接触体上，如图 5-45、图 5-46 所示。

第七步：将外层接触体套在装好的组件上，剪去屏蔽层多余的部分使压接筒与后绝缘体接触上，用压接钳 YJQ-1C，配定位器 DWQ-01 压接压接筒，定位器的位置选在 A，确保定位器不要走偏，如图 5-47、图 5-48 所示。

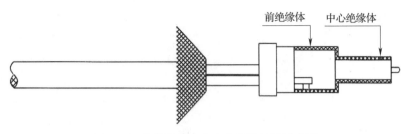

图 5-45　前绝缘体和中心绝缘体结构示意图

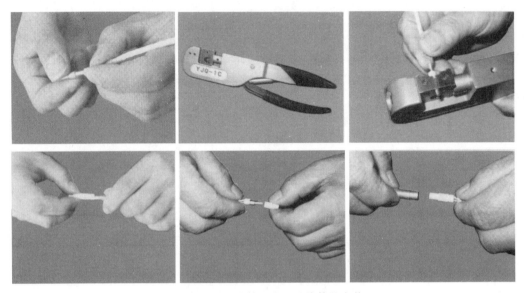

图 5-46　前绝缘体和中心绝缘体的安装

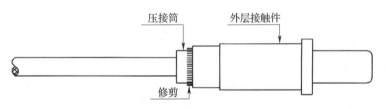

图 5-47　压接筒与外层接触件结构示意图

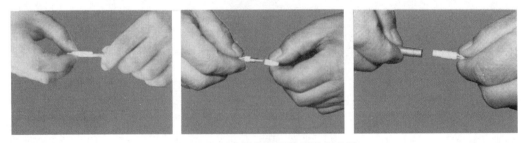

图 5-48　压接筒与外层接触件的安装

　　第八步：将密封管套在压接筒上，使密封管顶到外层接触体的肩部，如使用热缩套管，应将热缩套管顶到外层接触体的肩部，用热缩枪热缩到压接筒和电缆上，如图 5-49、图 5-50 所示。

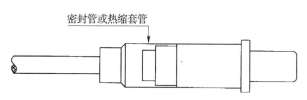

图 5-49　密封管结构示意图

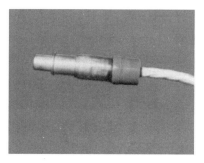

图 5-50　密封管热缩方法

（三）收尾工作

压接工作完成后，要进行检查，具体的检查内容见表 5-10。

表 5-10　压接检查内容

检验项目	技术要求		检验方法	检验对象	检验规则
外观检查	导线线芯应完整，并全部插入压接筒内，从观察孔能目测到线芯		目视检查	压接件	100%
压接筒与导线匹配检查	插针、插孔直径，压接筒内径，与导线线芯标称截面三者应匹配，并符合有关专用技术文件的规定		目视检查	压接件	100%
压接裂纹检查	压接筒不应有因压接产生的裂纹和击穿		5 倍放大镜	压接件	100%
压痕轴向位置和线芯裸露度检查	见表 5-11		卡尺	压接件	100%
压接变形检查	插孔、插针直径 /mm	压接筒压接后外径允许增大值 /mm	量规精度不低于 0.02mm	试验用压接件	每种 3 件
	<1.5	<0.05			
	>1.5	<0.15			
压接电阻检查	插针、插孔压接筒与铜芯导线的压接电阻应符合规定值		伏安法或微欧计测量 A、B 两点间电阻，检查标准见表 5-11	试验用压接件见图 5-51	
压接强度检查	插针、插孔压接筒与导线的压接强度应符合规定值		用误差不大于 2N 的拉力机，以（25±5）mm/min 的速度施加拉力进行拉伸，直至插针与导线分离，见图 5-52。检查标准见表 5-12		

表 5-11 接触偶压坑尺寸

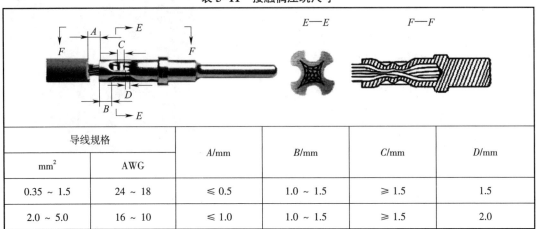

导线规格		A/mm	B/mm	C/mm	D/mm
mm²	AWG				
0.35 ~ 1.5	24 ~ 18	≤ 0.5	1.0 ~ 1.5	≥ 1.5	1.5
2.0 ~ 5.0	16 ~ 10	≤ 1.0	1.0 ~ 1.5	≥ 1.5	2.0

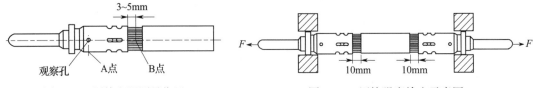

图 5-51 压接电阻测量位置　　　　　图 5-52 压接强度检查示意图

表 5-12 压接检查标准

线芯标称截面积 / mm²	压接强度 / (≥ N)		压接电阻 / (≤ μΩ)	
	镀银或镀锡导线	镀镍导线	镀银或镀锡导线	镀镍导线
0.2	30	26	1500	6000
0.3	49	42	1000	4000
0.5	74	63	700	2800
0.8	123	105	600	2400
1.0	167	130	500	2000
1.2	206	162	420	1890
1.5	245	190	350	1575
2.0	314	240	300	1350
2.5	412	315	250	1125
3.0	471	365	200	900
4.0	569	440	180	810
5.0	667	510	150	675
6.0	735	560	120	540

七、常见故障及解决方案

压接型电连接器品种规格多、适用范围广，技术指标要求高，掌握其失效模式及解决办法可以提高连接器在具体使用过程中的可靠性。常见故障、失效模式及解决方案见表5-13。

表5-13 常见故障、失效模式及解决方案

序号	故障问题或失效模式	排除方法
1	互换性差或不能互换	1. 按照相关规范的互配尺寸检查连接器的接口尺寸。 2. 检查键与键槽的变换角是否一致
2	插头和插座配不上	1. 型号不对。 2. 键位不匹配。 遇此故障不能情形插配，应检查孔位排列和键位是否正确，完成正确的插配
3	插针、插孔缩回（即插针、插孔缩回连接器内）	将接触件取出重新装入后，用手拉导线，如不被拉出则证明上次没装到位；否则更换产品或找供应商解决
4	连接器连接扭矩大或无法连接	1. 如是接触件插入力大，更换接触件。 2. 如是连接问题，更换产品
5	压接的后拉脱力不合格或导线从压窝中脱出	1. 检查导线与接触件，接触件与压接钳是否匹配，导线剥线是否出现断线，压接钳挡位选择是否正确，压接钳是否合格。 2. 均无上述问题，请供货商解决
6	短路或绝缘电阻较低	检查装针的插合界面是否洁净，有无多余物和水，检查其他与之联系的电路有无问题，否则更换产品
7	连接后接触不良	1. 检查插头与插座是否连接到位。 2. 分离插头和插座检查是否有缩针或插孔缩回现象 3. 拉连接器尾部的每一根导线，检查导线压接是否可靠。 4. 均无上述问题请更换接触件
8	插针或插孔不能卸除	1. 检查是否用装入工具取卸。 2. 检查取卸工具的取卸部分是否损坏。 3. 检查取卸工具与产品是否匹配。 如上述检查均无问题或取卸工具无法插入，请更换产品或找供应商维修
9	插针、插孔装不到位	1. 检查绝缘体孔腔内是否胶多，清除多余的胶或返厂处理。 2. 检查定位爪是否装反，封严体孔与绝缘体组件是否孔不对位，返厂检查处理
10	插针、插孔卡不住	1. 检查是否未送到位，继续用送入工具送入。 2. 检查定位爪舌片是否断裂，返厂处理。 3. 检查定位爪是否弯曲，返厂处理。 4. 检查是否漏装定位爪，返厂处理。 5. 更换连接器
11	后附件拧不到位	检查后附件或插头，插座的螺纹是否不合格，将不合格的后附件或插头、插座返厂处理
12	接触电阻变大	弹性接触件变形，更换接触件

表 5-13（续）

序号	故障问题或失效模式	排除方法
13	电路时断时续	1. 插针、插孔之间有污物。用酒精清洗后，用热风吹干。 2. 插针、插孔相互接触膜层电阻超过规定值。反复插拔数次，破坏氧化膜层达到要求。 3. 插拔过程中，插孔因受外力产生永久变形，更换接触体。 4. 接触元件弹力变小。修理或更换元件。 5. 接触体未送到位，产生"缩针""缩孔"现象。重新用取送工具送入，并用工具检测到位情况
14	绝缘性不好	1. 绝缘体受潮。 2. 绝缘表面有污物，用酒精清洗后，用热风吹干
15	接触体取送不顺畅	1. 绝缘体与封线体的孔内有胶。 2. 卡爪有问题。 3. 封线体与绝缘体黏结不同心。 多取送几次，将胶粒从孔腔中带出或更换连接器
16	导线折断	1. 包扎导线时未理顺，个别导线受力过大。 2. 导线制备时，未考虑各导线之间随机位置上的差异留有余量。 3. 剥导线时损伤了线芯。 用新的接触体重新压接并理顺导线束
17	接触件窜动量过大	定位爪损伤，更换连接器

第四节　插头、插座的分解与组装

一、概述

目前，国内飞机电缆制作中所采用的电气插头座的种类和型号繁多，但其内部结构却是大同小异的。本节主要以国产 P 型插头、插座（见图 5-53）为对象，详细叙述插头、插座分解与组装的操作方法，以使机务人员熟练掌握航空电缆插头、插座分解与组装的方法、标准与要求。

二、插头、插座分解工作的实施

（一）插头的分解与组装

1. 插头的分解

按照以下操作步骤，分解插头组件（见图 5-54）。

（1）用一字解刀，拧下压线螺母上固定尾夹的两个螺钉，取下尾夹。

（2）从插头保护罩上，拧下压线螺母。

（3）拧下保护罩的两个结合螺钉，取下保护罩。

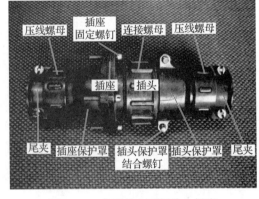

图 5-53　典型的 P 型插头、插座

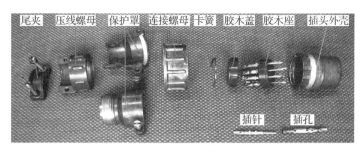

图 5-54　插头的分解视图

（4）从连接螺母前端，抽出插头外壳。

（5）使用解刀，从插头外壳后端的缺口处顶压防退卡簧，使其脱离外壳内的卡簧槽（见图 5-55），然后将卡簧取出。

（6）用手指从插头外壳中顶出胶木座和胶木盖（见图 5-56）。

注意：胶木座与胶木盖的定位槽对正且靠紧时，插针焊筒的开口方向应面向定位槽。

图 5-55　卡簧的拆卸方法

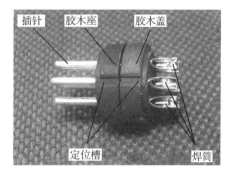

图 5-56　胶木座和胶木盖

（7）顺着插针的方向，从胶木盖上取下胶木座，然后倒出插针。

以上，即完成插头组件的分解操作。

2. 插头的组装

组装插头组件的步骤与分解步骤相反。

（1）将插针的焊筒从胶木盖的前端插入胶木盖上的孔穴中，焊筒的开口方向应朝向胶木盖的定位槽。

（2）将胶木座的定位槽对正胶木盖的定位槽，然后顺着插针安装到紧靠胶木盖的状态（见图 5-56）。

（3）将组装好的插针、胶木座和胶木盖，从插头外壳的后端插入插头外壳。插入时，定位槽应与插头外壳后端的缺口（或外壳内的定位卡销）对正。

（4）在插头外壳的后端，安装卡簧，使其完全卡入外壳内的卡簧槽。

（5）将插头外壳带有焊筒的一端从连接螺母前侧插入连接螺母。

（6）将保护罩卡在插头外壳上的安装槽上（见图 5-57），

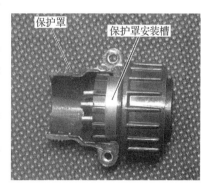

图 5-57　保护罩的安装

然后上紧保护罩的两个结合螺钉。

（7）将压线螺母拧紧在保护罩尾部的螺纹上，直至拧不动为止。

（8）用两个螺钉，将尾夹固定在压线螺母的托架上。

（二）插座的分解与组装

1. 插座的分解

按照以下操作步骤，分解插座组件（见图5-58）：

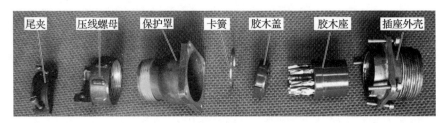

图5-58　插座的分解视图

（1）用一字解刀，拧下压线螺母上固定尾夹的两个螺钉，取下尾夹。

（2）从插座保护罩上，拧下压线螺母。

（3）拧下插座外壳的四个固定螺钉，取下保护罩。

（4）使用解刀，从插座外壳后端的缺口处顶压防退卡簧，使其脱离外壳内的卡簧槽，然后将卡簧取出。

（5）用手指从插座外壳中顶出胶木座和胶木盖（见图5-59）。

注意：胶木座与胶木盖的定位槽对正且靠紧时，插孔焊筒的开口方向应面向定位槽。

（6）顺着插孔的方向，从胶木盖上取下胶木座，然后倒出插孔。

以上，即完成插座组件的分解操作。

2. 插座的组装

组装插座组件的步骤与分解步骤相反。

（1）将插孔的焊筒从胶木盖的前端插入胶木盖上的孔穴中，焊筒的开口方向应朝向胶木盖的定位槽。

（2）将胶木座的定位槽对正胶木盖的定位槽，然后顺着插孔安装到紧靠胶木盖的状态（见图5-59）。

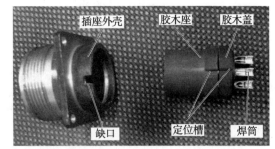

图5-59　插座外壳与胶木座、胶木盖

（3）将组装好的插针、胶木座和胶木盖，从插座外壳的后端插入插座外壳。插入时，定位槽应与插座外壳后端的缺口（或外壳内的定位卡销）对正。

（4）在插座外壳的后端，安装卡簧，使其完全卡入外壳内的卡簧槽。

（5）将插头外壳带有焊筒的一端从连接螺母前侧插入连接螺母。

（6）用四个螺钉，将保护罩固定到插座外壳上。螺钉的安装方向是：从插座前端向尾端穿。

（7）将压线螺母拧紧在保护罩尾部的螺纹上，直至拧不动为止。

（8）用两个螺钉，将尾夹固定在压线螺母的托架上。

三、收尾工作

（一）质量检验

1. 有导线时：插头、插座分解后，应检查插针或插孔根部的聚氯乙烯管应完整，用镊子将其后移，察看导线焊接应牢靠、无脱焊、假焊、折断和断丝。如果每根导线上断丝不超过两根时，可在断丝处焊好，超过两根者，要将导线剪断重新焊接。检查完后，用聚氯乙烯套管把插钉或插孔根部套好，以免导线互相短接。

2. 检查胶木座、胶木盖应无破裂，应清洁、干燥；其上的定位槽应完整，密封胶圈应无变质和裂纹。

3. 检查插针或插孔应清洁，无变形，插孔弹力应足够。如果插孔太大，可将插孔夹小些。

4. 检查止退卡簧应坚硬而有张力，无变形、变软，否则应更换。

（二）注意事项

1. 分解操作时，应保存好插头座上拆卸下来的零、附件，不得遗失、混淆。

2. 装胶木座时，应将胶木座上的定位槽对准外壳上的缺口或定位卡销。

3. 插头装配好后，应握紧插头，再用力推胶木座，看胶木座是否后退。如不后退，说明装配良好。

4. 对于连有导线的插头、插座：

（1）插销装配前，应查看每根导线的聚氯乙烯套上的标号，是否与胶木座上的标号相符合，切勿将导线装错。

（2）为了增强插销接头根部导线的强度，将导线整理平直，长短取齐后，要用聚氯乙烯带将导线束包扎起来。包扎时，要从根部开始，缠一段后，再往回缠几圈，然后用捆扎线扎紧，最后还要在捆扎线上涂上清漆，以防松散。

5. 在连接插头与插座时，应先将插头的定位槽对准插座的定位销，再将插针平直地插在插孔上。然后一面按压，一面用手顺时针拧紧连接螺母，直到用手拧不动时，再用电插头钳或卡带扳手拧紧（注意，不要使用鱼口钳、鹰嘴钳或大力钳，因其钳齿较深，易损坏连接螺母），打好保险丝。

6. 在连接插销时，还应注意不得握住插销根部，以免电缆内的导线因受力过大而折断，也不能握住插销用力摇晃，以免将插孔扩大，影响插孔与插针的接触。

第五节　包扎与整理

一、导线束的捆扎

为防止用电设备电缆紊乱，尽可能少占用有限的机体空间，避免影响其他机件的工作，通常将几束电缆捆扎在一起。飞机上，常用的捆扎方法有绑线捆扎、尼龙扎带捆扎两种。

（一）绑线捆扎

1. 常用捆扎材料的选用

我国飞机上，绑线捆扎方法有辫子结、手术结和直角结三种。根据导线束捆扎部位不同，应选用不同的捆扎材料，见表5-14。

表 5-14　导线束绑线捆扎常用材料及适用部位

捆扎材料	规　格	适用部位	捆扎方法
浸蜡苎麻线		导线束主、支干线	辫子结（直角结）
黑色棉线	00#、0#、10#	梳形分叉 屏蔽导线抽头	手术结 辫子结（直角结）
草绿色棉丝线		屏蔽翻边	辫子结（直角结）
白色棉丝线		导线束主、支干线	辫子结（直角结）

2. 辫子结捆扎方法

辫子结捆扎步骤见图5-60。

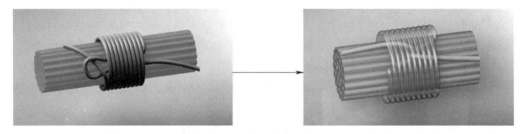

图 5-60　辫子结捆扎方法

首先，弯折线头作为抽头，手按线套，然后将绑线向线套方向一圈挨一圈地缠绕，缠绕的宽度见表5-15；满足捆扎宽度要求后，将绑线穿入原来留出的线套内并用手拉紧，另一手则抽紧线套，将绑线头拉进绑线内，剪去两头余留的线头；最后在绑线上涂以清漆，防止扎线松散。

3. 手术结捆扎方法

手术结捆扎步骤见图5-61。

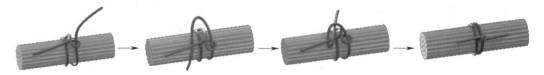

图 5-61　手术结捆扎方法

4. 直角结捆扎方法

直角结，又称平结或方结，其捆扎步骤见图5-62，主要用于导线整理时打点结。

（1）将绑线环绕导线束，先打一个"8"字活结。结要打紧，结束中的导线要相互平行。

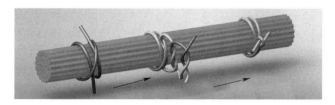

图 5-62 直角结捆扎方法

（2）在"8"字活结上，再打一个方结或一个手术结。检查线束中的导线无互相交错，导线的绝缘层没有变形，否则会对导线造成损害。

（3）剪断绑线的自由端。

5. 导线束及导线的捆扎宽度和捆扎间距

导线束及导线的捆扎宽度和捆扎间距见表 5-15。

表 5-15 绑线捆扎宽度和间距 mm

捆扎部位	扎结	导线束外径	绑线宽度 b	扎结间距 L	图例
主干、支干线和分叉处线束	辫子结	≤ 10	5 ~ 10	200	
		≤ 20	10 ~ 15	200	
		≤ 30	10 ~ 20	150 ~ 200	
		≤ 45	20 ~ 45	150 ~ 200	
		≤ 100	20 ~ 45	150 ~ 200	
梳形分叉线束	手术结	≤ 10	2 ~ 3	10 ~ 15	
		≤ 20	3		
		≤ 30	3		

6. 绑线捆扎的技术要求

（1）在导线束捆扎结内的导线/电缆必须平行，如图 5-63 所示，不能出现交叉现象，否则会造成导线/电缆的损伤。

（2）尽量把线束和线结捆扎紧。捆扎聚氯乙烯被覆导线时，用力不宜太大，否则绑线会嵌入被覆层并损坏导线；与此相反，捆扎聚四氟乙烯被覆导线时，则必须用力扎紧，否则容易松散。

（3）必须注意防止斜捆扎或椭圆捆扎，否则即使开始时扎紧，在导线束活动中绑线仍容易松散。

（4）除浸蜡苎麻线外，捆扎后线结上涂Q98-1 硝基胶液，以防绑扎线松散。

（5）导线束捆扎结的位置在导线束装配时应朝向机架、底板和面板，使装配后从正上方看不见绳结。

（6）捆扎结不允许系在被修理的导线或电缆绝缘层位置，但是捆扎扣可以捆在拼接

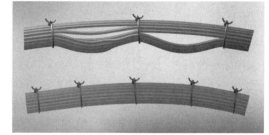

图 5-63 导线束捆扎结的安装

管上部。

（7）在包扎固定时，采用辫子结；在导线束捆扎整理时，采用手术结或直角结（见图 5-62）。

7. 民航采用的绑线捆扎方法（仅供参考）

（1）增压区域导线束捆扎方法

在增压区域的导线束，可以使用直角结捆扎方法，如图 5-64 所示；也可以使用平结捆扎方法，如图 5-65 所示。这两种方法只适用于增压区域。

图 5-64 直角结捆扎方法

图 5-65 平结捆扎方法

（2）高振动区域导线束捆扎方法

在高振动区域的导线束必须使用防滑直角结捆扎方法，如图 5-66 所示；或防滑平结捆扎方法，如图 5-67 所示。这两种方法适用于飞机的所有区域。防滑结里的导线最多可以取导线束根数的 1/3，最少取 1 根，导线束防滑捆扎扣里的导线 / 电缆必须平行，不能出现交叉现象。导线束捆扎扣必须绷紧，导线 / 电缆的外层绝缘不能出现变形现象。

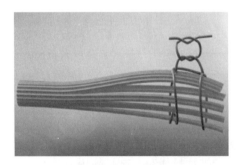

图 5-66 防滑直角结捆扎方法

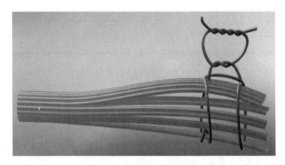

图 5-67 防滑平结捆扎方法

8. 连续绑扎

以上介绍的绑线捆扎方法为点结绑扎方法。在导线束的捆扎时，还可采用一种连续绑扎方法（分单线绑扎和双线绑扎两种方法），具体方法如下。

（1）起扎（始端打结）

开始绑扎时，一般从电缆粗长的干线中部往两头结扎，这样结扎所用扎线绳较短。扎线绳的长度约为扎线长度的 2.5 ～ 3 倍。图 5-68 是单线始结，图 5-69 是双线始结，图 5-70 是单线始终结通用。

图 5-68 单线起扎点的结扣

图 5-69　双线起扎点的结扣

图 5-70　单线始、终结扣

（2）中间连续的结扎

中间连续的结扎方法见图 5-71，结扎的间距一般为 20 ~ 30mm，间距与线束的直径关系见表 5-16，线结间距离应均匀。在始端、终端和分支处都应打双结。对较长的线束每隔 10 ~ 15mm 必须打一加强结。

图 5-71　中间连续的结扣

表 5-16　线束扎结间距　　　　　　　　　　　　　　　mm

序号	线束直径	扎结间距
1	< 10	15 ~ 20
2	11 ~ 30	20 ~ 29
3	> 30	30 ~ 40

（3）终结的打法

不论线束直径大小，终结一律采用双线结扣法，以避免松散，见图 5-72。

（a）单线终结

（b）双线终结

（c）双线终结

图 5-72　终结的结扣方法

点结绑扎方法与连续绑扎方法相比，结扎方法简单，绑扎效果更好（因为连续绑扎方法如果绑线断裂的话，会造成整根导线束绑扎失效，而点结绑扎的一个结扣断裂，不会影响其他结扣）。因此，线束整理时，建议优先采用点结绑扎方法。

（二）尼龙扎带捆扎

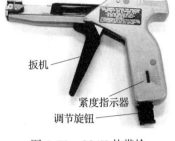

尼龙扎带只能在飞机的增压区域且温度较低的区域内使用，在飞机的燃油箱区域、非增压区域、高振动区域、高温区域、使尼龙扎带容易磨损的区域和机械传动区域禁止使用其捆扎导线束。

扳机

紧度指示器
调节旋钮

1. 扎带枪的调节

使用尼龙扎带捆扎导线束时，必须使用扎带枪（见图5-73）拉紧。

图 5-73　GS4H 扎带枪

扎带枪使用时，必须调节挡位和紧度，以确保扎带以合适的力度捆扎导线束。如果使用的扎带枪力度过大，会损坏扎带头或导线束。如果扎带枪的力度过小，就不足以捆绑导线束至足够的紧度，导致导线束松脱等现象。

扎带枪的调节方法如图5-74所示。使用前，先调节挡位，调节旋钮可以在三个方向上扳动，能够分别调整到"MIN""STD""INT"三个挡位。然后，再调节紧度，旋转调节旋钮可以调节紧度。在紧度指示窗口上有一条银白色的指示线，代表调整到的紧度。

扳动调节旋钮进行挡位调节

旋钮调节旋钮为紧度调节，顺时针旋转增加紧度，逆时针旋转减少紧度

图 5-74　扎带枪挡位和紧度的调节

2. 扎带的安装

如图5-75所示，使用尼龙扎带捆扎导线束时，首先将扎带绕在导线束上，带齿的一面朝里，使带头穿进头部孔内。然后，手动拉紧扎带轻轻系紧导线束。最后，将扎带扣入到扎带枪头部，扣动扳机，直到扎带拉断为止。捆扎加工后的导线束如图5-76所示。

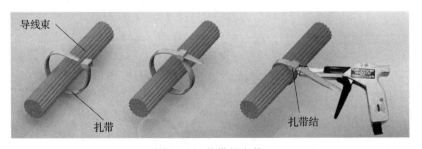

导线束

扎带

扎带结

图 5-75　扎带的安装

如果由于某些原因无法使用扎带枪时，比如操作空间狭小，可以使用尖嘴钳代替扎带枪，人工拉紧扎带。然后，用克丝钳剪断多余的扎带，最多留出 3mm，在扎带结末端不能过于锋利，否则可能会对维护人员造成伤害。

使用扎带捆扎带有同轴电缆的导线束时，扎带结的外侧不能顶着同轴电缆，但扎带的内侧可以贴着同轴电缆，如图 5-77 所示。

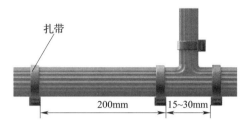

图 5-76　用扎带捆扎加工后的导线束

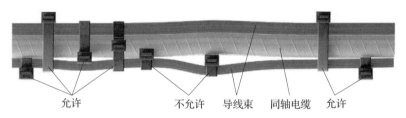

图 5-77　使用扎带捆扎在导线束中有一根同轴电缆的结构

3. 扎带的拆除

使用克丝钳，将其钳口塞进扎带结的左侧（见图 5-78），合拢克丝钳手柄，再将克丝钳逆时针翻转，即可完成扎带的拆除工作。

（三）导线束的绞合捆扎

导线束的绞合捆扎是一种抑制电磁波辐射和干扰所采取的有效工艺方法。导线束的绞合对于电缆捆扎成形、电缆安装和在使用中的减振也是有益的。

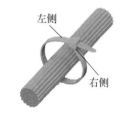

图 5-78　扎带结的左右侧

2 ~ 4 根导线一般采取手工直接绞扭捆扎。凡是有绞合捆扎规定的部位，应按照下述要求完成导线束的绞合捆扎。

1. 2 ~ 4 根导线绞合中，同一根导线的绞合节距按表 5-17 的规定。

2. 经绞合后的导线应相互紧密贴合，不应有个别导线松弛或交叉现象。

3. 在扭绞部位的起始处和终结处，分别用绑线捆扎固定。若用棉线捆扎固定，则应在绑线上涂 Q98-1 硝基胶液。

表 5-17　2 ~ 4 根导线绞合的节距

导线规格 /mm²	线束根数	换位次数	节距 /mm	说明
0.35 ~ 0.5	2	18 ~ 21	50	1. 同一束中有两种以上不同规格的导线时，取最大规格和最小规格的中间值作为导线束导线规格来选取节距。 2. 若线束中仅有两种规格导线且数量各占一半，则按大截面规格来考虑，线束数不变
	3	15 ~ 17	64	
	4	15 ~ 17	64	
0.75 ~ 1.0	2	12 ~ 14	76	
	3	12 ~ 14	76	
	4	10 ~ 12	87	

表 5-17（续）

导线规格 /mm²	线束根数	换位次数	节距 /mm	说明
1.2 ~ 3.0	2	10 ~ 12	87	
	3	10 ~ 12	87	1. 同一束中有两种以上不同规格的导线时，取最大规格和最小规格的中间值作为导线束导线规格来选取节距。
	4	9 ~ 11	101	
4.0 ~ 5.0	2	7 ~ 9	122	
	3	5 ~ 7	152	2. 若线束中仅有两种规格导线且数量各占一半，则按大截面规格来考虑，线束数不变
6.0 ~ 10	4	5 ~ 7	152	
	3	4 ~ 6	203	

（四）捆扎的注意事项

为了增加机械强度，便于装配，用电设备中所用导线，往往扎成线束。在修理中捆扎线束时，应保持导线走向，不应随意变动导线走向位置。线束捆扎前，应先对线束进行整理，使导线清洁、平直，没有交叉，长短一致。除此之外，还应注意以下事项。

1. 结扎聚氯乙烯被覆导线时，用力不宜太大，否则扎线绳会嵌入被覆层并损坏导线；与此相反，结扎聚四氟乙烯被覆导线，则必须用力扎紧，否则容易松散。

2. 结扎线束时，必须注意防止斜结扎或椭圆结扎，否则即使开始时扎紧，在线束活动中扎线绳仍容易松散。

3. 线束扎绳结的位置在线束装配时应朝向机架、底板和面板，使装配后从正上方看不见绳结。

二、导线束的支承

导线束在飞机结构上安装时，常用的支承件有导线束卡子、导线束线槽和导线束支架三类。

（一）导线束卡子的安装

1. 导线束卡子与导线束的装配

导线束要与导线束卡子内部结合紧密，导线束卡子可以用螺栓或者用扎带进行安装，如图 5-79 所示。

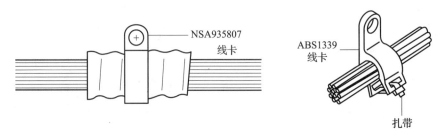

图 5-79　导线束卡子安装

在导线束上缠绕硅胶带可以对导线束进行防护或者增加导线束的直径，硅胶带在缠绕时，在胶带缠绕的起始位置需要缠绕 3 圈，其后每一圈胶带重叠的宽度为胶带宽度的50％，胶带超过导线束卡子为左右各 10 ～ 15mm，导线束卡子安装完成后，在导线束轴向方向上轻拉导线束，导线束不应移动，如图 5-80 所示。

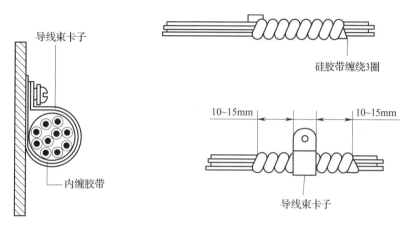

图 5-80　导线束安装时防护

ABS1339 导线束卡子在安装时，导线束卡子两边需要使用扎带或者硅胶带定位导线束，硅胶带缠绕在导线束卡子两边的 10 ～ 15mm 的范围内，如图 5-81 所示。

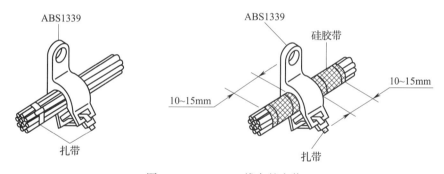

图 5-81　ABS1399 线卡的安装

2. 导线束卡子在飞机结构上的安装

导线束卡子在结构上安装时，需要注意导线束卡子安装的方向，如图 5-82 和图 5-83所示。在导线束上安装距离设备最近的一个导线束卡子时，卡子和设备之间的距离不得过短。

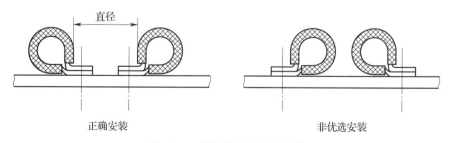

图 5-82　导线束卡子水平安装

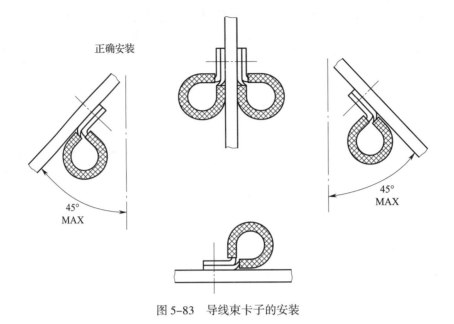

图 5-83　导线束卡子的安装

3. 导线束卡子与螺纹管的安装

在螺纹套管上安装导线束卡子时，在套管端头 10 ~ 20mm 的位置安装，如图 5-84 所示。

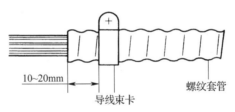

图 5-84　导线束卡子与螺纹套管的安装

（二）导线束线槽组件的安装（见图 5-85）

步骤 1：安装鱼叉带。首先把鱼叉带穿进导线束线槽一侧，最大间隔 150mm，从一侧拉鱼叉带直至完全锁定在导线束线槽孔中。

步骤 2：安装导线束线槽。安装时应注意导线束线槽的位置调整是否正确，检查接地点连接是否完好，任何可能造成磨损导线的结构都应做好防护。

步骤 3：安装导线束在线槽中。铺设导线束过程中，确保导线是平放在导线束线槽内，没有受到任何拉力或被缠绕。导线在鱼叉带两侧等量排布，铺设的导线的高度不得超过导线束线槽高度的 80%，铺设的导线不能有任何弯曲。然后在鱼叉带上穿入相应的电缆隔离器和固定块，把导线固定在相应位置。扎紧鱼叉带，切去鱼叉带尾部多余部分，其残余物不得留在导线束线槽内。

步骤 4：对于新加入的导线，不必拆开导线束线槽组件，可以把导线安装在电缆隔离器的备用导线束线槽中。排布到位后，在导线束线槽的两头终端将新加入的导线与原导线束使用合适的扎带捆扎（见图 5-86）。

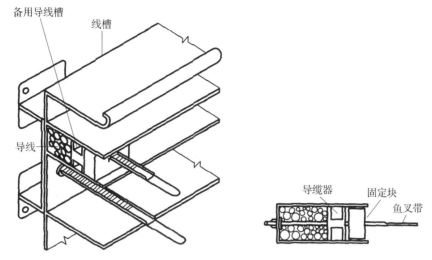

图 5-85　导线束线槽组件的组装

图 5-86　线槽结构

（三）导线束支架

1. 楔形支架

件号为 NSA935513 的安装图，如图 5-87 所示。

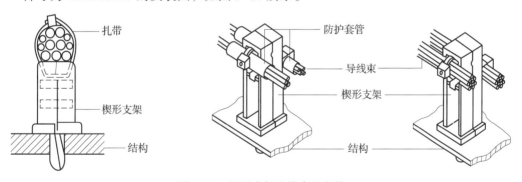

图 5-87　楔形支架导线束的安装

2. V 形或者 U 形支架

（1）支架安装

此类支架的安装分为卡钉型、铆钉型和螺栓型三种，安装时依据不同类别将相应的支架安装在飞机结构上。安装结构如图 5-88 ~图 5-90 所示。

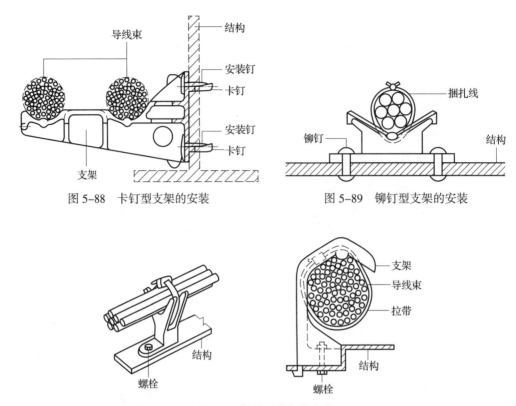

图 5-88　卡钉型支架的安装　　　　图 5-89　铆钉型支架的安装

图 5-90　螺栓型支架的安装

（2）导线束安装时的防护

根据不同的导线束和支架，选择是否需要在导线束上缠绕硅胶带来保护；缠绕的硅胶带长度为超过支架宽度左右各 10 ~ 15mm，如图 5-91 所示。

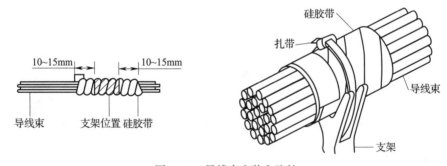

图 5-91　导线束安装和防护

（3）U 形导线束卡子

U 形导线束卡子也是一种支架，适用于增压区域直径比较大的导线束，最大导线束直径为 35mm，如图 5-92 所示。U 形线卡安装过程如下：首先根据线束的线径选择合适的 U 形线卡，用螺丝钉把 U 形线卡安装在结构上，然后将线束安装在 U 形线卡上，用锁定盘固定线束，最后在锁定盘上安装扎带，安装结构如图 5-93 所示。

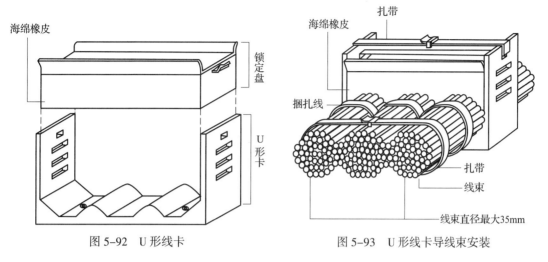

图 5-92　U 形线卡

图 5-93　U 形线卡导线束安装

（4）导缆器

导缆器用于电缆的分隔与保护，只用于供电电缆。将线筒安装在导缆器中，然后将导线束穿入到线筒中，如需安装支架或者导线束卡子，将导缆器安装到支架或者导线束卡子上，如图 5-94 所示。

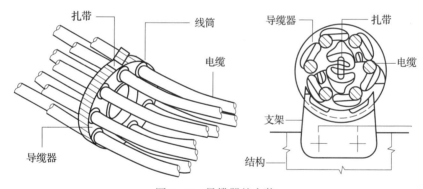

图 5-94　导缆器的安装

（5）隔离件

隔离件用于分隔导线束，使导线束间保持一定的间距，防止导线束相互摩擦受损，防止导线束传输信号时相互干扰。安装隔离件时，需用扎带捆扎隔离件上导线束，如图 5-95 所示。

对于电子飞行控制系统 EFCS 导线束，使用隔离件仅作为一种临时性的维修方法，这种修理不得超过 20 个月。对于必须使用的隔离件，在系统的安装图中会指出具体的使用类型。在高温或者高潮湿的区域，对于电源线路（G）和电力供导线路（P）只能使用金属隔离件。

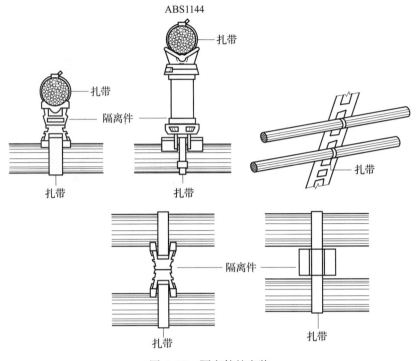

图 5-95　隔离件的安装

三、电缆的包扎

严格按照有关规定，做好电缆的包扎工作，是防止电缆磨损、进水、进油、高温烘烤，增强电缆的强度，保证机载用电设备可靠工作的有效措施。飞机上，常用的电缆包扎方法有八种，实际工作中，可根据电缆敷设安装的环境条件，选择符合要求的包扎材料，然后根据选取的包扎材料，选择特定的包扎方法。

（一）电缆的包扎

1. 皮革、橡胶板胶合包扎

用皮革和橡胶板在电缆上的胶合包扎的方法为：下料→打磨→涂胶→胶合。

（1）下料。以比电缆包扎表面周长长 10mm 的长度下料（见图 5-96）。

（2）打磨。用 100# 砂纸打磨皮革搭接表面，使两搭接斜面均匀起毛，见图 5-97。

（3）涂胶。用 XY401 橡胶液均匀地涂于打磨处。

（4）胶合。当涂抹的胶液表面形成一层薄膜，用手触摸微微黏手时，即可包扎黏合。此时，应将皮革或橡胶板紧紧包裹，搭接黏合并加压贴牢。搭接黏合的效果见图 5-98。

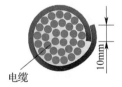

图 5-96　下料长度

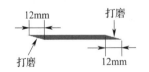

图 5-97　皮革搭接表面的打磨

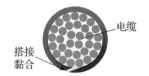

图 5-98　电缆包扎的搭接黏合

2. 布、革类的缝合包扎

布、革类包扎材料在电缆上的缝合步骤为：下料→缝合→捆扎。

（1）下料。按比导线束周长长 15mm 的长度下料。

（2）缝合。缝合时，用黑色尼龙线进行单向缝合或双向交叉缝合，针迹（左右针眼）不大于 5mm，针距（前后针眼）不大于 10mm（以 5mm 为宜），对接搭边采取内折 5mm。缝合效果见图 5-99。缝合后，应保证布、革较紧地包扎在导线束外。为了便于缝合包扎，可以先按导线束外径大小缝合成套管，然后再套装到导线束上。

（3）捆扎。布、革缝合或套装后，在包缝物两端，按照图 5-100 所示进行捆扎（辫子结）固定，捆扎绑线宽度 b 应符合表 5-18 的规定。

表 5-18　无胶带类包扎的固定

带　材	捆扎材料	固定方法图示
布带、石棉带、人造革带	浸蜡苎麻线	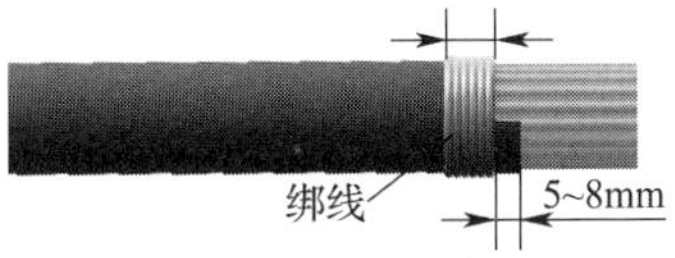 
玻璃布带	玻璃丝线	绑线　5~8mm 绑线捆扎宽度 b 按表 5-15 规定
聚四氟乙烯带、聚氯乙烯带	热收缩套管	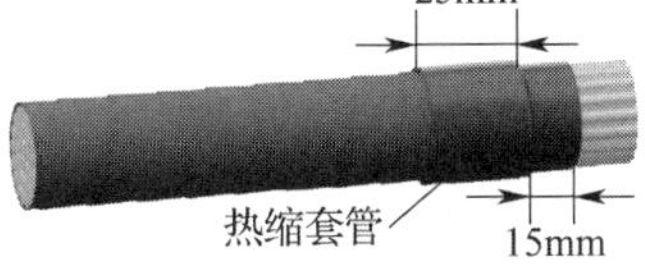 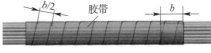25mm 热缩套管　15mm

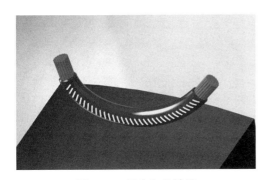

图 5-99　缝合包扎效果　　　　图 5-100　布、革在电缆上的缝合包扎

布、革包裹物　15~20mm

3. 胶带类在电缆上的缠绕包扎

本方法适用于单面涂有黏结剂的胶带类在电缆上的缠绕包扎。缠绕时，方法如下：

（1）胶带缠绕的方向：从下向上，从后向前，以免水分流进。

（2）在起始位置缠绕胶带 2～3 圈（起头），然后将胶带在电缆上一圈紧压一圈地缠绕起来，缠绕搭边宽度至少为胶带宽度的 1/2，如图 5-101 所示。缠绕时，一定要将胶带拉紧，使后层压紧前层，尽量减少缝隙，以免水分渗入。

（3）最后一道胶带缠绕后，应在原处复绕一层。

（4）缠绕时，不能使涂胶表面沾上灰尘或其他污物，并保持平展，无皱褶。

$b/2$　胶带　b

图 5-101　各种胶带在电缆上的缠绕包扎

4. 无胶带类在电缆上的缠绕包扎

本方法适用于无胶的带类，如聚乙烯塑料带（见图 5-102）、石棉带、玻璃布带和布带（见图 5-103）等，在电缆上的缠绕包扎。具体方法和要求如下：

（1）缠绕的方向：从下向上，从后向前，以免水分流进。

（2）在起始位置，按住包扎带的一头缠绕 2 ~ 3 圈（起头），然后将包扎带在电缆上一圈紧压一圈地缠绕起来，带与带的缠绕搭边宽度为带本身宽度的 1/2 ~ 2/3。缠绕时，一定要将包扎带拉紧，使后层压紧前层，尽量减少缝隙，以免水分渗入。

（3）缠绕后，按照表 5-18 的规定，选用捆扎固定材料加以固定（头部可不包扎）。

（4）无胶带类在电缆上的缠绕包扎的效果见图 5-104。

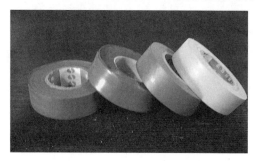

图 5-102　聚乙烯塑料包扎带

图 5-103　白布带

5. 软管类的套装包扎

本方法适用于各种塑料软管和橡胶软管等在电缆上的套装包扎。套装包扎的具体方法和要求如下：

（1）用白胶布将导线束断头包扎一层，呈圆球状，以使导线束能顺利地通过软管。

（2）将套管套装到导线束上。对于较长的软管，可在套装之前，在软管内装入少量滑石粉，然后再套装，以减小摩擦力；也可以用长度足够的保险丝，一头捆扎住导线束头部，另一头穿过软管，引导并拉出导线束。

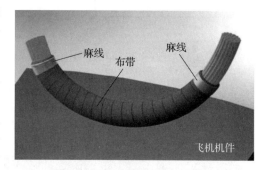

图 5-104　布带缠绕包扎效果

（3）软管套装到规定部位后，按照图 5-105 所示，进行捆绑（辫子结）固定。绑线捆扎宽度 b 按照表 5-18 规定。

图 5-105　在电缆上套装各种软管

6. 螺旋捆扎带的缠绕包扎

螺旋捆扎带的材料有聚四氟乙烯带和尼龙带两种。使用螺旋捆扎带捆扎电缆的方法：

（1）如图 5-106 所示，顺着螺旋方向将螺旋形捆扎带裹缠到电缆的规定部位。

（2）剪切两端长约 100mm 的热收缩套管，按照图 5-106 中所示，套装在螺旋捆扎带的两个断头上，保证导线束和螺旋捆扎带上各被覆盖 50mm，然后对热收缩套管进行加热收缩。

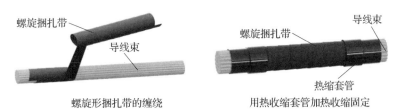

图 5-106　在电缆上加装螺旋形捆扎带

7. 网状（可胀）尼龙套管的套装包扎

网状尼龙套管在电缆上的套装可按下述方法和要求进行：

（1）将剪切好的网状套管套装到电缆上后，再将套管端头向内回折 50mm。

（2）用浸蜡苎麻线，在距回折端头 20mm 处的套管上，用辫子结捆扎法捆扎固定，见图 5-107（a）。

（3）也可在网状套管两端用热收缩套管进行收缩固定，如图 5-107（b）所示。

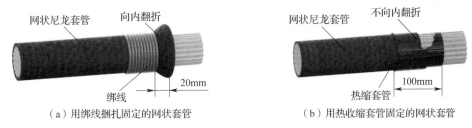

（a）用绑线捆扎固定的网状套管　　　　（b）用热收缩套管固定的网状套管

图 5-107　在电缆上套装网状套管

8. 热收缩套管的套装包扎

热收缩套管是利用塑料和橡胶等材料在一定的温度下可以收缩的特性而制成的各种套管，目前，越来越多地用于电缆制作，以取代塑料软管、扎带、布、革等。热收缩套管具有电气绝缘、防潮密封、防磨保护和紧固等作用。

热收缩套管在电缆上的套装可按下述方法和要求进行：

（1）热收缩套管的选择。电缆上套装的热收缩套管的材料和规格要根据电缆的部位和外径，以及电缆在飞机上所处的环境温度等来确定，见表 5-19。

表 5-19　常用的热收缩套管

序号	热收缩套管名称	温度等级	热缩温度范围	
			℃	℉
1	光渗、透明聚烯烃半硬热收缩套管（热固定型）	Ⅱ	135～254	275～400
2	光渗、有色聚烯烃热收缩套管	Ⅱ	123～254	250～400
3	光渗、透明聚烯烃热收缩软管	Ⅱ	123～254	250～400
4	光渗、有色可选交链的双壁聚烯烃热收缩硬套管	Ⅲ	136～254	275～400

表 5-19（续）

序号	热收缩套管名称	温度等级	热缩温度范围	
			℃	℉
5	光渗、聚乙二烯加氟化物、高温热收缩半硬套管	Ⅲ	176 ~ 254	350 ~ 400
6	改性聚乙二烯加氟化物高温热收缩软管	Ⅲ	176 ~ 254	350 ~ 400
7	硅橡胶热收缩套管	Ⅲ	176 ~ 254	350 ~ 400
8	电气死接头热收缩套管	Ⅲ	176 ~ 254	350 ~ 400
9	聚四氟乙烯热收缩套管	Ⅲ	176 ~ 254	350 ~ 400
10	辐射交链氟橡胶热收缩软管	Ⅲ	176 ~ 254	350 ~ 400
11	透明 TFE、标准壁厚热收缩套管	Ⅳ	330 ~ 371	625 ~ 700
12	TFE 薄壁热收缩套管	Ⅳ	330 ~ 371	625 ~ 700
13	TFE/FEP 双壁热收缩套管	Ⅳ	344 ~ 371	650 ~ 700

（2）热收缩加热工具的选用。常用的热收缩加热工具有微型热空气枪、热空气枪、远红外热空气枪、微型辐射红外热空气枪等和各种反射器，可根据需要选取。

（3）下料。热收缩套管的下料长度应比实际包覆长度长 10%。

（4）热收缩套管的套装：

①在接线端子上套装热收缩套管时，应使热收缩套管完全包覆接线端子收压管，并包覆一部分导线绝缘层。

②在插头尾部套装热收缩套管时，应使热收缩套管包覆在插头尾部及电缆连接处，至少包覆插头 20mm。

③在死接头上套装热收缩套管时，热收缩套管应在收压死接头之前套装到导线上，应使死接头处于热收缩套管中间部位。

④在导线束上套装热收缩套管时，一般情况下，直接套装在规定部位；在固定屏蔽套及尼龙螺旋捆扎带等时，热收缩套管至少在被固定物上覆盖 20mm。

⑤热收缩套管的搭接，热收缩套管长度不够时，可以搭接，两套管端头搭接长度不少于 30mm；分叉处应选用合适的叉形接头套管，叉形接头与其他支干热收缩套管端头搭接长度不少于 30mm。

（5）对导线及其他物件隔热保护：有可能烫伤和灼伤的导线、插头、模块、电气元件和塑料制品等均应加以隔热保护，隔热保护物可以是铝箔、青壳纸、石棉布等；热收缩温度低于 200℃时，用青壳纸隔离；温度超过 200℃时，用铝箔或石棉布隔离。

（6）调节热空气枪的加热温度。根据不同的热收缩套管材料，调节热空气枪的加热温度至适当的温度。

（7）加热收缩注意事项：

①采用有反射器的加热枪时，应将被加热的热收缩套管置于反射器中心位置；无反射器的加热枪距被加热的热收缩套管至少 50mm 的距离。

②对某一部位加热至收缩的时间不超过 5min。

③较长的热收缩套管可以从一端向另一端加热收缩，也可以从中间向两端加热收缩，但决不允许从两端向中间部位加热收缩。

④当热收缩套管经加热收缩至能较紧地包覆在电缆或被包覆物上时，即可停止加热。

⑤防止加热过量，致使热收缩套管变硬、变脆、断裂、变色。

（8）补充加热或重新加热收缩：

①当某一部位热收缩套管需补充加热时，应在第一次加热后冷却 10min 后再进行。

②当某一部位因加热过度而使热收缩套管老化、变脆、裂纹、变色时，应拆除并重新套装和加热收缩。

（二）收尾工作

1. 电缆包扎的注意事项

（1）不能破坏机件技术性能规定的通风散热的技术要求。

（2）包扎前，必须把电缆、插销等擦干净，并且应当是干燥的。

（3）包扎时应尽量在天气晴朗、大气相对湿度较低的日子里进行。

（4）套管中的导线束不需用绑线或扎带捆扎，但导线之间应相互平行。

2. 电缆包扎的质量检验

（1）防止磨损的包扎

维护工作中，常采用的防止磨损的包扎方法有两种，一种是布、革类的缝合包扎（见图 5-100）；另一种是无胶带类的缠绕包扎（见图 5-104）。它们的质量检查标准是：包扎牢固，外表清洁、平整，无破损、无老化、无脆裂，无灰尘、油垢和水分；捆扎线、缝合线（或用胶黏合）完好、均匀、牢固、美观。

（2）防止进油和进水的包扎

维护工作中，常采用的防止进油和进水的包扎方法有三种：第一种是软管类的套装包扎（见图 5-108），第二种是无胶带类的缠绕包扎（见图 5-109），第三种是热收缩套管的套装包扎。它们的质量检查标准是：包扎方法正确；包扎、捆扎牢固，无破损、裂纹和老化；外表

麻线　　聚氯乙烯软管　　麻线

图 5-108　防止插销进水的软管类套装包扎

清洁，无灰尘、水分和油垢；热收缩套管位置正确，包覆较紧，无变硬、变脆、断裂、变色现象。

注：插销进行防水包扎后，虽然能防止油、水的进入，但当油、水一旦侵入，也不容易挥发，会腐蚀插钉、插孔和导线而导致电路故障。所以，插销包扎后，还要根据具体情况定期进行分解检查、擦洗和晾晒。

（3）防止高温烘烤的包扎

维护工作中，常使用石棉布带、无碱玻璃布带和氟塑料套管等对导线进行包扎防护，并在两端用金属卡子或保险丝扎紧，以防高温烘烤。采用的包扎方法有软管类的套装包扎和无胶带类的缠绕包扎两种。它们的质量检查标准是：包扎、捆扎牢固，无破损、裂纹和老化；外表清洁，无灰尘、水分和油垢。

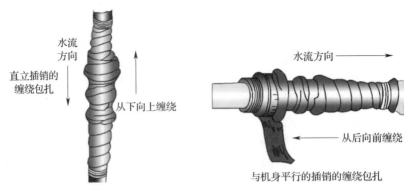

图 5-109　防止插销进水的无胶带类的缠绕包扎

（4）增加导线束根部机械强度的包扎

维护工作中，常采用聚氯乙烯带、黄蜡布或绝缘带对插销根部导线束进行包扎，以增加插销根部导线束的强度。包扎时，采用无胶带类的缠绕包扎方法，从插销根部开始，缠 30 ～ 40mm 后，再往回缠几圈，最后用亚麻线或丝线扎紧（见图 5-110）。也可以采用绝缘胶带和热收缩套管对插销根部的导线束进行加强。

图 5-110　增强插销根部导线束强度的无胶带类的缠绕包扎

增加导线束根部机械强度的包扎的质量检查标准是：包扎方法正确；包扎、捆扎牢固，无破损、裂纹和老化；外表清洁，无灰尘、水分和油垢；热收缩套管位置正确，包覆较紧，无变硬、变脆、断裂、变色现象。

四、导线的收头

导线剥头后，为了使导线的纤维编织外绝缘层或护套和纤维包内的绝缘层不外露和松散，并且加强导线连接部位的强度，在做导线连接时，通常要进行导线的收头。导线的收头可以涂 Q98-1 硝基胶液，或套装绝缘套管，也可以用丝绳缠扎。

（一）Q98-1 硝基胶液收头

收头的方法是：在导线剥头端距绝缘层切口 4 ～ 8mm 范围内的纤维编织层上涂 Q98-1 硝基胶液，如图 5-111 所示。

（二）绝缘套管收头

用绝缘套管收头的方法有以下两种。

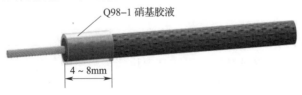

图 5-111　涂胶收头的方法

1. 醇醛酸玻璃漆管或软聚氯乙烯套管

收头的方法是：截取适宜长度（通常 10 ～ 12mm）的醇醛酸玻璃漆管或软聚氯乙烯套管，内径以能紧套在导线上为宜；然后，将套管套在导线剥头的一端，如图 5-112 所示。为了防止醇醛酸玻璃漆管或软聚氯乙烯套管在导线上松动，可以在套管与导线之间涂 Q98-1 硝基胶液。

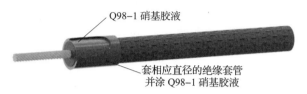

图 5-112　用醇醛酸玻璃漆管或软聚氯乙烯套管收头的方法

2. 绝缘套管

（1）修整导线剥头端头处的纤维编织层，使其比导线的外绝缘层多剥除 3 ～ 5mm。

（2）截取适宜长度（通常 10 ～ 12mm）的绝缘套管，内径以能紧套在导线上为宜。

（3）将绝缘套管套在导线剥头的一端，如图 5-113 所示，与外绝缘层切口齐平。

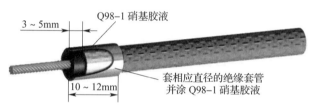

图 5-113　用绝缘套管收头的方法

为了防止绝缘套管在导线上松动，可以在套管与导线之间涂 Q98-1 硝基胶液。

（三）结扎法收头

1. 结扎方法

用结扎法进行收头的目的是防止导线受力使线头根部断丝和防止纤维编织层及外绝缘层后退。扎线采用辫子结方法，要领是"紧与密"："紧"就是每一圈都要用力拉紧，否则扎好后，线头松软，稍作弯折，就会裂开；"密"就是排列要紧密。辫子结收头方法如图 5-60 所示。

（1）结扎法收头的方式一（纤维编织层导线，见图 5-114）

①剥除导线的绝缘层。

②修整导线剥头端头处的纤维编织层，使其比导线的外绝缘层多剥除 0.5 ～ 1mm。

③给线芯涂锡。

④将细线在焊锡的线芯根部紧紧地绕好第一圈，不留设套扣。接着，从根部开始紧密地缠扎细线，当线缠扎到纤维编织层平面上时，要将缠线用力地紧几圈，使导线剥头端坚硬。

⑤待缠到 5mm 左右处，可将预留的线头从中央弯折抽头，留设套扣。

⑥手按套扣，接着再缠 5mm 左右，将缠线头穿过套扣，并用手拉紧，另一手则拉紧套扣，将缠线头拉进缠线中去。

⑦割去两头余留的线头，将线头塞进缠线中并涂清漆或 Q98-1 硝基胶液。

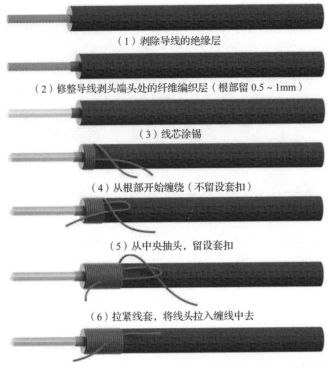

（1）剥除导线的绝缘层

（2）修整导线剥头端头处的纤维编织层（根部留 0.5 ~ 1mm）

（3）线芯涂锡

（4）从根部开始缠绕（不留设套扣）

（5）从中央抽头，留设套扣

（6）拉紧线套，将线头拉入缠线中去

（7）割去余留的线头，将线头塞进缠线中并涂清漆或Q98-1硝基胶液

图 5-114　结扎法收头方式一（纤维编织层导线）

（2）结扎法收头的方式二（见图 5-115）

用适当粗细的锦纶丝线，在导线剥头一端距绝缘层切口 7 ~ 10mm 处紧紧地绕好第一圈，然后开始紧密地缠扎锦纶丝线，当线缠扎到距绝缘层切口 2 ~ 3mm 处时，将缠线穿过套扣，并用手拉紧，另一手则拉紧套扣，将缠线头拉进缠线中去。割去两头余留的线头，将线头塞进缠线中并涂 Q98-1 硝基胶液。

2. 扎线的注意事项

（1）扎线不要太粗，最好选用结实的细线，如直径 0.5mm 的亚麻线、锦纶丝线。如用线太粗，则不易缠紧缠密；线头强度不大，则受力后缠线容易裂开。

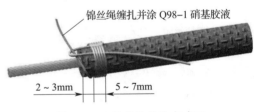

锦丝绳缠扎并涂 Q98-1 硝基胶液

2 ~ 3mm　　5 ~ 7mm

图 5-115　结扎法收头方式二

（2）线头扎线不宜太长，要短而坚硬，否则受力后扎线部位强度大，不易弯折。

（3）扎线收结以放在中间为宜，如扎线开始就安设套扣，则起始几圈不易缠紧或在结尾时拉线困难。

（4）线头上扎线开始几圈应该扎紧，但不要一圈一圈用力。

（四）双芯软线结扎法收头

如图 5-116 所示，首先安设套扣，再在软线总体及各芯线上分别缠绕扎线，最后将套扣抽紧。图中：1 为安设套扣及缠线；2 为在第一个芯线上缠线；3 及 4 为在第二个芯线上缠线；5 是将线头穿入套扣及抽紧套扣；6 是结扎好的导线收头。

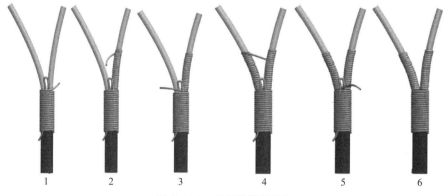

图 5-116　双芯软线结扎法

五、电缆的整理

在日常维护工作中和排除电路故障或修理后，需对电缆进行整理，以保证电缆平直、固定牢靠、走向正确。

（一）电缆的敷设

1. 概述

敷设电缆的一般顺序：先内层，后外层；先粗长电缆，后细短电缆；先电缆，后单根导线。

2. 技术要求

（1）电缆的排列和走向应顺直，不允许有任何交叉扭绞，分叉应拉至所处位置。

（2）凡电缆上有定位标记的，应以该标记在机上所处的某部位作基准，向前后机身或左、右机翼进行敷设。

（3）电缆通过气密引入口或胶圈时，应在电缆上和入口处涂些滑石粉，并在其周边进行保护，然后穿拉电缆。穿拉时，用力不宜过猛，以免损伤导线。

（4）敷设好的电缆用帮扎带（绑线）进行临时悬挂。

（5）电缆穿过结构上的通孔或减轻孔时，先穿大插头的电缆，后穿小插头的电缆，最后穿有接线端子的电缆。

3. 注意事项

（1）穿拉电缆时，要用手托起电缆，小心轻拉，防止电缆与结构锐边相碰而损伤导线绝缘皮、接线端子、接插件等。

（2）穿拉电缆时，严禁抓住端接件穿拉，以免影响其端接质量。

（3）在穿拉电缆的过程中，严禁在端接件的端接根部多次弯折。

（4）穿拉单根导线时，注意接头孔的大小。

（二）电缆的固定

为了保持电缆走向正确、不晃动、不与其他机件相摩擦，每间隔一定距离应将电缆固定在电缆固定卡箍内。卡箍的大小必须保证电缆在卡箍内不能移动，也不允许压伤绝缘皮。

1. 电缆固定选用卡箍的规定

（1）非屏蔽电缆用搭接卡箍。

（2）屏蔽电缆用搭接卡箍。

（3）混合电缆，当屏蔽电缆超过 20% 时，用搭接卡箍，且将屏蔽线放在电缆的外层。

2. 实施步骤

（1）在电缆上安装时，卡箍必须与电缆或与电缆的切线成 90°，如图 5-117 所示。

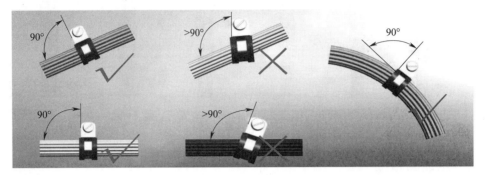

图 5-117　卡箍在电缆上的安装

（2）不允许直接将电缆捆扎在导管上，必要时可通过卡箍与导管固定，如图 5-118 所示。电缆与燃油导管、液压导管或氧气导管的间隙不得小于 10mm；电缆与热导管的间隙不得小于 15mm，并且电缆或导管应包缝双层革或聚氯乙烯胶带或 B501 布，与热导管间隙最小的地方应加隔热措施。

图 5-118　电缆在导管上的固定

（3）固定电缆时，应确保电缆与活动组件（钢索或拉杆等）之间的间隙不小于 10mm。

（4）电缆或导线束在活动组件上固定时，进入活动组件处应留有足够余量，以防阻碍组件的运动或拉断电缆或导线束。

（5）电缆或导线束经过的结构锐边或通孔，应粘贴毛毡（橡胶带）或装胶圈或热缩包边，如图 5-119 所示。也可用皮革，对电缆进行防磨包扎，见图 5-120 和图 5-121。

（6）除另有规定外，交流电源三相中的每一根电缆在这个长度上应平行敷设和固定，在气密框板上必须设置隔离物，如图 5-122 所示。

（7）对电磁干扰特别敏感的信号线不要捆扎在电缆中间，最好单独敷设、固定或采取隔离措施。并且，信号线要与电源线分开固定。

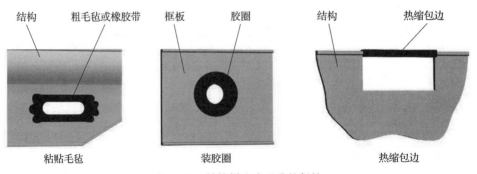

图 5-119　结构锐边或通孔的保护

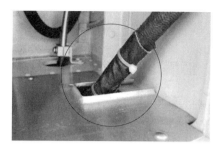

图 5-120　穿墙电缆的包扎

图 5-121　电缆与机件相磨处的包扎

（a）星形隔离物

（b）螺旋隔离物

图 5-122　交流电源三相电缆敷设时在气密框板上设置的隔离物

（8）对于平行电缆和垂直交叉电缆，采取如图 5-123 所示的固定形式进行固定。

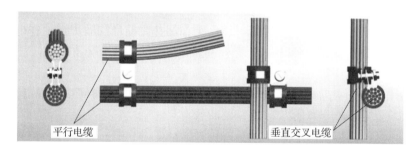

图 5-123　平行电缆和垂直交叉电缆的卡箍固定

（9）若卡箍固定点间距过长，应对卡箍固定点的导线束进行捆扎。在导线束捆扎结内的导线 / 电缆必须平行，不能出现交叉现象（见图 5-124），否则会造成导线 / 电缆的损伤。

图 5-124　卡箍固定点导线束的捆扎

（三）电缆的分叉

1. 电缆的分叉方法

电缆的分叉必须遵循下述原则，如图 5-125 和图 5-126 所示。

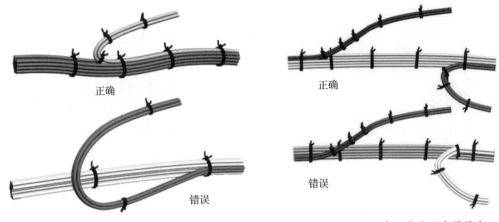

图 5-125　导线束上分支一束导线束　　　　图 5-126　导线束上分支两束导线束

（1）分支导线必须从主导线束的中心分出，而且分出的分支导线束要平滑，主导线束与分支导线束要在一个平面上。

（2）分支导线束中所有相邻的导线必须是互为平行的，不得有交叉。

（3）不管是使用绑线捆扎还是使用尼龙扎带捆扎导线束，从主导线束开始分线前的捆扎结到分支第一个捆扎结的间距最大是 30mm。

（4）分支导线束不能与主导线束出现交叉，当分支导线束根数太少时，从相反方向进行分线。

如果在维护工作中无法达到上述标准，必须在捆扎之前增加防护措施进行防护，但不允许使用带黏性的防护胶带。图 5-127 所示为方向相反的导线束分支结构。

2. 导线束的弯曲半径

导线束在分叉（分线）时的弯曲半径（见图 5-128），必须遵守以下规定。

图 5-127　方向相反的导线束的分叉

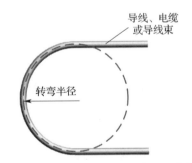

图 5-128　导线 / 电缆或导线束分叉的弯曲半径

（1）单根铜导线、电缆的弯曲半径。

如果是一根导线或电缆分线，转弯半径不小于导线或电缆直径的 3 ~ 10 倍；如果是一根同轴电缆分线，转弯半径要大于 6 ~ 10 倍于同轴电缆直径；如果是导线束分线，最小转弯半径要大于导线束直径的 2 倍（见图 5-129），但不能小于线束中的任一组成件的最小规定；如果分支导线束里有屏蔽电缆，转弯半径要大于 6 倍于分支导线束直径；如果分支导线束里包含两束或多束导线束，转弯半径要大于 6 倍于分支导线束直径。见表 5-20。

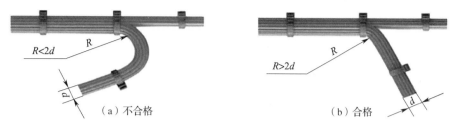

图 5-129   导线束内弯曲半径

表 5-20   铜导线、电缆的弯曲半径

导线根数或所处部位	弯曲半径	导线根数或所处部位	弯曲半径
单根圆截面导线或电缆	不小于导线外径的 3 ~ 10 倍	导线束	大于导线束直径的 2 倍
单根非圆截面导线或电缆	不小于导线外径的 6 ~ 10 倍	有屏蔽电缆的分支导线束	大于分支导线束直径的 6 倍
单根同轴电缆	不小于同轴电缆外径的 6 ~ 10 倍	分支导线束里包含两束或多束导线束	大于分支导线束直径的 6 倍
单根绝缘屏蔽电缆	不小于导线外径的 4 倍	盒内或空间受限制的导线	不小于导线外径的 3 倍

（2）大截面的铝导线的弯曲半径，见表 5-21。

表 5-21   大截面的铝导线的弯曲半径

导线截面积 /mm²	弯曲半径 /mm	盒内弯曲半径 /mm	导线截面积 /mm²	弯曲半径 /mm	盒内弯曲半径 /mm
35	50	30	70	100	60
50	60	40	95	150	100

（四）电缆的交叉

电缆或导线束在固定时，若存在交叉接触的情况，为防止电缆或导线束受到磨损而造成损伤，通常需使用导线卡箍或隔离装置进行隔离。当在实际工作中没有隔离装置时，必须在交叉处进行捆扎，捆扎的目的就是为了防止导线束移动以避免磨损。根据电缆所处的振动区域的不同，采取的捆扎措施也不尽相同，下面加以介绍。

1. 弱振动区域

当电缆或导线束在弱振动区存在交叉情况时，根据具体情况，应采取以下措施。

（1）用绑线或扎带捆扎的两电缆相碰，按照图 5-130 所示的方法捆扎电缆，或者按照图 5-131 所示的方法在两电缆之间加装垫块。

（2）接线模块、接线板、开关、继电器、灯组件和插头座处各导线接头附件的电缆有接触，这种情况是允许的。建议用绑线进行单扣捆扎加固，如图 5-132 所示；当两根电缆交叉不是 90° 时，推荐的方法是在电缆交叉大于 90° 的位置进行捆扎，如图 5-133 所示。

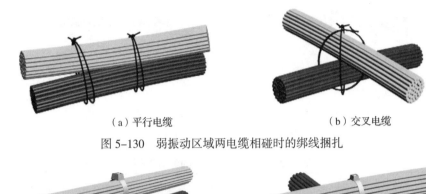

（a）平行电缆　　　　　　　　　　（b）交叉电缆

图 5-130　弱振动区域两电缆相碰时的绑线捆扎

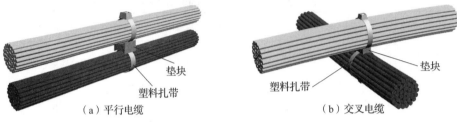

（a）平行电缆　　　　　　　　　　（b）交叉电缆

图 5-131　弱振动区两电缆交叉相碰时的扎带捆扎

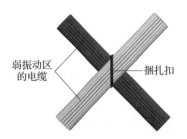
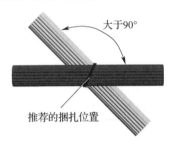

图 5-132　弱振动区域的单扣捆扎加固　　　图 5-133　两根电缆非十字交叉时推荐的捆扎位置

（3）外部有套管、导线管或螺旋缠绕带的电缆间有接触，这种情况是允许的。推荐用绑线进行单扣捆扎加固，同图 5-134 所示；当两根电缆交叉不是 90° 时，推荐的方法是在电缆交叉大于 90° 的位置进行捆扎，如图 5-135 所示。

（4）相接触的电缆，其中有一根电缆未加套管、导线管或螺旋缠绕带，按照图 5-130 和图 5-131 所示的方法处理。

2. 中和强振动区域

当电缆或导线束在中和强振动区存在交叉情况时，根据具体情况，应采取以下措施。

（1）任何不加套管、导线管或螺旋缠绕带的电缆之间有接触，按照图 5-134 所示方法处理：在其中一根电缆的接触部位，用胶带进行缠绕包扎，然后再将两根电缆进行捆扎。

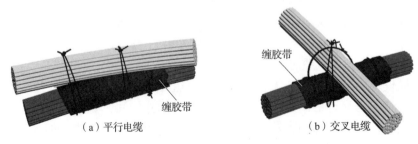

（a）平行电缆　　　　　　　　　　（b）交叉电缆

图 5-134　中和强振动区域两电缆相碰时的绑线捆扎

（2）有一根电缆未加套管、导线管或螺旋缠绕带并与其他电缆之间有接触，按照图5-134所示的方法处理。

（3）在外部都有套管、导线管或螺旋缠绕带的电缆之间有接触，这种情况是允许的。建议用绑线按照图5-134所示的方法处理。

（五）松弛度的设置

为确保电缆在飞机各种飞行状态下不受拉力和防止雨水进入电气设备或成品内，应在电缆固定时设置松弛度和滴水环。

1. 概述

导线束必须沿着导线束的纵向保持适当的松弛度，如果导线束的松弛度不够，容易损伤导线，如果导线束的松弛度太大，会使导线磨损或破裂。有适当松弛度的导线束，还可以使连接器容易连接和拆分。所以，在电缆固定的全长上，应均匀地自始至终地设置合适的松弛度。

2. 技术要求

（1）在弱振动区域固定卡箍之间的电缆松弛度如图5-135所示：固定卡箍的最大间距为450mm，最大松弛度为6～10mm（距卡箍225mm处）。

（2）在中、强振动区域固定卡箍之间的电缆松弛度如图5-136所示：固定卡箍的最大间距为400mm，最大松弛度为6～10mm（距卡箍200mm处）。

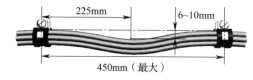

图5-135 弱振动区松弛度的设置

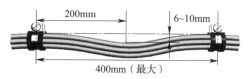

图5-136 中、强振动区松弛度的设置

（3）大规格电缆在固定卡箍之间电缆的松弛度最小为1.5mm，如图5-137所示。当卡箍轴线不共线时，应使电缆圆弧过渡敷设，而不能直拉（见图5-138，注意卡箍的方向）。

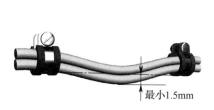

图5-137 大规格电缆松弛度的设置

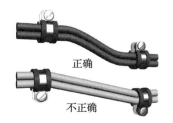

图5-138 卡箍轴线不共线时电缆的敷设

（4）在易于接近区域的松弛度应满足下列要求：

①至少留3次终端修理的余量；

②不影响活动组件的运动；

③不影响设备安装底座的拆装，不影响接插件的拆装。

（5）在强振动区域松弛度的控制：

①提供的终端修理用余量要均匀地捆扎在线束中；

②多余的松弛度在振动条件下应满足：卡箍和导线能承受振动所引起的张力，并加装

套管或聚乙烯带进行防磨保护。

（六）滴水环的设置

滴水环的作用是防止水沿着导线束中的导线进入插头。不在防水区域与设备相连的电缆在连接设备之前应设置滴水环，其直径约为电缆直径的10倍，并且位置低于要保护的插头，在空间限制或电缆粗短时，可弯成U形，如图5-139所示。强振动区域内的滴水环必须固定紧，使滴水环的运动受到限制并减至最小值（见图5-140）。滴水环也不应与邻近的机体或设备相摩擦，如有摩擦的可能，则必须安装套管或胶带进行保护。并且，不能通过安装滴水环的方式来控制导线束的松弛度。

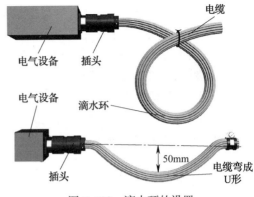

图 5-139　滴水环的设置

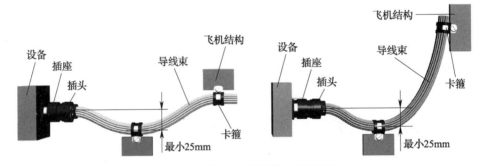

图 5-140　强振动区域内滴水环的固定

（七）电缆整理的收尾工作

1. 注意事项

（1）在整理电缆时，不得随意改变电缆的走向。

（2）在捆扎电缆前，应先对电缆进行整理，使电缆平直，没有交叉。

（3）在电缆走向转弯处，不应使电缆弯曲度过大，以防电缆导线受力不均而损坏。

（4）电缆在通向活动部位时，电缆两端的固定要牢靠，并且不得影响活动部位的工作；弯曲部位的长度余量应适宜，如果过短，当机件转动时，易将电缆导线拉断；如果过长，将影响活动机件的正常工作或卡坏电缆导线。

（5）导线束的绝缘层应完好，容易进水、油和受摩擦的部位包扎应良好。如绝缘层有损伤，应用聚氯乙烯绝缘带，高温区用B501布等绝缘材料包扎好。

2. 质量检验

电缆外观应清洁，不分散、不紊乱，要成束，并且平直、没有交叉，不影响其他机件工作；电缆的固定要牢靠、走向正确，不晃动，不与其他机件相摩擦；通向活动部位的电缆，两端的固定要牢靠，长度余量要适当。

第六章　飞机线路快速修理技术

飞机的快速修理是保持航空兵部队持续作战能力最直接、最经济、最有效的途径，当飞机在平时检查中或执行作训任务发生意外损伤时，为了减少飞机的维修周期，就需要在外场实施快速修理，以恢复（或部分恢复）其飞行性能。因此，如何使维修人员在有限的时间空间、技术支持和航材物料的条件下，尽可能地缩短检测时间、快速恢复关键功能，使飞机恢复执行任务的能力意义重大。飞机线路快速修理技术是飞机快速修理技术中的一项重要内容。

为了更好地完成飞机线路快速修理，需要对飞机线路损伤分类、修理技术和工艺等进行深入研究和总结归纳，为部队飞机线路快速修理实施做好前期准备。

第一节　导线的修理

一、导线的损伤等级

根据飞机导线的结构特点分析归纳，导线出现损伤的模式如表 6-1 所示。同一种损伤模式对应确定的标准化修理步骤。

表 6-1　导线损伤模式

导线分类		损伤模式
低压绝缘导线	无屏蔽层	绝缘层受损
		线芯受损
	有屏蔽层	屏蔽层受损
		绝缘层受损
		线芯受损
高压绝缘导线	无屏蔽层	绝缘层受损
		线芯受损
	有屏蔽层	屏蔽层受损
		绝缘层受损
		线芯受损

损伤等级是根据导线损伤面积的大小、损伤程度或者通电特性的失效程度制定的损伤级别。一般通过目测和万用表检测的方法判定。每一种损伤模式都有对应的损伤等级。

损伤等级分为 6 级。

第 1 级：仅需要修理绝缘层（包括护套）。这一等级包括两种情况：第一种，只有绝缘层（包括护套）损坏；第二种，线芯损伤在允许范围内的。中华人民共和国军用标准 GJB 1014.4—1990《飞机布线通用要求 连接》第 4.3.2 条对此有明确规定，如表 6-2 所示。

第 2 级：线芯、绝缘层（包括护套）都需要修理。包括线芯断丝或伤痕超出允许范围的、导线导电特性不符等情况。

表 6-2　线芯允许伤痕范围

导线线芯材料	每一根线芯中单丝根数	允许有刻痕和切断的单根根数
铜或铜合金	19	2 根有刻痕，无断丝
	37	4 根有刻痕，无断丝
	37 根以上	6 根有刻痕或断丝
铝	所有单丝数	无刻痕或断丝

第 3 级：屏蔽层需要修理。也就是只有屏蔽层损伤的情况。

第 4 级：屏蔽层、绝缘层需要修理。

第 5 级：屏蔽层、绝缘层、线芯需要修理。

第 6 级：一根导线上有两处或两处以上的损伤。

二、导线的修理程序

通过判断损伤模式，分析损伤等级，选择相应的修理程序（见表 6-3）。修理程序包括根据要求选择相应材料、工具，合适的施工工艺及修理后检查等。

表 6-3　不同损伤等级对应的修理程序

损伤等级	修理内容	工具	材料	修理程序
1	绝缘层	热风枪	见表 3-25 和表 3-26	见《带绝缘层导线屏蔽层的快速修理》
2	线芯、绝缘层	剥线钳、压接钳、烙铁、热风枪	连接接头、焊锡、绝缘材料及防护材料（见表 3-25 和表 3-26）	见《线芯修理程序》和《带绝缘层导线屏蔽层的修理程序》
3	屏蔽层	热风枪、铜环压接工具	屏蔽层、铜箔、热缩管、屏蔽收头	见《屏蔽层修理程序》
4	屏蔽层、绝缘层	热风枪、铜环压接工具、剥线钳、烙铁	屏蔽层、铜箔、热缩管、屏蔽收头、绝缘材料及防护材料（见表 3-25 和表 3-26）	见《带绝缘层导线屏蔽层的快速修理》

表 6-3（续）

损伤等级	修理内容	工具	材料	修理程序
5	屏蔽层、绝缘层、线芯	热风枪、铜环压接工具、剥线钳、烙铁	连接接头、焊锡、屏蔽层、铜箔、热缩管、屏蔽收头、绝缘材料及防护材料（见表 3-25 和表 3-26）	见《线芯修理程序》和《屏蔽层修理程序》
6	线芯两处以上的损伤	热风枪、铜环压接工具、剥线钳、烙铁	连接接头、焊锡、屏蔽层、铜箔、热缩管、屏蔽收头、绝缘材料及防护材料（见表 3-25 和表 3-26）	见《线芯修理程序》和《屏蔽层修理程序》

1. 线芯的修理

（1）修理要求

①导线端头焊接或压接处有断丝或严重锈蚀时应将该部分截除，然后重新进行焊接或压接；余留部分导线长度达不到原规定时应更换新线；导线端头焊接处有轻微锈蚀时，应彻底清除锈蚀后重新焊接。

②截面积为 8.8mm^2 以上的导线，绝缘层因机械原因局部破损，而内部线芯良好时，允许每根有一处长度不超过 20mm，圆周不超过 1/2 的破损。破损处应包 2 ~ 3 层油性漆绸，用聚氯乙烯带裹紧，再用线绑扎牢靠。高温区导线用氟塑料带或其他新型耐高温材料包扎。

③导线在中间折断或损坏时，应予拆除，更换新线。新换上的导线应有与旧导线相同的外部保护层，编上与旧导线相同的号码。当在机上拆除旧线有困难时，可将旧线端头部分截除并进行包扎后，另敷新线，将新线与旧电缆束绑扎在一起并固定好。

④如在机上更换新线有困难时，只允许在非活动部位用具有限力或限位装置的专用工具进行冷压接，并在压接处套上相应防护套，但每根导线不允许超过两处。多根导线冷压接时，接头应相互错开。

⑤导线端头编织层后缩或松散，允许用细线绑扎，绑扎长度应不少于导线直径的 1.5 倍。

⑥编织层破损而绝缘层完好的导线，在每米长度内编织层破损不超过 10mm 时允许使用细线绑扎。

⑦禁止将导线泡入汽油或乙醇中清洗。

（2）用死接头快速修理的方法步骤

用死接头快速连接线芯是导线快速维修所采用的主要方法，针对海军飞机特殊的使用环境，建议维修时采用密封死接头进行导线的快速修理，具体方法步骤如下。

①剥除绝缘层：损伤处两端的导线绝缘层剥除长度应根据绝缘筒的长度确定。确保从死接头的观察孔内看到导线的线芯，线芯顶到拼接管止位且不能超过止位；导线的绝缘末端不能进入拼接管，且最大超出拼接管末端 0.33mm。（注意：剪去多余的线头或剥除导线端头的绝缘层时，要防止其落入飞机里去。）

绝缘层剥除后，检查线芯是否有损坏，如果线芯划痕或折断的数量超过规定，应切除端头并重新剥线（如果导线长度足够时），或报废并更换新导线。

②捻头：多股导线的端头剥线后，线芯容易散开，应按原来绞合方向捻紧。捻头后的线芯应均匀顺直，松紧适宜，不应卷曲或单股线芯越出，不应损伤线芯或使线芯断股。操作时，最好是手不要直接触及线芯。可捏紧已剥断而没有剥落的绝缘层进行绞合，绞合时旋转角一般在30°～40°为宜，旋转方向应与原线芯旋转方向一致。

③死接头的压接：

a. 将拼接管套在任一端导线上，把端头剥去绝缘层的导线线芯全部插入死接头的金属连接头内，在死接头的观察孔内能见到线芯。

b. 把连有导线的死接头从没有定位模块的一端穿入和死接头颜色对应的压钳的钳口内，直至顶到定位模块止位端。

c. 调整使观察孔向上与压接工具顶部平行。

d. 按压压钳手柄，使压钳棘齿到达力矩时释放，完成死接头第一次压接。

e. 从压钳内取出死接头，并目测检查压接质量。

方法：允许在压接施工期间拼接管的压线筒和导线有一定的弯曲。

对拼接管进行向上与向下弯曲目视检查、侧面与侧面弯曲目视检查，拼接管的压线筒和导线以参考线为基准，允许的最大弯曲角度不能超过11°，如图6-1所示。

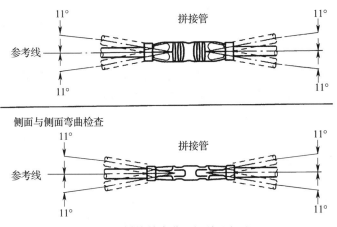

图6-1　拼接管弯曲目视检查标准

对拼接管进行横截面的检查，如图6-2所示。

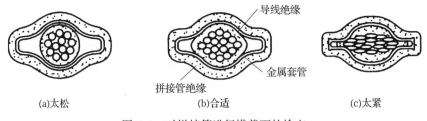

图6-2　对拼接管进行横截面的检查

f. 套上绝缘筒、热缩管（如需要采用热缩套管的方式修理绝缘层，且热缩管长度必须足够覆盖损伤处，并超过损伤处两端至少10mm）和相同规格的屏蔽套管（若导线外有屏蔽套的，长度必须覆盖损伤末端1.5cm）。

g. 从压接模块一端穿入已压接好的死接头，并使连有导线端的死接头端面反方向顶住定位模块。

h. 调整使观察孔向上与压接工具顶部平行。

i. 按压压钳手柄，使压钳棘齿到达力矩时释放，完成死接头第二次压接。

j. 按步骤 e 进行目测检查。

k. 待都压好后，将绝缘套管移至连接处，用热风枪对绝缘套管加热，直到绝缘套内的热熔胶收缩后与导线绝缘层紧密结合，起到绝缘和密封作用。

l.（此步针对有热缩套管）热风枪应根据热缩管牌号设置正确，从左到右或从右到左缓慢移动热风枪，使热缩套管受热均匀，直至收缩紧贴导线绝缘层。

m. 按要求选择合适的包扎材料或者不包。

2. 屏蔽层的修理

（1）用屏蔽收头快速连接

屏蔽导线线芯损伤严重时，在将线芯用死接头快速修复后，可使用屏蔽收头对导线屏蔽层进行快速连接。

使用时将 2 个合适大小的屏蔽收头在线芯连接前，提前套入需连接导线的任一端，待线芯连接完成后，用屏蔽收头和引接线将修复处两端的屏蔽层连接起来。

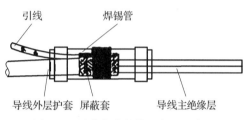

屏蔽收头的锡环处于导线屏蔽层和引线搭接处的中间位置，用热风枪加热使锡环充分熔化，套管收缩，密封圈熔化收缩。其操作方法如图 6-3 所示。

图 6-3　屏蔽收头的使用方法示意图

（2）屏蔽层修理

对于飞机上屏蔽要求较高的区域，对导线屏蔽层的修理可采用另加屏蔽层的方法，即在连接线芯前提前在连接导线的任一端套入一段合适大小的屏蔽层，并套入屏蔽层固定环和外层热缩管，待完成线芯的连接后再将导线屏蔽层修复，具体方法步骤如下。

①去除损伤区域的屏蔽层。

②将电缆两侧屏蔽层回折，使用临时胶带将屏蔽层的每个末端缠紧，确保电缆上的屏蔽层不能移动。

③根据温度等级选择屏蔽材料，屏蔽材料的最小直径大于电缆屏蔽层回折直径，最小长度等于电缆两侧屏蔽层回折后末端之间的距离；将屏蔽材料套在电缆上，屏蔽材料的末端与电缆屏蔽层回折后的末端对齐。如图 6-4 所示。

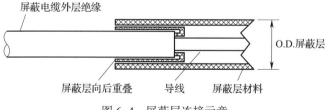

图 6-4　屏蔽层连接示意

④测量装配后的屏蔽材料外侧直径，根据温度等级和屏蔽材料外层直径选择合适的两个金属小环并根据金属小环件号选择压接工具。

⑤去除电缆屏蔽层每个末端上缠绕的临时胶带；在电缆的一端套入金属小环，确保金属小环末端与屏蔽材料和电缆屏蔽层回折末端重合，压接金属小环，然后按照相同的施工方法完成另一端金属小环的压接工作，如图6-5所示。

图6-5　屏蔽层的固定示意图

⑥根据温度等级和完成拼接屏蔽层装配的电缆外层最小直径选择热缩管，根据温度等级选择绝缘胶带。在装配好屏蔽材料的电缆上缠绕两层绝缘胶带，确保胶带缠绕时最小重叠50%；将热缩管放置在缠绕好绝缘胶带的电缆中心，完成热缩工作，如图6-6所示。

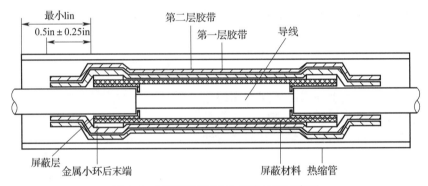

图6-6　屏蔽层修复后的绝缘处理示意图

3. 线缆屏蔽套的快速修理

当线缆屏蔽套出现小面积磨损或弹片划伤时，用低阻抗的金属丝（按温度等级进行选用）从距离损伤末端1.5cm处进行密绕，最后在末端包扎（丁香结）。注意：密绕前在缠绕的前端应该按照温度缠绕一层绝缘胶带，以防打滑。

4. 带绝缘层导线屏蔽层的快速修理

带绝缘层导线屏蔽层的修理需要先处理屏蔽层再处理绝缘层。屏蔽层的修理参照2和3。

绝缘层的快速修理采用胶带包扎的方法，如图6-7所示。此方法主要用于仅绝缘层损坏的屏蔽线缆或者非屏蔽导线在允许范围内的线芯损伤时的修理方法。

在包扎前，首先要合理地选择胶带，原则是：相同温度等级的材料可以相互替代，温度等级高的材料可以替代温度等级低的材料。

包扎时注意事项如下：

（1）必须至少包扎两层；

（2）包扎时胶带倾斜角度大约为45°，每一次包扎至少覆盖上次包扎的51%；

（3）两层胶带的包扎方向必须相反；

（4）胶带包扎区域必须超过受损区域两端至少20mm；

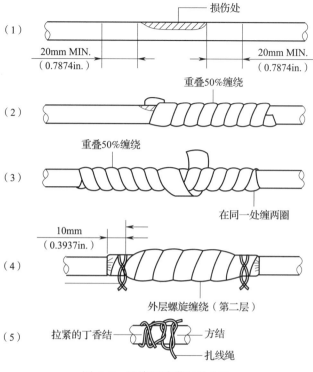

图 6-7　绝缘层胶带包扎方法

（5）包扎末端必须以两次同方向包扎结束；

（6）在包扎层两头 10mm 处打上方结。

第二节　搭铁线的修理

飞机电源负线及电缆防波套、屏蔽导线屏蔽层的搭铁线的修复，可直接用连接接头将搭铁线连接起来，当搭铁线在接线片根部处断开时，需另外更换同型号大小的接线片，也可以将搭铁线整体更换。

一、使用工具

搭铁线修理使用的工具有剥线钳和端子压接钳，详见第四章工具及仪器。

二、使用材料

接线片种类很多，按材料分有铜接线片和合金接线片。按功能分有端子带绝缘和不带绝缘的。带有绝缘层的接线端子是搭铁线快速维修通常采用的接线片，如图 6-8 所示。

接线片的尺寸主要以有效接触面积大小和接线柱直径大小区别，用数字表示，其中以18、20 和 22 最为常用。

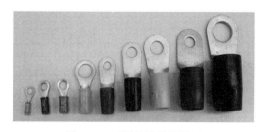

图 6-8　不同规格接线端子

三、修理程序

（一）剥线

根据端子接触筒长度剥去导线端头绝缘层（如搭铁线采用金属屏蔽网，则只需将搭铁线端部剪齐即可），线芯松散的应捻头。

（二）压接

将已套上导线端头的压接端子的压接部分放入相应规格的压接端口中并用压接钳稍许夹紧固定，同时用一只手扶住导线使其导线端头可靠地保持在压接端子的端口中，然后握住钳柄的手用力将钳柄压至极限位置后松开，即可完成端子与导线的压接。压制接线管连接导线的方法与此相同（见图6-9）。

图 6-9　端子压接应用示例

注意：压接钳有防倒转棘轮装置，用于保证只有在压接工作完成后，钳柄才能释放，因此压接导线时，必须一次握紧钳柄将其压至极限位置，不得中途松开钳柄。

第三节　总线的修理

海军现役飞机上常用的总线主要有 ARINC429 总线和 1553B 数据总线两种。

ARINC429 总线是典型的双绞屏蔽导线，其修理参照导线线芯的连接和导线屏蔽层的修理相关内容进行。

1553B 数据总线的修复较为复杂，目前，较为成熟的 1553B 数据总线连接器主要有焊接式和压接式两种端接结构。

焊接式 1553B 数据总线连接器以 Raychem 公司 DK-621 系列为代表，压接式 1553B 数据总线连接器以法国 AXON 公司 ACB1 系列为代表，同时还有美国 Trompeter 公司 450 系列产品，除端接方式不同外，它们之间可以互配使用。

1553B 数据总线双绞线结构如图 6-10 所示。

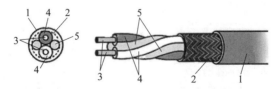

图 6-10　1553B 屏蔽双绞线结构图示

1—线缆外绝缘皮；2—屏蔽皮；3—信号内芯线；
4—信号内芯线绝缘皮；5—线缆内加强筋

DK-621 系列连接器结构如图 6-11 所示。

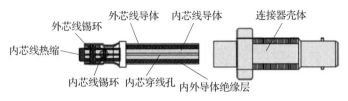

图 6-11　DK-621 连接器结构示意图

1553B 数据总线导线与针（孔）连接器连接示意图如图 6-12 所示。

焊接式和压接式两种连接结构各有其优缺点：焊接式结构使得装配简单、易于拆卸，但由于采用了加热方法使焊锡环熔化进行连接，导致焊点质量不易观察，容易导致焊接不充分、过热的温度以及熔化的焊锡造成绝缘损伤等缺陷；压接式结构需要采用专用压接工具和定位器，采用了由内至外的装配顺序，使得装配步骤更为繁琐，且压接需要作为特殊过程进行质量控制。但压接方式不受外部环境温度影响，更能适应低温下使用，具有更高的可靠性，因此需要在选型时综合考虑。

对于数据总线电缆的检测除常规性能检测外，通常还需要进行连续性、特性阻抗、动态故障影响、衰减、余度总线间的隔离、共模抑制、波形畸变、数据通路的完整性等项目测试，其操作较为复杂，建议外场维修时由专业人员完成。

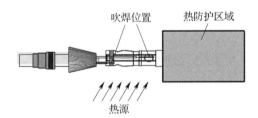

图 6-12　导线与针（孔）连接器连接示意图

附　　录

附录一　中华人民共和国国家军用标准飞机线路相关摘录

一、GJB 1014.1 飞机布线通用要求　总则

3.1　飞机 aircraft

本标准所指的飞机包括直升机。

3.2　布线 wriing

安装在飞机中的导线，电缆，线组或组合线束以及与它们组合的连接件、相关的附件和支承件统称为布线。作为动词使用时，布线指在加工和在飞机中安装上述各项的行为。

3.3　导线 wire

在电路中传输电流的，实心的、绞合或箔式结构的单芯金属导体、护套或屏蔽层。本标准所用的"导线"是"经绝缘的导线"。

3.4　导线段 wire segment

两个接线端子或连接点之间的导线称为导线段。

3.5　电缆 cable

包容在一个公共护套中的两根或多根导线；虽无公共护套，却扭绞或模压在一起的两根或多根导线；具有金属外套屏蔽层或外导体的一根导线均称为电缆。

3.7　线组 group

绑卡在一起，并敷设到一项或一套设备上去的数根导线、电缆称为线组。

3.8　线束 harness

经整理、排列，并能作为一个组件进行安装或拆卸的若干导线、电缆和线组称为线束。

3.8.1　高密度线束 high density harness

为节省重量和空间而设计的，并有机械保护的线束称为高密度线束。

3.9　组合线束 bundle

一起敷设的数根导线和电缆、线组、线束总称为组合线束。

3.10　敞开式布线 open wiring

为便于维修、减轻重量，有利于导线散热和安装，以导线本身绝缘为主要防护层，不再附加其他保护层的布线称为敞开式布线。

3.11　定点绑扎 spot ties

除了辅助支承的那些绑扎外，在组合线束中用来隔离各类导线、电缆、线组或线束的绑扎称为定点绑扎。

3.12　主支承 primary support

承受布线重量并将其固定到预定位置，对布线提供的支承称为主支承。

3.13　易燃 flammable

炽热的油类和易挥发的液体蒸气、粉尘，遇火花或明火时，能突然起火的能力称为易燃。

3.14　擦伤 chafing

在布线系统组件之间，布线系统组件与结构或设备之间的反复相对运动，从而导致有害的摩擦作用称为擦伤。

3.15　强气流和潮湿区域 severe wind and moisture problem（SWAMP）areas

诸如轮舱、折叠翼和襟翼附近区域以及直接暴露在大气条件的区域，称为强气流和潮湿区域。

二、GJB 1014.2 飞机布线通用要求 选择与标识

3.1　布线的选择

所选择的布线型式适于应用。选用的布线应使其在任何电气负载、环境温度及线束、保护管或其他包容物内等综合情况下产生的温度不应超过导线的额定温度。选择时需考虑的因素有电压、电流、环境温度、机械强度、磨损、弯曲及高空气压变化。必要时还应考虑恶劣的环境，例如：频繁弯曲环绕、强气流和潮湿区域以及导线绝缘对有关液体的敏感程度。

3.1.1.2　镀银线芯

镀银线芯连续工作在接近额定温度的情况下性能将降低，线芯之间可能粘连、银层迁移和铜芯氧化等而使弯曲性能降低。在易受某些化学物质污染的区域，可能有失火危险而不应使用镀银线芯。

3.1.1.3　可焊性

镀锡和镀银的铜线芯，长期暴露于高温中，可焊性降低，考虑到维修过程中的重新端接，在设计文件及维修规程中应有相应的补救措施。

3.1.9　导线最小规格

飞机上允许使用的最小规格导线为 $0.3mm^2$，严禁使用小于 $0.3mm^2$ 的导线。

3.2.2.3　标识间隔

应在导线、电缆全长上做编号标记，编号间隔不大于 80mm。

三、GJB 1014.3 飞机布线通用要求 安装与保护

3.1.2　线束外径限制

在飞机上用圆形卡箍支承的线束外径应限制在 50mm 以内。高密度线束不受此约束。用高密度连接器连接的，属于同一系统或项目的布线可作为单独的线组敷设，其外径也不受限制。

3.1.2.1　高密度线束

一般不限制高密度线束中的导线或电缆根数。除非在同一线束中还有更细的导线或电缆，一般不提倡使用大于 $1.2mm^2$ 的导线或电缆组成高密度线束。

3.1.5 绝缘收头

在导线、电缆中未指定连接处的备用线端头均应可靠绝缘、适当固定，以免引起故障。

凡要求用特定绝缘方式（例如：压接绝缘端帽、用热收缩管成型、绑扎绝缘套管等）收头之处，应在专用要求中规定。高密度线束中的绝缘收头位置应在距连接器或公共护套100～150mm的范围内。

3.1.6 敷设

布线敷设配置应确保可靠，以防下述各种现象发生：

a. 擦伤；

b. 被用作手柄或人员装备的支承物；

c. 受到人员正常活动所引起的损坏；

d. 由于储存或搬运货物而造成损坏；

e. 作战损坏（尽可能减少）；

f. 因活动部件的运动引起损坏；

g. 苛刻的环境影响，例如：有强气流和潮湿区域、高温区域、因蓄电池或其他有腐蚀性气体和液体或蒸气凝聚物影响的区域以及易受石块、冰、泥浆等磨损的轮舱区。

3.1.7 布线松弛

飞机布线无论在试生产阶段还是在批生产阶段均应满足松弛要求。除应满足滴水环（见3.2.8条）所要求的松弛量外，在线束设计和制造中均应采取相所措施，提供一定的松弛量。以保证布线装机时无须强行拉扯或改变敷设走向就能满足下述各项松弛要求。

3.1.7.1 连接器端接处

除射频连接器外，布线在连接器端接处应至少提供25mm的松弛量。这些松弛量应分布在连接器与布线第二个支承卡箍之间，以便更换连接器时利用。

对25mm的松弛量解释如下：未装配的连接器在布线第一个主承卡箍松开时，布线允许该连接器的端面比通常规定的正常对接处向前延伸出25mm。

对于需灌胶密封的连接器，其松弛量至少应再加长灌封所需的25mm。

3.1.7.2 接线端子处

布线在接线端子处至少应提供相当于接线圆套筒长度2倍的松弛量。对于35mm^{2}及以上的铜芯线和20mm^{2}及以上的铝芯线，在端子处至少应提供1倍接线圆套筒长度的松弛量。

这些松弛量应分布在端子附近，便于维护和更换端子时利用。

3.1.7.3 防止产生有害应力

布线安装的松弛量应防止飞机正常飞行时在布线上、连接点处和支承件处产生有害应力。

3.1.7.4 自由抖动

布线安装的松弛量应允许已安装的设备受到冲击和振动而引起的必要的自由抖动。

3.1.7.5 适当移动

布线安装的松弛量应允许在飞机上维修时对有关布线和设备进行适当移动。

3.1.8 电磁兼容性

包括射频线和天线电缆在内的所有布线的敷设应使电磁干扰减少到符合ＨＢ5940的要求。

3.1.9　点火电路

磁电机点火电路所采用的金属软管应按专用要求规定。磁电机的接地线（感应断续器的输出线除外）不得通过有其他布线的导线管或接线盒敷设。

3.1.10　罗盘偏差

与罗盘有关的布线安装应满足罗盘偏差要求范围。在罗盘和罗盘传感器附近的每根带直流负载的导线均应与一根接地回线扭绞以抵消磁场影响。

3.1.11　端子接线处的组装

应尽量避免端子在接线时与相邻端子的人为连接错误。

除了应有导线编号和接线端编号区别外，应优先采用控制导线或电缆绑扎长度，使线束呈扇形排列，或采用螺栓孔尺寸不同的接线端子。

3.1.12　敏感信号电路

低功率的敏感信号电路，在连接处应与其他电路隔离。可单独采用连接器，或在公用接线板上用至少间隔一个接地螺栓与其他线路隔离。

3.1.12.1　电引爆系统的布线

电引爆系统电路应采用双股扭绞屏蔽线。电路连接处的屏蔽不得中断。屏蔽层应环绕搭接通过连接处，不得开裂。与军械和引爆系统有关的所有点火和控制电路的连接应与其他电路隔离。

订货方需要时，装在接线盒里的军械和引爆系统有关的点火和控制电路可用红色条带做标记，红颜色应符合有关规定。

3.1.13　电源系统布线

无电气保护的主电源线不应与配电线路布线绑扎和组合在一起。两个或多个电源的布线也不应绑扎和组合在一起，以防一个电源的损坏而影响其他电源。

3.1.14　重要设备布线

在正常或应急情况下，为维持飞机飞行而必须工作的各系统布线应与其他布线隔离敷设。

发动机重要电路布线的敷设应能防止因一台发动机电路故障而影响其他发动机电路的正常工作。螺旋桨电路应与其他电路隔离。

3.1.15　多重电路

为提高安全可靠性，某些专用设备的电路，或通往配电中心的馈电线路可采用多重电路。多重线路的布线应隔离敷设，以防止一路故障影响其他路的正常工作。

飞机上采用多路传输数据总线应符合 GJB—289 以及其他有关要求，其主、备用总线应隔离敷设。

3.1.16　远离高温设备

产生高温的设备，例如：电阻器、排气管、加热管、除冰器等能引起布线绝缘层老化。布线应远离这些设备，特别注意不应通过这些设备的上方敷设。

3.1.17　发动机舱布线

对于同一系列、装有相同设备可以互换的发动机，从与飞机分离点开始的短舱布线应可互换。拆卸发动机时必须松开的布线卡箍应采取定位措施，例如，设计固定的卡箍支架定位。

3.1.18　舱底布线

除装在舱底中心线两侧 150mm 范围内的设备的所需连接线外，在该区域内不得布线。不得在舱底部使用不符合耐潮湿要求的导线、电缆。

3.1.19　装在发动机上的附件布线

与装在发动机上的附件相连的导线规格不得小于 0.5mm²。当用 0.5mm² 规格的导线时，应选用高强度铜合金线芯，所用连接器应有尾线夹以防端接处受力。

布线应适应分组、定点绑扎，支承和保护应符合 3.2 条有关规定。

3.1.20　轮舱区域

轮舱区域内的所有布线应有导线管或其他保护措施。经适当支承的布线也可使用软管、防磨带或编织护套。导线管等防护物的所有可能集水处和支承卡箍之间的最低点应有排水孔。

不得使用不符合耐潮湿要求的导线、电缆。

3.2　支承和保护

布线的支承应满足下述要求：

a. 防止擦伤；

b. 穿过隔板或结构件的布线应固定；

c. 在接线盒、配电板以及组合线束中的布线敷设应适当分组和支承；

d. 应预防可能引起导线、电缆和连接器件断裂的机械拉力和冷作硬化；

e. 应防止电路产生电弧或过热而引起操纵钢索或相关设备损坏；

f. 应便于对设备上的接线器件重新接线；

g. 应避免布线与其他设备之间互相干扰；

h. 应防止强振动区域的布线过量移动；

i. 连接器和接线器件上的布线应沿敷设方向理顺，不得有过度弯扭，以防封严体变形影响绝缘和密封。

3.2.1　主支承

布线的主支承应采用满足使用环境的支承器件。应优先选用标准件卡箍，选用非标准件需经订货方批准。

3.2.1.1　支承间隔

主支承的间隔距离不得大于 600mm。装在布线槽或导线管中的布线不受支承间隔要求。连接器件虽能起到支承布线的作用，但不应作为支承点而扩大支承间隔距离。

布线穿过任何结构隔板开口处，必须安装主支承器件以防擦伤导线、电缆的绝缘。

线束的刚性段支承间隔距离不得大于 1000mm。

3.2.1.2　支承限制

a. 主支承不应用相邻近的线束作支承固定点。

b. 绑带和扎线不应用作主支承件。

c. 主支承器件不得影响减振支座的正常工作。

3.2.1.3　塑料卡箍

优先选用的尼龙卡箍应符合 HB5935 的要求。

塑料卡箍可用于沿水平方向敷设的布线。非水平方向敷设的布线需使用塑料卡箍时，应保证各支承点之间的松弛不会累积。

塑料卡箍不应支承线束的刚性段。

3.2.1.4　带垫金属卡箍

优先选用的带垫金属卡箍应符合 HB3-25、HB3-26、HB3-27 要求。卡箍与衬垫的材料应与所使用的环境相适应，特别注意耐高温、耐油、耐腐蚀等要求。

3.2.1.5　卡箍规格

卡箍规格应能使布线保持定位并且不损坏所卡导线、电缆的绝缘。为了满足此要求，允许在线束外缠绕符合 3.2.2.3 条要求的绝缘带。

若选用非圆形卡箍，其形状应与线束外形一致并能夹紧线束。

3.2.1.6　连接器处的线束支承

用连接器连接的布线应沿敷设方向理齐、绑扎并支承。可采用尾线夹、卡箍、灌封、套管等连接器附件或其他经订货方同意的方法来实现。

3.2.2　辅助支承

布线的主支承之间应有适当的辅助支承，以提高线束的防护能力。常用下述器件对布线提供辅助支承。

3.2.2.1　扎线

除接线盒、控制箱等内部布线以外，不得采用连环扣式的扎线绑扎方法，以免一处松脱影响其他绑扎处。

3.2.2.2　绑带

经浸渍处理的带装编织物，绑扎后应能防止松脱。选用绑带应符合有关专用标准。

3.2.2.3　绝缘带

绝缘带常用于布线保护，也起辅助支承作用（见 3.2.6.1 条）。选用绝缘带应符合有关专用标准要求。

3.2.2.4　塑料系带

塑料系带用工具绑扎，便于施工。优先选用的尼龙系带应符合 HB6197、HB6198、HB6199 要求，相应的手动绑扎工具应符合 HB4148 要求。

3.2.2.5　绝缘管

尽量少用保护布线的绝缘管作支承。并应预防液体在管内截留。

在导线管或绝缘管中的线束不得绑扎或卡紧。

3.2.3　塑料系带使用限制

a. 最高工作温度（环境温度加温升）超过 85℃（185°F）处不得使用；

b. 系带一旦失效可能引起布线移动而损坏导线绝缘或卡滞活动部件处不得使用；

c. 失效的系带可能落到活动部件上而影响其工作处不得使用；

d. 强振动区不得使用；

e. 有强气流和潮湿的区域以及订货方认为不得使用的区域；

f. 除能承受紫外线照射的系带外，在紫外线照射的区域不得使用；

g. 在组合线束内用作定点绑扎时应防止系带结头擦伤导线或电缆的绝缘；

h. 未经订货方批准，塑料系带不得用作主支承器件，塑料系带仅限于起约束开口式塑料卡箍的作用。

3.2.4 防擦伤措施

在敷设和卡紧线束时，应避免布线与设备或结构的锐边接触，以防擦伤导线或电缆的绝缘。

布线与结构锐边的实际间隔应保持 10mm 以上。间隔不能保持上述要求时应在结构锐边上包覆防磨边或镶圈。

布线通过有气密要求的隔板时，应采用符合气密要求的穿墙密封件或连接器件。

屏蔽电缆外表应有绝缘护层。

3.2.5 射频同轴电缆的支承

对单根同轴电缆或含有同轴电缆的线束支承有如下附加要求：

a. 主支承和辅助支承器件施加到电缆上的压力不应大于防止其滑动所需要的最小力；

b. 压力分布应均匀；

c. 支承器件不应使电缆产生影响电性能的变形；

d. 只能使用 3.2.2.2 条规定的绑带绑扎含有同轴电缆的线束。含有固体电介质同轴电缆的线束也可用塑料系带，但所用相应绑扎工具的拉力应适当调节以满足 a、b、c 条的要求。

3.2.6 通用保护器件

下列各项用于布线的保护。

3.2.6.1 绝缘带

压敏绝缘胶带主要用作卡箍内的填充物或辅助支承。非黏性的绝缘带可用作保护布线的包绕物。绝缘带的端头应扎牢或采取其他可靠的防松措施。还应提供排漏措施以防液体聚集。

不应使用易吸潮的或可能与布线绝缘层产生化学反应的塑料带。

3.2.6.2 绝缘软管

除绝缘型接线端子和对接接头外，所有接线端子和对接接头均应用绝缘软管进行保护。软管应包容端子或接头的圆套筒以及包容相接的导线或电缆绝缘层至少 12mm。非热收缩软管应可靠地绑扎定位，软管直径尺寸应与包容物相配，并应适合所处的工作温度要求。

绝缘软管可兼作标识管。

3.2.6.2.1 热收缩管

所选用的热收缩管性能应符合有关标准规定。

3.2.6.3 端接保护套

在接线端子与单个螺栓连接处，应采用合适的端接保护套将端子和螺栓完全绝缘和保护起来。常用保护套应符合 HB6-33、HB6-37 要求。

3.2.6.4 防磨边和镶圈

一般在布线之前固定好防磨边和镶圈，以防布线时结构锐边擦伤导线或电缆的绝缘。可采用黏接或其他适当的方法把防磨边或镶圈牢靠地固定。选用器件应符合所处环境要求。

防磨边用橡胶、尼龙、氟塑料等制成，常用于不规则孔的边缘。防磨边应符合有关标准规定。

镶圈用橡胶、尼龙等制成，常用于小圆孔的边缘。常用镶圈应符合 HB2-6 要求。

3.2.6.4.1　开缝镶圈

开缝式镶圈便于安装、拆卸。可用一般镶圈在安装时现场开缝，要求装好后其开缝的宽度不得超过 1.2mm，开缝应倾斜于镶圈轴线。线束应压在开缝位置的对面。

3.2.7　弯曲半径

布线的弯曲半径指圆心到弯曲内表面的距离。

3.2.7.1　导线或电缆

单根导线或电缆（铜质或铝质）单独敷设时，最小弯曲半径为该线外径的 10 倍。

从线束中分叉出来的单根导线或电缆，如果仅在分叉处支承，其最小弯曲半径应为该线外径的 10 倍。

当对接接头或屏蔽接头等要求所用的导线在线束中掉转方向时，该导线的最小弯曲半径应为其外径的 3 倍，并应在掉转处提供适当支承。

3.2.7.2　线束

线组、线束或组合线束的最小弯曲半径应为其外径的 6 倍，但不得小于线束中所含最粗导线或电缆的外径的 10 倍。

3.2.7.3　同轴电缆

同轴电缆的最小弯曲半径不得影响其电性能。易弯曲同轴电缆的最小弯曲半径为其外径的 6 倍，半刚性的同轴电缆最小弯曲半径为其外径的 10 倍。

3.2.7.4　适用范围

弯曲半径的要求不仅适用于安装，也适用于布线的装运、加工和储存期间。

3.2.8　滴水环

布线自上而下敷设进入连接器、接线板、配电板或接线盒等器件中时，除满足 3.1.7 条要求的松弛量外，应在布线上提供集水器或设置滴水环（线束成 U 形）以防止液体冷凝水流入上述器件中。此要求不适用于灌封式连接器或已有密封措施的器件。

3.2.9　连接活动部件的布线

连接到能产生相对运动的部件（例如，铰链和旋转连接部件，具体像驾驶手柄、操纵轮、操纵杆、活动面）上布线的安装和保护应能防止这些组合件的相对运动而引起布线损坏。这种损坏包括线束内的导线、电缆之间的磨损，以及过度的扭绞和弯曲。

跨铰链安装的线束应扭绞而不是弯曲跨过铰链。

连接到外场可更换设备 LRUS，武器可更换组件 WRAS 上的线束应有防护措施，以防由于设备经常移动和更换而引起布线的弯曲、拉动、摩擦或其他影响造成损坏。

3.2.10　特殊保护

电源馈电线包括汇流条应采用专门绝缘、或用隔离安装的方式给予重点保护。为防止引起电源系统损坏的接地故障或相与相间短路故障，配电中心汇流条应安装在绝缘包容物内，并特别注意汇流条之间的绝缘。

在舱底、盖板或地板上安装的布线应配置合理并有保护措施，以防因维修人员的正常维修或机组人员走动而引起损坏。

在可能聚集液体并将染布线的位置，布线的敷设和保护应能防止受液体损害。

3.2.11　布线与流体（输液、输气）管道

布线应与所有流体管道和设备保持最大间隔距离分开支承。并应敷设在输液管道、设

备的上方，以防液体泄漏污染或浸泡布线，若无法满足上述要求，布线只能与这些管道成一角度从其下方通过而不得平行。不应在任何管道下面设置接线器件。

布线不应直接安装在输液管道或设备上，它们之间有电气连接要求或其间隔距离小于50mm 时除外。

间距小于 50mm 处的布线应与管道保持最小 12mm 的实际间距。并用隔离件将布线与管道分离，或将布线固定在距管道最近的一个或几个主支承器件上。用刚性的非金属或金属导线管、结构肋板、框架、长桁或沟槽等隔离件将布线与管道完全隔离的情况，此最小间距的要求不适用。

3.2.12　通过燃油箱的布线

不属于燃油系统管理或控制线路的布线一般不应穿过燃油箱敷设。当没有其他选择方案而必须穿过时，应设置干燥的检修管道或通路，以防布线绝缘层与燃油接触。

管道或通路的尺寸应便于不拆卸燃油箱就能拆修布线，并应具有防电接触的氟塑料内衬。

3.2.13　燃油箱内部布线

当没有其他选择方案时，管理和控制燃油系统工作所需的布线可在燃油箱内部敷设。

对于能产生大于 0.02mJ 能量的电路，所使用布线必须封闭在有氟塑料内衬的接地金属管内与燃油隔绝。

能与燃油接触的布线绝缘层必须能适应燃油和其蒸气。安装在油箱内的布线器件也应有相适应的性能。绑带、扎线、系带或可能松脱而引起油滤堵塞的其他物件禁止在油箱内使用。

3.3　导线管

导线管可以用在布线需要保护处，或用在布线无法接近处以便于维修。在本标准规定之外使用导线管应由相应的专用文件规定。

金属管可用以满足系统电磁兼容性的屏蔽要求。

3.3.1　金属硬管

金属硬管一般用铝或铝合金材料制成。

3.3.2　金属软管

在不适合使用金属硬管处可使用金属软管。所采用的金属软管应由专用文件规定并符合有关标准。

3.3.3　非金属管（绝缘管）

用非金属材料制造的导线管或布线槽，便于布线安装、维修。所用材料应满足安装环境要求。不得使用聚氯乙烯管。

3.3.4　管径尺寸

导线管通过的线束总外径不得超过该管内径的 80%。

在进行测量时应选用相应的专用文件允许的最大直径的导线或电缆，把它们绑扎在一起，量出其最大外径。

3.3.5　对接

金属管需要对接时，应优先选用相应的航空管路接头标准件。

用于保护无法接近处布线的金属硬管或非金属管，管口无须采用管接头，只应经适当扩口、整圆或除去锐边以防擦伤布线绝缘。

3.3.6　安装

导线管安装应经得起振动和正常使用中不可避免的伤害。

3.3.7　支承

导线管应适当支承，以减轻管接头或管端头上的应力。

3.3.8　排漏

安装好的导线管内不应聚集液体或冷凝水，除了磁电机接地导线管和金属软管外，应在导线管的最低点提供泄漏孔。并应注意清除该孔内外的毛刺以免刺伤布线绝缘。

3.3.9　接地

金属管的接地应符合 GJB 358 的要求。

3.3.10　点火用导线管

每台发动机的每个点火接地导线管应单独敷设，以防一台发动机故障影响其他发动机。

3.3.11　弯曲半径

导线管和管接头的弯曲不应导致布线时擦伤管内线束。

四、GJB 1014.4 飞机布线通用要求 连接

4.1　接地回路

除系统需要有单独接地回路外，电源应以飞机结构作为接地回路，其接地端子应与飞机的主要金属结构相连。备有接地端子的设备应采用相适应的最短接地线接地。内部接地的或不带有接地端子的设备，如果设备安装座不能提供适当的接地，或安装座可能发生锈蚀．则应采用尽可能短的接地导线接地。接地线不得与镁合金件相连。其搭接要求应符合GJB358。

4.1.1　屏蔽线接地

除设备的安装规范另有规定外，对于作频率为 50kHz 或以上电路的屏蔽线，应将屏蔽线两端接地，对于工作频率低于 50kHz 的电路，只需将屏蔽线一端接地。在线束中，应尽量在靠近连接器处端接屏蔽层，或在特定的保护罩内终结屏蔽层。屏蔽层通过连接器接地时，只能用带屏蔽导套的屏蔽连接器或接地连接器。

屏蔽层的端接应优先选用压接器件或热收缩焊接套管。

4.1.2　多路接地

一个接线端子上端接的导线不能多于四根，一个螺栓上连接的接线端子不能超过四个。不同电源（主电源、二次电源、转换电源、应急电源等）的地线要单独接到各自的接地点上。只有由同一电源供电，且不执行双重功能的设备接地线，才能同时接到一个接地点上。

4.1.3　安装在绝缘设备上的器件接地

诸如继电器、接触器等安装在绝缘设备上的电气器件外壳应可靠接地。接地线应分别单独接地而不应先相互串联后再由一根导线接到接地螺栓上。

4.2　连接器

专用连接器的选择及使用应符合专用技术要求。一般连接器应耐环境。除气密连接器应设计成插针式外，选择连接器时有"电"的一侧的接触偶应为插孔而不能用插针以免电路短路或连接器未对接时对人员造成危险。

4.2.1　压接接触偶式连接器

应优先选用可拆卸、压接接触偶式连接器。连接器接触偶应符合 HB 5874 要求。所用压接工具应符合接触偶的性能要求。

4.2.2　耐潮湿连接器

耐潮湿连接器应在各种使用条件下（包括高度、温度和湿度变化），防止水和水蒸气的侵入。连接器在导线的末端应有封严体，插头与插座接合面应有界面密封。应优先选用封严体密封连接器。在封严体密封连接器不适用处可用灌胶密封。端接在连接器上的布线绝缘应与密封性相适应。

4.2.3　防火和防火墙连接器

此类连接器是具有压接接触偶和不锈钢壳体的螺纹连接器。在持续火焰下，限定的时间内，要求维持电路正常工作的连接器，其插头与插座均应是防火的。如果仅为隔离火焰，而不需要维持电路正常工作，则只需插座是防火的。防火和防火墙连接器应满足专用技术要求。

4.2.4　可自动分离连接器

用于座椅弹射、导弹发射、副油箱投放等线路的可自动分离连接器，应在各种适用高度、温度、湿度条件下可靠分离。对此种连接器在安装和维修时不应损坏分离触发部位。连接器的选用应符合相应的技术要求。

4.2.5　同轴连接器

同轴连接器用于连接同轴电缆，应符合相应的专用标准。

4.2.5.1　同轴硬线

以空气作为绝缘介质的同轴硬线应和具有空气通路以及相适应压力的连接器一起使用，以便于同轴硬线的排气和增压。

4.2.6　连接器的安装

当设备或布线需要经常进行拆卸时，线束与线束之间或线束与设备之间应采用连接器。为了不使用工具就可以结合或分离连接器，应提供足够的空间。圆形连接器的连接螺母周围至少留有 20mm 的空间。圆形连接器轴线为水平方向安装时，主键槽朝上。轴线为垂直方向安装时，主键槽朝前。配置或安装连接器时应注意，不应使其成为操作或维护人员的扶手或踏脚，或被其他物件所损坏。无论是插头或插座在安装时，其引导键的啮合和定位情况应便于观察。配合的插头不应受到所连布线的拉力，密封连接器应将法兰盘安装在有高压力的一边。地面电源连接器安装时，小直径接触偶应位于下部。

4.2.7　连接器相邻安装

应避免完全相同的连接器处在相邻部位。一般应选择尺寸和接触偶排列不同的连接器。如在相邻部位使用完全相同的连接器，则布线的敷设和支承应保证不发生连接错误或采用交换插头与插座的位置、交换壳体定位键槽位置、交换接触偶针与孔的位置来防止连接错误。如果这项要求仍不能得到满足，应在插头座标记带上涂以明显的颜色以示区别。对于穿墙插座，应在插座与插头对接一面的周围结构板上涂明显颜色并与插头上标记颜色相同，以防连接错误。

4.2.8　连接器的排漏

连接器进行维修时，与插头分离的插座应能防止液体和冷凝水流入插座。对于安装在飞机外部（如发动机舱、轮舱等）的连接器应选用耐环境性能好的连接器，特别注意防止有油或湿气进入连接器。对配合好的连接器用绝缘胶带或其他方式进行密封。对未对接的插头或插座加保护盖进行保护。连接器不应安装或固定在能截留水的位置。

4.2.9　连接器的保险

安装在发动机舱、强振动区（不包括减振设备上）以及在定期维护不可靠近的区域，不具备自锁的连接器，其连接螺母应该使用保险丝或其他机械方式加以锁定，以防由于振动使连接器脱开。在使用螺纹连接螺母的连接器或连接器附件上，或在使用螺钉或连接螺母把插头的各部件固紧到一起的插头上，应使用保险丝保险。所用的保险丝应选直径为 0.5 ~ 0.8mm 的不锈钢丝或镀锌钢丝。保险丝应符合专用技术要求。

4.2.10　灌胶密封

需要灌胶密封的连接器，工作温度在 150℃及以下时，应采用耐滑油、液压油和燃油的符合相应技术要求的聚氨脂灌封料。工作温度超过 150℃时，应采用硅橡胶灌封料。适应各种温度的灌封料应符合专用技术要求。在高温区未经订货方同意不得使用灌封料。端接用保护套管、标记套管或编织套不得延伸到连接器灌封材料中，以免影响密封性。对空军使用的飞机，不提倡灌封连接器，要使用时必须经订货方同意。

4.2.11　备用接触偶

当使用压接型接触偶时，未使用的接触偶应装入连接器，并把用于防水防尘的相适应的封严塞插入未使用的封严体孔中。对于灌胶密封连接器，每一个未使用的接触偶应接上一段导线，其长度为 130 ~ 180mm。导线截面应为接触偶所容最大规格。这段引线应予以标识并绝缘收头。

4.2.12　焊接型接触偶

焊接型接触偶尾部应易于挂锡，便于焊接导线，其接触偶应符合相应标准要求。钎焊质量应符合相应技术要求。

4.2.13　防尘

在布线的生产和存放或飞机的装配和维修中，为防止线束上的连接器被弄脏和损坏，未配合的连接器应罩上塑料防尘罩或者外层用塑料薄膜，内层用牛皮纸包好并扎紧封严。防尘罩应符合相应技术要求。

4.2.13.1　保持在飞机上的保护装置

在线束生产和布线装机后，对于为备用设备和试验而设置的未使用的、未配合的连接器，应该配上经批准的密封保护装置，例如假插座、带链条的保护盖等。假插座、保护盖应符专用技术要求。

4.2.14　假插座

假插座用来收藏备用插头或备用保护盖。假插座应有明显的标识并能方便地固定、收藏备用插头及保护盖。假插座应符合连接器的有关技术要求。

4.2.15　备用插头

为备用设备和试验而设置的插头应该用卡箍固紧或收藏到假插座上。以防因振动而损坏其本身、相连布线、邻近设备或卡住附近的机械运动装置。

4.2.16　连接器附件

圆形连接器应具有符合连接器附件技术要求的防止端点受力的附件。除为端接地线或屏蔽线而专门设计的附件外，一般附件不应用来端接地线或屏蔽线。接地线不应连接到尾线夹的弓形压线板的螺钉上。

4.3　导线电缆连接

电路设计应使用连续的导线或电缆，若必须设立转接点时，应采用符合要求的连接器件，如对接接头、接线排、电连接模块或各种连接器。在选择连接方式时，应优先采用压接，并按可靠性、维修性和制造方便这一顺序考虑。

4.3.1　连接处的安装

电气连接处的安装应满足电气和机械要求。除接线端子或对接接头上的自身绝缘外，电气连接处不应承受机械应力或用作支承。连接处的电气连接不应依靠压迫绝缘物来保持。当连接处承受外力时，非金属零件的变形不得影响电路的连续。

4.3.2　端接准备

为了防止导线线芯的氧化，在将要端接时剥去导线绝缘层。剥出线芯的长度至少应达到接触偶、接线端子的圆套筒底部。当线芯送至圆套筒底部时，露在圆套筒端头外的线芯最长不得超过 0.8mm，对开口式接线端子，线芯应伸到圆套筒开口端外，但不得妨碍螺栓、垫圈、螺母等连接紧固装置。

4.3.3　连接处的导电性能

每一连接处的导电性能应不低于所连导线等效长度的导电性能。

4.3.4　绝缘间距

各电气连接处之间应有足够的间距，以防电路之间产生电弧和有害的漏电电流。为了提供必要的绝缘间距，可以使用适当的绝缘材料。

4.3.5　连接处的保护

要特别注意保护连接处，以免造成由于人员、货物、机械装置、夹钳或其他零散材料的移动而引起损害或短路。这种保护可用将连接处覆盖起来、将连接处安装在接线盒内、将连接处置于无须附加保护之处，或其他订货方认可的方法。

4.3.6　裸露连接处的保护

裸露的连接处和汇流条应该使用绝缘材料予以保护。应优先采用可重复使用的保护器件。安装在封闭区域内的电气、电子设备的连接处和汇流条不应视为裸露的，无法防御偶尔出现的碎片、沙尘等的一些电气、电子设备的舱室应视为裸露的。位于轮舱中的连接处应予以重点保护以防机轮溅起的水或沙尘对其产生影响。

4.3.7　重要电路连接处的保护

影响飞行安全的电路连接处应加以特殊保护，以确保最大程度的可靠性。这些连接处应使用绝缘材料单独封闭起来，以保证电气绝缘和隔绝外来物。

4.3.8　铝芯线的连接

铝芯线的连接应选用铝端子，应特别注意防止连接处电压降和电阻过大而造成连接处的过热故障，例如：接线端子和垫圈安装不适当，螺母拧不紧及接线端子接触面积不够等。

4.3.9　连接处的可接近性

所有的连接均应该可接近，以便进行检查和维护。检查和维护不依靠飞机的任何系统或设备的电源、液压源或其他工作能源。此项要求亦适用于为制造方便而安装的连接处。

4.5.10　连接处非金属物

连接处应使用织物或塑料制造的覆盖物加以保护，这种覆盖物应具有高的绝缘电阻，不应吸收各种液体也不受其影响，它们的安装不应受机械运动的影响，所用紧固件不得引起短路，并应有适当的排漏孔，像电阻一类的高温设备附近的非金属覆盖物应能承受所遇到的最高温度而不致损坏。

4.4　接线盒

接线盒可以用作导线、电缆连接处的专用保护。

4.4.1　接线盒的构造

接线盒可由金属或非金属材料制成。金属接线盒内部使用绝缘材料涂覆或粘贴非金属绝缘材料，以减少发生短路的可能性，所有接线盒内部均应为白色以便于检查和维修。除防水汽接线盒外均应设排漏孔，以使飞机停放于地面或在飞行中，机翼折叠或放出、机轮和各种活动面收起或放下时，均可排漏。用于制造金属接线盒的材料规格应提供足够的刚度，使接线盒在工作情况下足以支承多个附件而无弯曲或变形，并对铰链或可拆卸的盒盖提供适当的支持和定位。

4.4.2　盒与盖的铰链连接

当电气、电子设备安装于接线盒盖上时，盒与盖子应使用铰链连接，防止在盒盖打开或关闭时损坏线束和设备。

4.4.3　接线盒的标识

接线盒的外部应有明显标识，便于接线盒接线时与布线图相对照和检查。防水汽接线盒外部应标有"防水汽"字样。

4.4.4　接线盒内布线

接线盒内布线应适当分组，适当支承和绑扎，使布线满足以下要求：

a. 布线安排整齐有序；

b. 便于检查和维修；

c. 消除接线端子上的应力；

d. 尽量减少发生故障的可能性；

e. 防止振动损坏布线或所连设备。

4.5　对接接头

排列在线束中的对接接头可以用来连接组件，转接线路或用作线路修理。应优先使用压接接头、热收缩焊接套管接头。

4.5.1　死接头

死接头可以用来连接组件，转接线路或用作线路修理。铜质死接头应符合 HB6—95 或专用技术要求。对于海军飞机，应使用符合海军特殊要求的耐环境死接头。耐环境死接头也可用于有强气流和严重潮湿区域，例如，机轮舱、襟翼、折叠翼或其他订货方特殊规定的区域。

4.5.2　分离式接头

禁止使用不使用工具就能分离的接头。

4.5.3　分离式对接接头

在线束中两根或两根以上导线对接并要求能分离时所选用的可分离对接接头应符合有关要求。不使用的封严体孔中应安装上符合专用技术要求的封严塞。

4.5.4 对接接头的使用原则

对接接头的使用应受到下列限制：

a. 除下列"e""g"条允许的情况外，在任意两个连接器间或其他连接点间的任一段导线上，对接接头不得多于一个；

b. 线束中的对接接头应交错排列，不允许因使用对接接头而使线束尺寸增大到无法将线束安装到指定的空间或造成维修困难。

c. 不得使用对接接头将短导线接长。

d. 除"e"的规定外，距端接件根部300mm之内不得使用对接接头。

e. 当与灌胶连接器的备用引线相连接时，或将多根导线与一根导线对接时，或为调整导线截面积以使其与压接圆套筒尺寸相适应时，在距端器件的300mm之内可用对接接头。

f. 对接接头的使用应受到设计控制，必须以工程图样为准。

g. 经设计部门同意，可用对接接头来修理已制好的组装线束或已安装好的线束。

h. 空军使用的飞机上，在与军械或爆炸系统有关的点火或控制电路中不得使用对接接头。

4.5.5 对接接头的区域

为装配组件而设置的对接接头应处于规定的区域内，有关图样上应作有标记。对接接头区域应选择在易于接近、便于对接头进行维修和检查的地方。

4.6 接线端子

应用接线端子将导线接到接线排或设备的接线柱上，在任何一个接线柱上不允许连接四个以上的接线端子或三个以上接线端子和一根汇流条，而接线端子和汇流条总数不能超过四个。当接到一个接线柱上的接线端子所连导线直径不相同时，应把直径最大的放在底下，直径最小的放在上面。应选择孔径与接线柱直径相匹配的端子，接线端子的耳片之间不允许垫入衬套或垫圈。拧紧接线柱上的螺母时，不应使接线端子或接线柱变形，接线端子的位置应使在拆卸紧固螺钉或螺母时不需弯曲端子，而且端子的活动方向应使连接趋向拧紧。

4.6.1 铜接线端子

应优先使用压接式铜接线端子，或垫收缩焊接套管接线端子。压接式铜接线端子应使用符合HB6—91、HB6—92、HB6—93、HB6—94、或其他符合压接要求的接线端子。也可使用符合HB6—10、HB6—11、HB6—17、HB6—18的接线端子。

4.6.2 铝接线端子

铝接线端子只能压接到铝芯导线上，铝接线端子应符合专用技术要求。当与接线柱相接时铝接线端子的耳片或叠放在一起的所有端子耳片应夹在两个专为铝端子使用的平垫圈之间。

4.7 接线排和连接模块

接线排和连接模块应使用在不需要经常断开的布线连接处或用于把两根或两根以上导线接到一个公共点上。

4.7.1 接线排

接线排的选用应符合HB 6194或其他标准要求。安装时应带有符合专用技术要求的盖子。电流表分流器不得作为接线排使用。

4.7.2　连接模块

连接模块包括转接模块和接地模块，其要求应符合 HB 6384—89。连接模块的安装轨道及托架应符合相应的专用技术要求，其封严体空孔中应装上相应的封严塞。

4.7.3　接线排和连接模块的标识

接线排应有一个独立的项目编号，每块接线排上的接线柱应编出符合布线图的标识号码，号码从 1 开始。识别标识应永久地粘贴在飞机上，并应置于对布线或设备妨碍最小且易于判读之处。当拆下接线排时，识别标识应原封不动地保留下来。连接模块和安装轨道应分别给定项目编号。

附录二　中华人民共和国民用航空行业标准飞机线路相关摘录

HB 223.16 飞机装配工艺　电缆敷设

1　范围

本部分规定了飞机电缆敷设前的检查、电缆敷设安装方法、质量要求、检查内容和检查方法等。

本部分适用于各类型飞机的电缆敷设。

2　规范性引用文件

下列文件中的条款通过本部分的引用而成为本部分的条款。凡是注日期的引用文件，其随后所有的修改单（不包含勘误的内容）或修订版均不适用于本部分，然而，鼓励根据本部分达成协议的各方研究是否可使用这些文件的最新版本。凡是不注日期的引用文件，其最新版本适用于本部分。

GJB 358　军用飞机电搭接技术条件

HB 4182　尼龙系带捆扎枪

HB 4183　尼龙系带捆扎枪

HB 5940　飞机系统电磁兼容性要求

3　术语和定义

下列术语和定义适用于本部分。

3.1

电缆敷设 cable laying

确定电缆在飞机上各设备之间的走势、弯曲、捆扎及固定等的工艺过程。

4　工具

4.1　钢卷尺

4.2　HB 4182 尼龙系带捆扎枪 20 ～ 100N。

4.3　HB 4183 尼龙系带捆扎枪 50 ～ 200N。

4.4　锁线钳子

4.5　扳手、解锥等通用工具。

5　电缆敷设

5.1　电缆敷设前的准备

5.1.1 对机体进行全面检查，确保全机的铆接、制孔等工作全部完成，并符合设计图样要求。

5.1.2 对机体进行全面检查，确保多余物已被清除干净。

5.1.3 对拟敷设的电缆进行全面检查，确保符合设计图样要求，并重点检查电缆表面，不应有破损和断股。电缆标识应清晰准确。

5.1.4 按各机型电缆敷设安装图所规定的路径、固定位置及形式，制电缆束卡箍和负线的固定孔。

5.1.5 制孔后应立即清除机体内的金属碎屑和多余物，以防止因金属碎屑落入电缆束内造成故障。

5.2 电缆敷设要求

5.2.1 机上电缆敷设应符合设计图样要求，并应达到下述目标：

a）可靠性高；

b）系统间干扰和耦合小；

c）检查和维修的可达性好；

d）能预防损坏；

e）便于拆卸和完整地更换电缆。

5.2.2 在机上用圆形卡箍支承的电缆外径应限制在 50mm 以内。

5.2.3 在导线或电缆中未指定连接处的备用线端头均应可靠绝缘，适当固定，以免引起故障。凡要求用特定绝缘方式（例如：压接绝缘端帽、用热收缩管成型、绑扎绝缘套管等）收头处，应在专用要求中规定。高密度线束中的绝缘收头位置应在距连接器或公共护套 100～150mm 的范围。

5.2.4 电缆敷设时应确保可靠，并防止如下情况：

a）擦伤；

b）受到人员正常活动所引起的损坏；

c）因活动部件的运动引起损坏；

d）由于储存或搬运货物而造成损坏。

5.2.5 电缆敷设时，应采取相应措施，提供一定的松弛量。以保证电缆装机时无须强行拉扯或改变敷设走向就能满足下述各项松弛：

a）除射频连接器外，电缆在连接器端接处应至少提供 25mm 的松弛量。即装配的连接器在电缆第一个支承卡箍松开时，电缆允许该连接器的端面比通常规定的正常对接处向前延伸出 25mm。对于需灌胶密封的连接器，其松弛量至少应再加长灌封所需的 25mm。这些松弛量应分布在连接器与电缆第二个支承卡箍之间，以便更换连接器时利用。

b）布线在接线端子处至少应提供相当于接线圆套筒长度 2 倍的松弛量。对于 35mm 及以上的铜芯线和 20mm 及以上的铝芯线，在端子处至少应提供 1 倍接线圆套筒长度的松弛量。这些松弛量应分布在端子附近，便于维护和更换端子时利用。

c）电缆安装的松弛量应防止飞机正常飞行时在电缆上、连接点处和支承件处产生有害应力。

d）电缆安装的松弛量应允许已安装的设备受到冲击和振动而引起的必要的自由抖动。

e）电缆安装的松弛量应允许在飞机上维修时对有关电缆和设备进行适当移动。

f）与活动部件连接的电缆应保证部件在最大活动范围内电缆仍有一定的松弛量。

5.2.6　电缆敷设不应急剧转弯，电缆弯曲半径应满足下述要求：

a）单根电缆单独敷设时，最小弯曲半径为该电缆外径的 10 倍。从电缆束中分叉出来的电缆，如果仅在分叉处支承，其最小弯曲半径应为该电缆外径的 10 倍。当对接接头或屏蔽接头等要求所用的电缆在电缆束中掉转方向时，该电缆的最小弯曲半径应为其外径的 3 倍，并应在掉转处提供支承，如附图 1 所示。

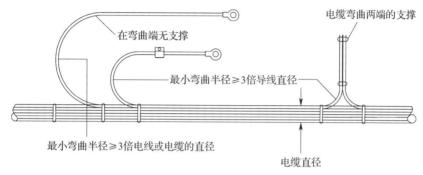

附图 1　电缆弯曲半径

b）电缆束在敷设时其最小弯曲半径应为其外径的 6 倍，但不应小于电缆束中所含最粗导线外径的 10 倍。

c）同轴电缆的最小弯曲半径不得影响其电性能。易弯曲同轴电缆的最小弯曲半径为其外径的 6 倍，半刚性的同轴电缆最小弯曲半径为其外径的 10 倍。

5.2.7　在电缆的下垂会使某个运动零件有卡住危险的部位应装金属卡箍加以固定。机上敷设的所有电缆和导线，均不得与结构、设备或导管相接触，其间距应符合如下要求：

a）电缆在输送易燃液体或气体的导管上方时其间距应不应小于 150mm 当电缆带有间隔支架或绝缘硬管时间距应不小于 12mm；

b）电缆与带有机械保护的锐边的间距应不小于 15mm+ 挠度，用固定件固定电缆时应不小于 10mm；

c）电缆与机械钢索或运动零件的间距应不小于 75mm，在有固定件和在钢索通过区加以保护或有金属卡箍固定时间距应不小于 10mm；

d）电缆与结构或部品的间距应不小于 10mm+ 挠度；

e）电缆与非密封的机身底部间距应不小于 10mm+ 挠度，与密封的机身底部间距应不小于 150mm；

f）在盒内部电缆与结构的间距大于 5mm。

5.2.8　各电气接插件的线束在捆扎与固定时应留有一定的活动余量，以使维护时插、拔接插件方便。为防止排水造成故障，在任何可能排水的地方，连接到设备上的电缆应以自设备起向下的走势布置与固定电缆，并在距设备很近的地方形成一个能使电缆上的水不易进入设备的电缆环或电缆弯，如附图 2 所示。

5.2.9　禁止将电缆或导线固定在燃油、加温、冷气及液压管路上。

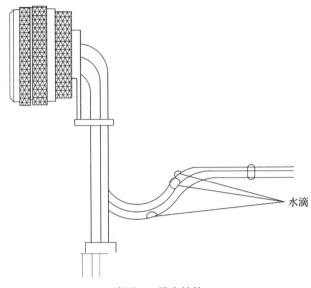

附图 2 排水结构

5.2.10 按电缆的外径选择适当的卡箍直径，以电缆在卡箍中不能自由串动而又不使电缆在卡箍中变形为宜。被选的卡箍其橡胶型条不应串动，当卡箍螺钉拧紧后卡箍的橡胶型条两端应对齐，固定卡箍的螺钉应露出螺母 2 ~ 3 个螺距的长度，如附图 3 所示。

5.2.11 包括射频线和天线在内的所有电缆敷设应使电磁干扰减少到符合 HB 5940 的要求。

5.2.12 与罗盘有关的电缆敷设应满足罗盘偏差要求范围。

5.2.13 磁电机点火电路所采用的金属软管应按专用要求规定。磁电机的接地线（感应继电器的输出线除外）不得通过有其他电缆的导线管或接线盒敷设。

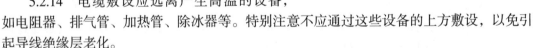

附图 3 卡箍固定结构

5.2.14 电缆敷设应远离产生高温的设备，如电阻器、排气管、加热管、除冰器等。特别注意不应通过这些设备的上方敷设，以免引起导线绝缘层老化。

5.2.15 电缆主支承不应用相邻近的电缆束作支承固定点，且不应影响减振支座的正常工作，绑带和扎线不应用作主支承件。

5.2.16 用硬导管保护的电缆，导管不应与结构相接触，导管端部应扩口。导管敷设如附图 4、附图 5 所示。

5.2.17 射频同轴电缆的敷设其单根同轴电缆或含有同轴电缆的线束敷设应满足如下要求：

a）主支承和辅助支承器件施加到电缆上的压力不应大于防止其滑动所需要的最小力；

b）压力分布应均匀；

c）动支承器件不应使电缆产生影响电性能的变形。

216

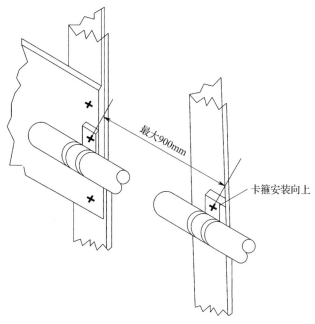

附图 4　金属硬导管保护的电缆敷设

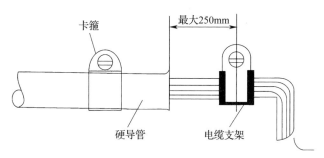

附图 5　带导管端头支架电缆束

5.3　电缆敷设

5.3.1　主电缆束敷设

5.3.1.1　按设计图样的规定，将主电缆按需用卡箍或系带初步固定于机上，并检查电缆的敷设路径和安装位置的正确性。

5.3.1.2　在确认符合设计图样要求后，从电缆的第一个分支点逐一用卡箍或系带将电缆进行固定。其捆扎或固定节距为 250～300mm，主支承最大节距不得超过 600mm，如附图 6、附图 7 所示。

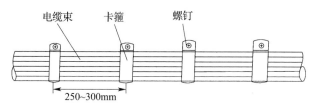

附图 6　电缆固定结构

5.3.1.3　在固定组合电缆时应确保平顺、避免交叉，不得扭曲。在两个固定点之间的电缆既不允许拉得过紧，也不允许过度下垂，其挠度不大于10mm。卡箍的固定孔应朝上，如附图7所示。

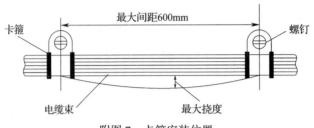

附图7　卡箍安装位置

5.3.1.4　电缆束在经过长桁、隔框、减轻孔及结构零件锐边时，应缠上聚氯乙烯带并用系带扎紧，扎紧处应距离隔框、长桁、减轻孔边缘和结构零件锐边 30 ~ 40mm，并应安装主支承器件，如附图8所示。

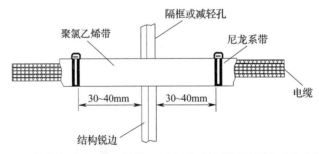

附图8　电缆束在经过长桁、隔框、减轻孔及结构零件锐边时的安装结构

5.3.2　分支电缆的敷设

5.3.2.1　敷设不带保护套的电缆束时，以卡箍或系带固定，其节距为 300 ~ 350mm。电缆束与机体结构锐边接触部分均应缠上氟塑料带并捆扎或套上波纹管。基本固定形式如图9所示。

5.3.2.2　不带有屏蔽抽头的屏蔽导线应用带有搭接带的卡箍固定，安装的一般要求和接触电阻应符合 GJB 358 要求。固定形式如附图9所示。

5.3.2.3　在电缆束集中的地方应将电缆或导线分束整理，常温区用系带或3号线绑紧。高温区应用防火材料包覆电缆束并用玻璃丝线绑紧。

5.3.3　连接活动部件的电缆敷设

连接到相对运动部件（如驾驶手柄、操纵轮、操纵杆、活动面）上的电缆敷设应防止导线、电缆损坏，以及过度的扭纹和弯曲。

5.3.4　舱底电缆的敷设

在舱底、盖板或地板上安装的电缆应有保护措施。在可能聚集液体并污染电缆的位置，电缆的敷设也应进行防护。

5.3.5　轮舱区域电缆的敷设

轮舱区域内的所有电缆应有导线管或其他保护措施，如可使用软管、防磨带或编织套保护。导线管等防护物的最低点应有排水孔。

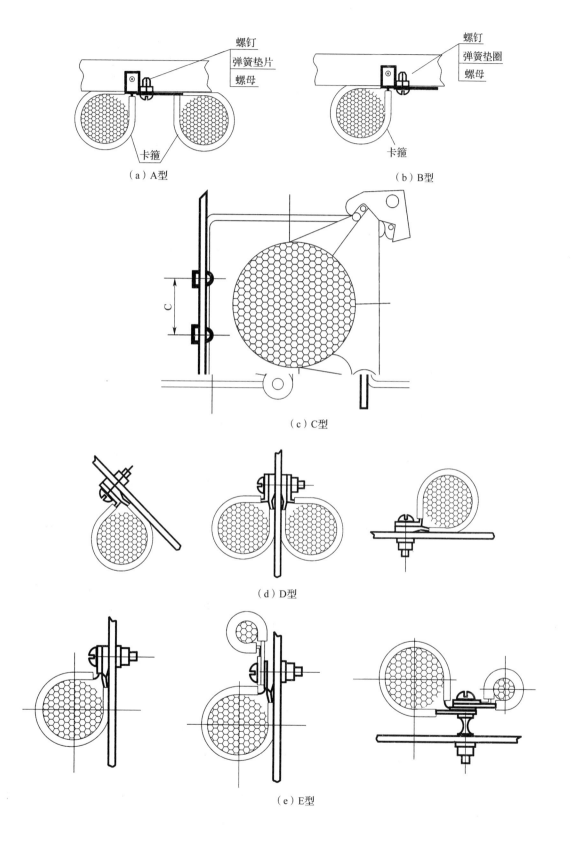

（a）A型　　　　　　　　　　　　　（b）B型

（c）C型

（d）D型

（e）E型

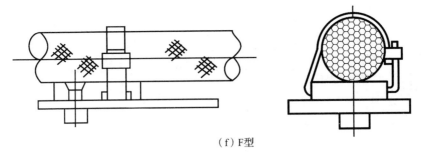

（f）F型

附图9　不带保护套电缆束固定形式

5.3.6　接线盒内导线的敷设及导线端子的连接

5.3.6.1　接线盒内的电缆敷设应满足如下要求：

a）电缆束与结构锐边不应相碰并用氟塑料带或波纹管加以保护；

b）导线应按接线位置安排整齐有序，并用小号系带或3号线捆扎。导线与电气接头不应相碰，应有不小于3mm的间隙；

c）应便于检查和维修；

d）应消除接线端子上的应力；

e）应尽量减少发生故障的可能性；

f）应防止振动损坏电缆或所连设备。

5.3.6.2　用接线柱连接导线端子时，按接线图在接线柱上连接和固定导线端子，其螺母的拧紧力，以压平弹簧垫为准。固定端子后用H04-2红色环氧硝基磁漆标记。

5.3.7　连接器的安装

5.3.7.1　同轴连接器用于连接同轴电缆，其安装应符合相应的专用标准。

5.3.7.2　电缆与电缆之间连接器的安装，应提供足够的空间。圆形连接器的连接螺母周围至少留有20mm的空间。圆形连接器轴线为水平方向安装时，主键槽朝上。轴线为垂直方向安装时，主键槽朝前。安装连接器时应注意不应被其他物件所损坏。安装插头、插座时，其引导键的啮合和定位情况应便于观察。配合的插头不应受到所连电缆的拉力。

5.3.7.3　连接器与设备的连接应在设备安装正确无误后进行，并在连接前认真检查连接器的接触偶是否有损坏及脏物或油污，如有则应彻底清除。

5.3.7.4　按设计图样连接插头、插座时，应确保针孔对正，以防损坏插针，造成设备损坏。

5.3.8　连接器的防松

不具备自锁的连接器，其连接螺母应使用保险丝或其他机械方式加以锁定，以防由于振动使连接器脱开。在使用螺纹连接螺母的连接器或连接器附件上，或在使用螺钉或连接螺母把插头的各部件固紧到一起的插头上，应使用保险丝保险。所用的保险丝应选直径为0.5～0.8mm的不锈钢丝或镀锌钢丝。保险丝应符合专用技术要求。

5.3.9　备用连接器的保护

对于为备用设备和试验而设置的未使用的、未配合的连接器，应配上经批准的密封保护装置，如：假插座、带链条的保护盖等。假插座、保护盖应符合专用技术要求。

5.3.10　对接接头的连接

在电缆束中两根或两根以上导线对接并要求能分离时，所选用的可分离对接接头应符合有关要求。电缆束中的对接接头应交错排列，不允许因使用对接接头而使电缆束尺寸增大到无法将电缆束安装到指定的空间或造成维修困难，如附图 10 所示。

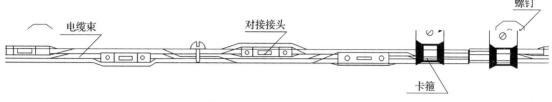

附图 10　电缆束中接头排列

5.3.11　接线端子的连接

应用接线端子将导线连接到接线排或设备的接线柱上，在任何一个接线柱上不允许连接四个以上（含四个）的接线端子或三个以上（含三个）接线端子和一根汇流条。当接到一个接线柱上的接线端子所连导线直径不相同时，应把直径最大的放在底下，直径最小的放在上面。接线端子的耳片之间不允许垫入衬套或垫圈。拧紧接线柱上的螺母时，不应使接线端子或接线柱变形。接线端子的位置应使在拆卸紧固螺钉或螺母时不需弯曲端子而且端子的活动方向应使连接趋向拧紧，如附图 11 所示。

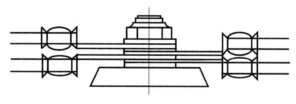

附图 11　接线端子的连接

5.3.12　接地

5.3.12.1　接地端子应与飞机的主要金属结构相连。备有接地端子的设备应采用相适应的最短接地线接地。内部接地的或不带有接地端子的设备，如果设备安装座不能提供适当的接地，则应采用尽可能短的接地导线接地。接地线不得与镁合金件相连。接地方法和接触电阻应满足 GJB 358 要求。

5.3.12.2　负线安装时一个螺钉不得固定 3 个以上的负线端子，其搭接电阻应不大于相应的电搭接技术文件中规定的数值。

5.3.12.3　不同电源（主电源、二次电源、转换电源、应急电源等）的接地线要单独接到各自的接地点上。只有由同一电源供电，且不执行双重功能的设备接地线，才能同时接到一个接地点上。

5.3.12.4　继电器、接触器等安装在绝缘设备上的电气器件外壳应可靠接地。接地线应分别单独接地，而不应先相互串联后再由一根导线接到接地螺栓上。

5.3.12.5　除设备的安装规范另有规定外，对于工作频率为 50kHz 或以上电路的屏蔽线，应将屏蔽线两端接地。对于工作频率低于 50kHz 的电路，只需将屏蔽线一端接地。在线束中，应尽量在靠近连接器外端接屏蔽层，或在特定的保护罩内终结屏蔽层。屏蔽层通过连接器接地时，只能用带屏蔽导套的屏蔽连接器或接地连接器。

5.3.12.6 一组屏蔽线可先接到一点然后再接地。屏蔽接地点不能在直流或交流负线接线板上接地，且不能作为直流或交流信号回路或负线回路使用，如附图12所示。

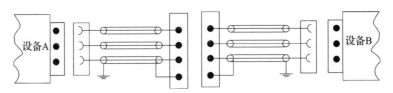

附图12 屏蔽安装形式

5.3.12.7 负线安装及屏蔽接地后，应按相关文件在规定时间内采用原有涂料或与其等效的涂料重新进行表面涂封，使涂料严密覆盖接合处周围裸露的金属表面，防止腐蚀。紧固搭接零件的螺钉、螺栓头部应用 H04-2 红色环氧硝基磁漆做防松标记。

5.4 清除多余物

电缆敷设全过程应对机上的多余物进行清除（严禁用压缩空气吹除）。

6 检验内容及方法

6.1 电缆与机载设备连接前应按图样导通检查电缆制作的正确性，线间绝缘电阻应满足技术文件要求。

6.2 按电缆敷设图检查电缆敷设的正确性、可靠性。

6.3 检查接线盒内导线连接的正确性和负线、搭接线安装的正确性、可靠性。

6.4 检查对接插件安装的正确性和防松锁紧。

6.5 搭接电阻的检测应符合 GJB 358 要求。

7 质量控制

7.1 凡电缆敷设所用的材料均应有合格证。

7.2 凡用于电缆检测的计量器具均应在定检期内，并处于良好状态。

7.3 凡参与电缆敷设的操作人员均应进行专业培训，并在培训合格证的有效期内进行操作。

7.4 操作人员应严格按技术文件要求操作并控制技术参数。

7.5 操作人员和检验人员应穿工作服和工作鞋等方可上机操作。

8 技安要求

操作人员在制固定孔时严禁戴手套操作。

附录三 飞机区域的划分及维护要求

一、前起落架舱

1. 用聚氯乙烯带包扎惯性传感器电缆，并将电缆固定在刹车冷气导管内侧，刹车导管上的卡子不得与前起落架舱的电缆相磨，并且在导线与固定卡子之间垫一层胶皮。起落架舱进入机内的电缆应调整好长度，防止受力拉断。

2. 机外灯接线螺钉拧紧后用红漆封死。

3. 用聚氯乙烯带包扎惯性传感器插头、放气电磁阀门插头、8 号插头和机外灯灯座、滑行灯灯座。

4. 用聚氯乙烯带包扎力臂控制箱插头及电缆，并加以固定。

5. 蓄电池保险丝盖子完好，底座固定牢靠，导线引出端无断丝现象，并用聚氯乙烯带进行包扎。

6. 用聚氯乙烯带包扎前起落架收、放终点电门插头及导线电缆，并固定良好。

二、前舱（机头）

1. 蓄电池的正、负接线柱、接线片应做好标记，正极涂红色，负极涂蓝色。

2. 蓄电池插头导线要用聚氯乙烯带包扎，导线电缆不应与隔框有摩擦和断丝现象，负线接地完好并用红漆封死。

3. 用聚氯乙烯带包扎放大器、陀螺机体、变流机、应急变流机、陀螺继电器的插头及电缆导线，导线束固定成弧形，并有一定活动余地，导线与导管之间不应相磨，拆装时应做明显标记。

4. 磁罗盘接线盒内接线易与接线盒上螺钉相摩擦，应选择适当的角度，使其避开螺钉。

5. 用聚氯乙烯带包扎机头两侧的密封插头，负线不应有断丝现象，接线片固定不应松动并用红漆封死。

6. 空速管上的固定螺钉应做好标记。

三、左（右）起落架舱

1. 机外灯接线螺钉拧紧后用红漆封死，并用聚氯乙烯带包扎灯座，其导线不得靠近锁扣。

2. 起落架支柱上的电缆固定在冷气导管内侧，固定卡子与电缆之间应垫一层胶皮；进入飞机上的导线束应捆扎、固定好。

3. 用聚氯乙烯带包扎惯性传感器插头、电缆，以及左（右）54、56、55、57 号插头和放气电磁阀门插头。

4. 固定在机轮护板上的惯性传感器导线电缆长度应适当，防止与机轮相磨；固定插头的金属卡子应完好。

5. 用聚氯乙烯带包扎副翼助力器电磁开关插头和左、右翼根部插头，并打好保险。

6. 凡拆装起落架收、放终点电门后，应及时将导线插入压线螺孔内，拧紧压线螺钉后用漆封死。

7. 凡拆装起落架有关机件，应进行地面收放检查，并查看起落架支柱上的导线应无摩擦现象。

四、左（右）翼尖

1. 将航行灯导线捆在灯座上成"S"形，灯罩不应松动。

2. 在隔框处将航行灯导线放在无线电高度表天线馈线上面。

五、左（右）机身

1. 翻修新出厂的飞机和做换季工作时，应擦洗地面电源插座，检查各插钉接线不应松动、裂纹和氧化，然后用低阻表测量插座3号线的接触情况，将此次记录的数据与上次（翻修新出厂时）测量记录的数据相比较，以便及时发现和排除故障隐患。

2. 43号插头电缆在脱尾部时，应加以包扎保护，防止导线及插头进油。尾部装好后应用聚氯乙烯胶带包扎。

3. 热电偶接线盒上的接线螺钉应涂有红漆标记，并用氟塑料带包扎热电偶导线，导线与隔框不应有摩擦；脱尾部时拆下热电偶并拿出机身外面，防止损坏热电偶。

4. 右机身应急油泵接触器盒导线固定成弧形，固定卡子应有保险。

5. 左机身上减速板继电器盒及液压表电门的插头用聚氯乙烯带进行包扎。

六、左（右）发动机舱

1. 检查发电机接线柱保护胶套应完好，发电机大导线应用人造革包扎好，防止磨破，通往电源舱的导线在隔框处用人造革加厚包扎好，如有破损可采用氟塑料带包扎；检查接线固定状况时不应用力晃动导线接头，接线与盖子上应有相应标记，并加强对"B"线的检查。

2. 与发电机负线相固定的均衡电阻接线柱上，安装的绝缘衬套应完好，接线不应有松动和断丝现象。

3. 起动箱接线柱保护胶套应完好，导线上应有标记；从起动箱引出到右发电机的大导线固定松紧应适当；地面电源插座到起动箱正线应用人造革布包扎。

4. 用氟塑料带包扎起动箱插头及导线束，使导线束离开卡箍保险片，防止导线束与液压泵卡箍保险片相磨，并且起动箱的插头与导线接头之间要有一定距离。

5. 起动箱负极线不应有断丝现象，不应松动，并涂有红漆。

6. 用氟塑料带包扎转速表传感器插头，防止进入油、水及炭粉，造成接触不良；换发动机时要清洗插头。

7. 用氟塑料带包扎起落架电磁开关插头，更换发动机时要查看导线是否与隔框有相磨现象。

8. 安装放气带电磁阀门插头时要掌握角度，防止与液压泵相磨。

9. 用氟塑料带包扎起动燃料电磁阀门插头、加力预燃电磁阀门插头、液压延时微动开关（10900电门）插头、状态控制盒插销和电缆。

10. 定期测量起动与加力点火线圈的工作电路电阻值，应符合规定要求（起动点火线圈及起动燃料电磁开关电路：从点火信号灯泡处测量，电阻值为 $0.4 \sim 1\Omega$；加力点火线圈、加力预燃电磁阀门、加力燃料泵电磁开关、液压联锁电路：从加力信号灯处测量，电阻值为 $0.5 \sim 1.2\Omega$。可参考电阻测量法）。

11. 在更换发动机时要对耗量表传感器插头进行检查，包扎不符合要求的用氟塑料带重新包扎。

12. 滑油压力传感器的固定不应松动，并用氟塑料带包扎插头。

13. 封闭开关电磁阀门插头要用氟塑料带进行包扎，导线的固定应成弧形，不应与舱盖有摩擦现象。

14. 右发动机舱液压泵的卸压插头应打有三角保险，并用氟塑料带进行包扎。

15. 捆扎固定好供油急降电磁阀门插销导线，防止脱落卡住油门操纵系统。

16. 防火开关、冷气电磁阀门插销接线螺钉拧紧后用红漆封死。

17. 用氟塑料带包扎主、副油箱压力信号传感器插头，到油箱压力信号传感器的插销导线固定位置应适当，防止被发动机舱盖螺钉磨破。

18. 用氟塑料带包扎调温电动机构插头，并将导线捆在调温电动机构插头上。

19. 用氟塑料带包扎襟翼电磁阀门插头，在更换发动机时要检查襟翼电磁阀门插头，并使导线与框架之间有一定的间隙。

七、弹舱

1. 油泵压力信号传感器导线及插头用聚氯乙烯带包扎，并将导线固定在弹舱壁上，固定卡与导线之间垫有胶皮。

2. 灭火瓶插头应打好保险。检查辅助油泵、油泵滤波器和灭火瓶负极线不应有断丝现象，并涂有红漆。

3. 用聚氯乙烯带包扎辅助油泵压力信号传感器导线及插头和主油泵插头、主油泵滤波器插头。

4. 在中间预防性维修时，测量灭火瓶电路电阻值，应不大于 $15 \sim 20\Omega$。

5. 换季时，测量机上"蓄电池与地面电源"电门的接触电阻值，应不大于 0.5Ω。

6. 蓄电池接触器引出导线不应有断丝现象，引出端绝缘应良好。

7. 地面电源转换盒的接线应有绝缘胶套，引出端导线绝缘应良好。

8. 主、助液压传感器及插头、插座应有明显标记（主液压传感器及插头、插座涂蓝漆标记），防止装错；电缆不应有油渍，固定要牢靠。

八、左（右）电源舱

1. 炭片电压调节器的导线焊接应良好，底座导线走向要适当，导线应套有乳胶管，导线不得与其他机件相摩擦。

2. 炭片电压调节器中炭柱调节螺钉的铅封和保险丝尾端不应过长，以免搭铁短路。R–15 电阻调整好位置后，顺螺钉槽用红漆做好标记。

3. 反流割断器接线片上的胶套应完好，套有乳胶管导线不得与其他机件相摩擦，"F"与"+"线接线片不应靠得太近。

4. 调压器的导线应套上乳胶管，导线不得与其他机件相挤压和摩擦。

5. 电压检查插座及相应检查器上的插头，涂红漆标记；电流检查插座及检查器上的电流检查插头分别对应标明"左""右"，以防插错。

6. 盖舱盖之前应将防水布盖好，防止进水。

九、机身上部

1. 各导线插头安装时应与活动机件有一定间隙，并加以固定包扎。

2. 座舱后部机身上的插头，应用聚氯乙烯带或黑漆布包扎，防止进油进水，造成短路烧坏机件。

3. 机身上部的导线走向应顺畅，与包皮螺钉有一定的间隙，注意螺钉的长度，以免螺钉过长损坏导线，造成短路。

4. 在脱、装尾部时防止拉坏和压坏机身上的 40、41、42 号插销和导线；尾部安装好后，对导线束和插头用聚氯乙烯带进行包扎，并整理、固定，防止与其他机件相磨。

5. 后机身上力臂调节器的电缆要避免与螺钉或其他机件相磨，负接线不应有断丝现象，电缆弯曲度应适当，并有一定的活动余地，推拉驾驶杆至极限位置时应有 100 ~ 200mm 的下垂量。

6. 加力箱插头用聚氯乙烯带进行包扎，防止进油。

十、座舱

1. 整理、固定仪表板后面的各导线、电缆及导管，导线、电缆距加温管的距离不得小于 20mm；仪表板上的机件和电缆不得与机上的电缆、导管和机件相挤压；导线的固定应成弧形，在倒放仪表板时，应无受力现象。

2. 双发故障信号灯负线应加双负线，防止倒放仪表板时碰断负线。

3. 力臂位置指示器的接线片朝下固定好后，保护盖一定要盖好，防止碰坏接线柱和短路。

4. 转速表、排气温度表插销应分别做好"左""右"标记。防止装错接反，排气温度表插销固定螺钉拧紧后用红漆封死。

5. 插销均打有保险，安装良好。

6. 各按钮接线的固定螺钉在拧紧后均用漆封死。

7. 抛放伞、起动、最大、加力、防冰按钮的空接点连接在正接线柱上。

8. 电压表接线片朝上固定，并套好接线柱保护胶套，导线不应与框架有相磨现象。

9. 荧光灯、座舱灯的旋钮固定螺钉拧紧后用红漆封死，导线用聚氯乙烯带包扎固定，活动灯座导线不得严重扭曲。

10. 座舱前、后两侧的密封插头，应均用聚氯乙烯带包扎。

11. 电压表 30V 以上做红漆标记。

12. 整理、固定好双发起动、最大、加力按钮的导线，防止与油门钢索相摩擦。

13. 发电机电门应在"接通"位置，并加装保险卡或用 0.2（或 0.3）mm 铜丝保险。

十一、尾部

1. 拧紧尾灯接线螺钉并用红漆封死，灯座用聚氯乙烯带包扎好。

2. 方向舵调整片电动机构导线和自抛伞微动电门导线应调整适当，方向舵活动到极限位置时导线不应受力。

3. 喷口收放液压电磁阀和抛放伞电磁阀插头、插座分别涂红、蓝标记，然后用氟塑料带包扎，并将导线捆扎在插头上。

4. 用聚氯乙烯带将喷口液压电门和平尾液压电门外壳包扎好。

5. 减速伞自抛装置的终点电门应固定牢靠，电门顶块固定好，防止松动后造成自抛装置误动。

附录四　飞机线路目视检查基本要求

对飞机电气设备的检查，首先要进行常规目视检查 GVI（General Visual Inspection），然后进行详细检查 DET/DI（Detail Inspection）。其中 GVI 是最基本检查，而 DET/DI 前则往往先要对电气设备进行清洁。

一、一般要求（见附图 13）

1. 目视检查往往要保持一定的距离，借助手电筒、反光镜及放大镜等。
2. 在高处，目视检查也要借助于梯子和平台。
3. 详细检查 DET/DI 往往要用手进行触摸。必要时要对电气设备进行清洁，再进行检查。

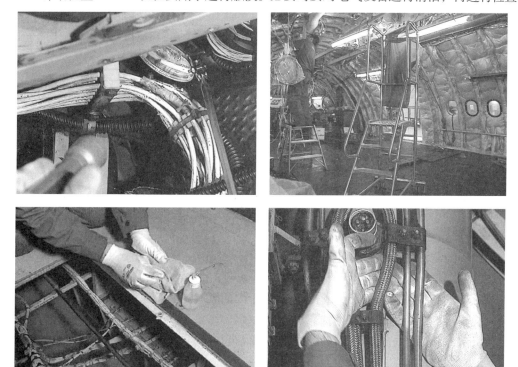

附图 13　目视检查一般要求

二、单股导线

检查其绝缘层是否有破裂磨损及腐蚀现象；检查导线线芯内是否出现断丝现象。

三、导线束

检查扎带是否出现松动或断开现象；检查包扎层是否有腐蚀现象发生。导线束中不允许出现导线相互弯曲及扭曲现象。对于固定导线束的夹子，必须检查是否有损坏、腐蚀及磨损导线等现象。

四、电缆和导线的检查

1. 针对比较复杂的导线维修工作，在工作前应对原有导线的走向等状况进行拍照，做标识，以便维修人员核查。

2. 导线安装的固定卡子的位置要进行标记，防止装错，线束要安放到位，卡子安装角度要符合要求。

3. 导线安装完成后要确认导线及固定卡子及飞机部件之间无摩擦，无松动。

4. 检查导线束的安装长度和松紧度，尤其注意对于高振动区内的导线束。过紧会使导线崩断，过松也会磨损造成短路和开路。

5. 相互交叉的导线束，应有间隔结构，为避免相互磨损，应加装套管或用胶带捆扎，再扎两个绳结，让两线束保持90°，防止运动相互磨损。

6. 对于主线束中有分线束时，应对相交部分加以防护。

7. 捆扎带捆扎导线束时扎带头在外侧，导线束扎带松紧要适宜。

附录五　飞机线路敷设（安装）要求

一、接地回路

除系统需要有单独接触回路外，电源应以飞机结构作为接地回路，其接地端子应与飞机的主要金属结构相连。备有接地端子的设备应采用相适应的最短接地线接地。内部接地的或不带有接地端子的设备，如果设备安装座不能提供适当的接地，或安装座可能发生锈蚀；则应采用尽可能短的接地导线接地。接地线不得与镁合金件相连。其搭接要求应符合 GJB 358。

（一）屏蔽线接地

除设备的安装规范另有规定外，对于作频率为 50kHz 或以上电路的屏蔽线，应将屏蔽线两端接地，对于工作频率低于 50kHz 的电路，只需将屏蔽线一端接地。在线束中，应尽量在靠近连接器处端接屏蔽层，或在特定的保护罩内终结屏蔽层。屏蔽层通过连接器接地时，只能用带屏蔽导套的屏蔽连接器或接地连接器。

屏蔽层的端接应优先选用压接器件或热收缩焊接套管。

（二）多路接地

一个接线端子上端接的导线不能多于四根，一个螺栓上连接的接线端子不能超过四个。不同电源（主电源、二次电源、转换电源、应急电源等）的地线要单独接到各自的接地点上。只有由同一电源供电，且不执行双重功能的设备接地线，才能同时接到一个接地点上。

（三）安装在绝缘设备上的器件接地

诸如继电器、接触器等安装在绝缘设备上的电气器件外壳应可靠接地。接地线应分别单独接地。而不应先相互串联后再由一根导线接到接地螺栓上。

二、连接器

专用连接器的选择及使用应符合专用技术要求。一般连接器应耐环境。除气密连接器应设计成插针式外，选择连接器时有"电"的一侧的接触偶应为插孔而不能用插针以免电路短路或连接器未对接时对人员造成危险。

（一）压接接触偶式连接器

应优先选用可拆卸、压接接触偶式连接器。连接器接触偶应符合 HB 5874 要求。所用压接工具应符合接触偶的性能要求。

（二）耐潮湿连接器

耐潮湿连接器应在各种使用条件下（包括高度、温度和湿度变化），防止水和水蒸气的侵入。连接器在导线的末端应有封严体，插头与插座接合面应有界面密封。应优先选用封严体密封连接器。在封严体密封连接器不适用处可用灌胶密封。端接在连接器上的布线绝缘应与密封性相适应。

（三）防火和防火墙连接器

此类连接器是具有压接接触偶和不锈钢壳体的螺纹连接器。在持续火焰下，限定的时间内，要求维持电路正常工作的连接器，其插头与插座均应是防火的。如果仅为隔离火焰，而不需要维持电路正常工作，则只需插座是防火的。防火和防火墙连接器应满足专用技术要求。

（四）可自动分离连接器

用于座椅弹射、导弹发射、副油箱投放等线路的可自动分离连接器，应在各种适用高度、温度、湿度条件下可靠分离。对此种连接器在安装和维修时不应损坏分离触发部位。连接器的选用应符合相应的技术要求。

（五）同轴连接器

同轴连接器用于连接同轴电缆，应符合相应的专用标准。

同轴硬线

以空气作为绝缘介质的同轴硬线应和具有空气通路以及相适应压力的连接器一起使用，以便于同轴硬线的排气和增压。

（六）连接器的安装

当设备或布线需要经常进行拆卸时，线束与线束之间或线束与设备之间应采用连接器。为了不使用工具就可以结合或分离连接器，应提供足够的空间。圆形连接器的连接螺母周围至少留有 20mm 的空间。圆形连接器轴线为水平方向安装时，主键槽朝上。轴线为垂直方向安装时，主键槽朝前。配置或安装连接器时应注意，不应使其成为操作或维护人员的扶手或踏脚，或被其他物件所损坏。无论是插头或插座在安装时，其引导键的啮合和定位情况应便于观察。配合的插头不应受到所连布线的拉力，密封连接器应将法兰盘安装在高压力的一边。地面电源连接器安装时，小直径接触偶应位于下部。

（七）连接器相邻安装

应避免完全相同的连接器处在相邻部位。一般应选择尺寸和接触偶排列不同的连接器。如在相邻部位使用完全相同的连接器，则布线的敷设和支撑应保证不发生连接错误或采用交换插头与插座的位置、交换壳体定位键槽位置、交换接触偶针与孔的位置来防止连接错误。如果这项要求仍不能得到满足，应在插头座标记带上涂以明显的颜色以示区别。对于穿墙插座，应在插座与插头对接一面的周围结构板上涂明显颜色并与插头上标记颜色相同，以防连接错误。

（八）连接器的排漏

连接器进行维修时，与插头分离的插座应能防止液体和冷凝水流入插座。对于安装在飞机外部（如发动机舱、轮舱等）的连接器应选用耐环境性能好的连接器，特别注意防止油或湿气进入连接器。对配合好的连接器用绝缘胶带或其他方式进行密封。对未对接的插头或插座加保护盖进行保护。连接器不应安装或固定在能截留水的位置。

（九）连接器的保险

安装在发动机舱、强振动区（不包括减震设备上）以及在定期维护不可靠近的区域，不具备自锁的连接器，其连接螺母应该使用保险丝或其他机械方式加以锁定。以防由于振动使连接器脱开。在使用螺纹连接螺母的连接器或连接器附件上，或在使用螺钉或连接螺母把插头的各部件固紧到一起的插头上，应使用保险丝保险。所用的保险丝应选直径为0.5～0.8mm的不锈钢丝或镀锌钢丝。保险丝应符合专用技术要求。

（十）灌胶密封

需要灌胶密封的连接器，工作温度在150℃及以下时，应采用耐滑油、液压油和燃油的符合相应技术要求的聚氨脂灌封料。工作温度超过150℃时，应采用硅橡胶灌封料。适应各种温度的灌封料应符合专用技术要求。在高温区未经订货方同意不得使用灌封料。端接用保护套管、标记套管或编织套不得延伸到连接器灌封材料中，以免影响密封性。对空军使用的飞机，不提倡灌封连接器，要使用时必须经订货方同意。

（十一）备用接触偶

当使用压接型接触偶时，未使用的接触偶应装入连接器，并把用于防水防尘的相适应的封严塞插入未使用的封严体孔中。对于灌胶密封连接器，每一个未使用的接触偶应接上一段导线，其长度为130～180mm。导线截面应为接触偶所容最大规格。这段引线应予以标识并绝缘收头。

（十二）焊接型接触偶

焊接型接触偶尾部应易于挂锡，便于焊接导线，其接触偶应符合相应标准要求。钎焊质量应符合相应技术要求。

（十三）防尘

在布线的生产和存放或飞机的装配和维修中，为防止线束上的连接器被弄脏和损坏，未配合的连接器应罩上塑料防尘罩或者外层用塑料薄膜，内层用牛皮纸包好并扎紧封严。防尘罩应符合相应技术要求。保持在飞机上的保护装置，在线束生产和布线装机后，对于为备用设备和试验而设置的未使用的、未配合的连接器，应该配上经批准的密封保护装置，例如假插座、带链条的保护盖等。假插座、保护盖应符合专用技术要求。

（十四）假插座

假插座用来收藏备用插头或备用保护盖。假插座应有明显的标识并能方便地固定、收藏备用插头及保护盖。假插座应符合连接器的有关技术要求。

（十五）备用插头

为备用设备和试验而设置的插头应该用卡箍固紧或收藏到假插座上。以防因振动而损坏其本身、相连布线、邻近设备或卡住附近的机械运动装置。

（十六）连接器附件

圆形连接器应具有符合连接器附件技术要求的防止端点受力的附件。除为端接地线或屏蔽线而专门设计的附件外，一般附件不应用来端接地线或屏蔽线。接地线不应连接到尾线夹的弓形压线板的螺钉上。

三、导线电缆连接

电路设计应使用连续的导线或电缆，若必须设立转接点时，应采用符合要求的连接器件。如对接接头、接线排、电连接模块或各种连接器。在选择连接方式时，应优先采用压接。并按可靠性、维修性和制造方便这一顺序考虑。

（一）连接处的安装

电气连接处的安装应满足电气和机械要求。除接线端子或对接接头上的自身绝缘外，电气连接处不应承受机械应力或用作支承。连接处的电气连接不应依靠压迫绝缘物来保持。当连接处承受外力时，非金属零件的变形不得影响电路的连接。

（二）端接准备

为了防止导线线芯的氧化，在将要端接时剥去导线绝缘层。剥线时线芯伤痕和切断根数不得超过规定。剥出线芯的长度至少应达到接触偶、接线端子的圆套筒底部。当线芯送至圆套筒底部时，露在圆套筒端头外的线芯最长不得超过 0.8mm，对开口式接线端子，线芯应伸到圆套筒开口端外，但不得妨碍螺栓、垫圈、螺母等连接紧固装置。

（三）连接处的导电性能

每一连接处的导电性能应不低于所连导线等效长度的导电性能。

（四）绝缘间距

各电气连接处之间应有足够的间距，以防电路之间产生电弧和有害的漏电电流。为了提供必要的绝缘间距，可以使用适当的绝缘材料。

（五）连接处的保护

要特别注意保护连接处，以免造成由于人员、货物、机械装置、夹钳或其他零散材料的移动而引起损害或短路。这种保护可用将连接处覆盖起来、将连接处安装在接线盒内、将连接处置于无须附加保护之处，或其他订货方认可的方法。

（六）裸露连接处的保护

裸露的连接处和汇流条应该使用绝缘材料予以保护。应优先采用可重复使用的保护器件。安装在封闭区域内的电气、电子设备的连接处和汇流条不应视为裸露的，无法防御偶尔出现的碎片、沙尘等的一些电气、电子设备的舱室应视为裸露的。位于轮舱中的连接处应予以重点保护以防机轮溅起的水或沙尘对其产生影响。

（七）重要电路连接处的保护

影响飞行安全的电路连接处应加以特殊保护，以确保最大程度的可靠性。这些连接处应使用绝缘材料单独封闭起来。以保证电气绝缘和隔绝外来物。

（八）铝芯线的连接

铝芯线的连接应选用铝端子，应特别注意防止连接处电压降和电阻过大而造成连接处的过热故障，例如：接线端子和垫圈安装不适当，螺母拧不紧及接线端子接触面积不够等。

（九）连接处的可接近性

所有的连接均应该可接近，以便进行检查和维护。检查和维护不依靠飞机的任何系统或设备的电源、液压源或其他工作能源。此项要求亦适用于为制造方便而安装的连接处。

（十）连接处非金属物

连接处应使用织物或塑料制造的覆盖物加以保护，这种覆盖物应具有高的绝缘电阻，不应吸收各种液体也不受其影响，它们的安装不应受机械运动的影响，所用紧固件不得引起短路，并应有适当的排漏孔，像电阻一类的高温设备附近的非金属覆盖物应能承受所遇到的最高温度而不致损坏。

四、接线盒

接线盒可以用作导线、电缆连接处的专用保护。

（一）接线盒的构造

接线盒可由金属或非金属材料制成。金属接线盒内部使用绝缘材料涂覆或粘贴非金属绝缘材料，以减少发生短路的可能性，所有接线盒内部均应为白色以便于检查和维修。除防水汽接线盒外均应设排漏孔，以使飞机停放于地面或在飞行中，机翼折叠或放出、机轮和各种活动面收起或放下时，均可排漏。用于制造金属接线盒的材料规格应提供足够的刚度，使接线盒在工作情况下。足以支撑多个附件而无弯曲或变形，并对铰链或可拆卸的盒盖提供适当的支持和定位。

（二）盒与盖的铰链连接

当电气、电子设备安装于接线盒盖上时，盒与盖子应使用铰链连接，防止在盒盖打开或关闭时损坏线束和设备。

（三）接线盒的标识

接线盒的外部应有明显标识，便于接线盒接线时与布线图相对照和检查。防水汽接线盒外部应标有"防水汽"字样。

（四）接线盒内布线

接线盒内布线应适当分组，适当支承和绑扎，使布线满足以下要求：

1. 布线安排整齐有序；
2. 便于检查和维修；
3. 消除接线端子上的应力；
4. 尽量减少发生故障的可能性；
5. 防止振动损坏布线或所连设备。

五、对接接头

排列在线束中的对接接头可以用来连接组件，转接线路或用作线路修理。应优先使用压接接头、热收缩焊接套管接头。

（一）死接头

死接头可以用来连接组件，转接线路或用作线路修理。铜质死接头应符合 HB6—95 或专用技术要求。对于海军飞机，应使用符合海军特殊要求的耐环境死接头。耐环境死接头也可用于有强气流和严重潮湿区域，例如：机轮舱、襟翼、折叠翼或其他订货方特殊规定的区域。

（二）分离式接头

禁止使用不使用工具就能分离的接头。

（三）连接模块式对接接头

在线束中两根或两根以上导线对接并要求能分离时所选用的可分离对接接头应符合有关要求。不使用的封严体孔中应安装上符合专用技术要求的封严塞。

（四）对接接头的使用原则

对接接头的使用应受到下列限制：

1. 除下列"5""7"条允许的情况外，在任意两个连接器间或其他连接点间的任一段导线上，对接接头不得多于一个。

2. 线束中的对接接头应交错排列，不允许因使用对接接头而使线束尺寸增大到无法将线束安装到指定的空间或造成维修困难。

3. 不得使用对接接头将短导线接长。

4. 除"5"的规定外，距端接件根部300mm之内不得使用对接接头。

5. 当与灌胶连接器的备用引线相连接时，或将多根导线与一根导线对接时，或为调整导线截面积以使其与压接圆套筒尺寸相适应时，在距端器件的300mm之内可用对接接头。

6. 对接接头的使用应受到设计控制，必须以工程图样为准。

7. 经设计部门同意，可用对接接头来修理已制好的组装线束或已安装好的线束。

8. 空军使用的飞机上，在与军械或爆炸系统有关的点火或控制电路中不得使用对接接头。

（五）对接接头的区域

为装配组件而设置的对接接头应处于规定的区域内，有关图样上应作有标记。对接接头区域应选择在易于接近、便于对接头进行维修和检查的地方。

六、接线端子

应用接线端子将导线接到接线排或设备的接线柱上，在任何一个接线柱上不允许连接四个以上的接线端子或三个以上接线端子和一根汇流条，而接线端子和汇流条总数不能超过四个。当接到一个接线柱上的接线端子所连导线直径不相同时，应把直径最大的放在底下，直径最小的放在上面。应选择孔径与接线柱直径相匹配的端子，接线端子的耳片之间不允许垫入衬套或垫圈。拧紧接线柱上的螺母时，不应使接线端子或接线柱变形，接线端子的位置应使在拆卸紧固螺钉或螺母时不需弯曲端子，而且端子的活动方向应使连接趋向拧紧。

（一）铜接线端子

应优先使用压接式铜接线端子，或垫收缩焊接套管接线端子。压接式铜接线端子应使用符合HB6—91、HB6—92、HB6—93、HB6—94，或其他符合压接要求的接线端子。也可使用符合HB6—10、HB6—11、HB6—17、HB6—18的接线端子。

（二）铝接线端子

铝接线端子只能压接到铝芯导线上，铝接线端子应符合专用技术要求。当与接线柱相接时。铝接线端子的耳片或叠放在一起的所有端子耳片应夹在两个专为铝端子使用的平垫圈之间。

七、接线排和连接模块

接线排和连接模块应使用在不需要经常断开的布线连接处或用于把两根或两根以上导

线接到一个公共点上。

（一）接线排

接线排的选用应符合 HB6194 或其他标准要求。安装时应带有符合专用技术要求的盖子。电流表分流器不得作为接线排使用。

（二）连接模块

连接模块包括转接模块和接地模块，其要求应符合 HB 6384—89。连接模块的安装轨道及托架应符合相应的专用技术要求，其封严体空孔中应装上相应的封严塞。

（三）接线排和连接模块的标识

接线排应有一个独立的项目编号，每块接线排上的接线柱应编出符合布线图的标识号码，号码从 1 开始。识别标识应永久地粘在飞机上，并应置于对布线或设备妨碍最小且易于判读之处。当拆下接线排时，识别标识应原封不动地保留下来。连接模块和安装轨道应分别给定项目编号。

八、电缆

（一）电缆铺设的一般要求

1. 防波电缆弯曲半径应大于本身直径；防波管弯曲半径应大于本身直径的 5 倍。

2. 电缆固定应牢靠，不能有松动。每隔 200 ~ 400mm 应用一个卡带固定。

3. 电缆通过高温附件或排气管近旁时，应保证与它们有不小于 10mm 的间隔。达不到此间隔要求时，允许在电缆上包无碱玻璃纤维或防火漆布隔热。

4. 禁止将电缆固定在活动部件或燃油、氧气管路上。

5. 电缆与汽油、滑油、煤油、液压油等导管的间隙应不少于 10mm。如不能保证在这个间隙，允许在导管或电缆上缝人造革或包扎人造革。

6. 当活动部件处于任何位置时，电缆与部件的间隙应不少于 5mm。

7. 电缆通过隔框或锐角处时，应装过墙胶圈或包扎人造革。

8. 各型插头（座）在连接前应保证其连接端内部清洁，无油垢及其他多余物。插头与插头座连接时应将插头插到底并拧紧（带瓦盖的插头其瓦盖允许有因铸造缺陷造成的左右轻微活动），连接后的电缆应留有适当长度的余量（以不影响产品的减振行程为准）。

9. 插头（座）连接后，有保险孔的应按产品图样和专用技术规定打保险，无保险孔的应涂标记。对易进油和易碰、易磨的部分应包扎保护物，对于易进水的电缆和插头应按要求包扎，并涂 MF94.81 密封防水胶。

10. 通过卡锁的电缆过多，以致卡锁内安装不下时，允许将多余电缆固定在卡锁外部。

（二）同轴射频电缆及所配插头（座）的修理和同轴射频电缆的敷设

1. 同轴射频电缆外部塑料层有非机械性损伤、横向裂纹或严重老化（以 5 倍电缆直径弯曲电缆，其外部塑料层表面出现裂纹、变色和不能立即恢复的起皱）应予换新。轴向裂纹长度不超过 20mm 时，允许使用同色塑料烫补后以 5 倍电缆直径弯曲电缆，若补层不脱落可继续使用。同轴射频电缆纱包层局部磨损可用同色棉纱线包扎，并涂 Q98-1 胶液。

2. 高频插头（座）、转接插头（座）镀银层脱落时应重新进行表面处理或换新。滚花螺母磨损面积超过总面积的 50% 或磨损深度超过 1/2 时应予换新。插头（座）或直式插头定位齿磨损超过 1/2，或连续秃齿超过 3 个，或插孔失去弹性时，均应换新。

3. 高频插头（座）聚乙烯塑料芯有轻微裂纹和炸纹，经点滴甲苯黏结后可继续使用。

4. 金属编织层有锈蚀和插针（孔）有烧伤、变形、裂纹、锈蚀时应换新。

5. 同轴射频电缆在正常状况下，用 500V 兆欧表测量线芯和编织套之间的绝缘电阻，其值应不小于 50MΩ。

6. 安装敷设射频电缆时，其弯曲半径应不小于本身直径的 5 倍。

（三）对高频馈线维护的要求

一般情况下，飞机上使用的高频馈线都有严格的标准、规格和要求。高频馈线的故障容易导致设备工作不稳定、互相干扰、故障现象时隐时现等难排除的故障。所以对高频馈线的维护也有很高的要求。

为保持阻抗匹配，高频馈线的型号和长度不能随意更换；馈线不能出现损伤或变形；馈线的弯曲度不能过大，特别是在冬季馈线变硬变脆的情况下，不能强行弯折，以免损伤；要防止温度、湿度等因素对馈线介质的影响。比如：应对处于高温环境中的馈线进行相应的处理。

接头是高频馈线维护的一个重点，与电缆插头一样，高频馈线接头也不宜经常拆卸，检查时不能摇晃，拆装时要直拔直插。要保持馈线接头的清洁，在进行清洁时应使用酒精或四氯化碳，不能用砂纸打磨，以免破坏接头镀银层。外场不能轻易分解馈线接头，以免进入灰尘或安装不当。

（四）对电缆插头维护的要求

要尽量减少对电缆插头的拆卸，确保插头一次拧紧或拧到位（用手拧紧或拧到位即可，禁止用各种钳子扳、用解刀顶）；按规定打好保险；涂上明显的标识以便松动时易于发现。

在进行电缆插头的拆装时要注意直拔、直插，防止晃动过猛，以免插孔扩大造成接触不良。

在必须对电缆插头进行分解检查时，要注意分解和装配的顺序，要注意软垫的安装，保证电缆与插头之间有足够的强度。

分解后检查的重点：一是焊接和压接情况，即导线的焊接处是否光滑、牢固，有无假焊、虚焊现象；压接导线线芯应完整，并全部插入压接筒内，从观察孔能目测到线芯，插针、插孔压接筒与导线的压接强度应符合规定值；二是完整情况，即零件是否齐全，胶木和插钉有无损坏变形；三是清洁情况，即插孔、插钉和线芯有无锈蚀、油垢和积炭；四是接触情况，即插孔是否扩大，弹性是否疲乏，胶木是否后退，接触面是否磨损；五是断丝断线，即插头根部导线受力是否均匀，有无金属丝外露和断丝断线现象。

（五）电缆的接收和检查

1. 每架飞机机上电缆敷设前，特设工作人员应上机检查，当面清点交接，如有损坏、丢失及缺件等情况，应当面提出，及时向现场技术人员汇报，技术人员作好记录。

2. 电缆敷设前应检查电缆的连接、结构、插头（插座）、导线、标牌的选用，安装配套情况（含批次变化和加改装情况）是否符合有关技术文件规定，对于不符合技术要求的应作好记录并通知现场技术人员，在技术人员做出处理结论后，方可进行电缆的敷设。

九、导线修理的一般要求

1. 导线端头焊接或压接处有断丝或严重锈蚀时应将该部分截除，然后重新进行焊接或压接；余留部分导线长度达不到原规定时应更换新线；导线端头焊接处有轻微锈蚀时，应彻底清除锈蚀后重新焊接。

2. 截面积在 8.8mm² 以上的导线，绝缘层因机械原因局部破损，而内部线芯良好时，允许每根有一处长度不超过 20mm，圆周不超过 1/2 的破损。破损处应包 2 ~ 3 层油性漆绸，用聚氯乙烯带裹紧，再用线绑扎牢靠。高温区导线用氟塑料带或其他新型耐高温材料包扎。

3. 导线在中间折断或损坏时，应予拆除，更换新线。新换上的导线应有与旧导线相同的外部保护层，编上与旧导线相同的号码。当在机上拆除旧线有困难时，可将旧线端头部分截除并进行包扎后，另敷新线，将新线与旧电缆束绑扎在一起并固定好。

4. 如在机上更换新线有困难时，只允许在非活动部位用具有限力或限位装置的专用工具进行冷压接，并在压接处套上相应防护套，但每根导线不允许超过两处。多根导线冷压接时，接头应相互错开。

5. 导线端头编织层后缩或松散，允许用细线绑扎，绑扎长度应不少于导线直径的 1.5 倍。

6. 编织层破损而绝缘层完好的导线，在每米长度内编织层破损不超过 10mm 时允许使用细线绑扎。

7. 禁止将导线泡入汽油或乙醇中清洗。

十、电缆和导线的更换要求

（一）电缆和导线的更换原则

1. 除特殊规定外，一律使用 FVN 导线代替 FVL 导线。

2. 要尽可能使用原规格、型号的电缆和导线。不能使用截面积比原导线小的导线。特殊情况下，同型号导线允许用截面积大一规格的导线代替截面积小一规格的导线。并保证电缆和导线的长度与原来一致，以免影响设备的性能。

3. 代用导线的颜色应尽量与原导线颜色一致。

（二）电缆和导线更换的相关技术规定

1. 导线不能中间焊接，折断则必须整根更换；

2. 在进行焊接时不能使用酸性焊剂，插头根部不能有外露的芯线和断丝，以免影响焊接质量或造成短路；

3. 要做好标识，记住线号，防止因错线而导致机件损坏或不工作。

4. 电缆和导线在飞机上的敷设位置不能随意改动，要固定牢靠，搭铁可靠，减少电磁干扰。

5. 完成更换工作后，必须用三用表测量每一根导线，确定接线是否正确、有无短路；同时还要对相关设备进行通电检查，确保工作正常。

6. 在飞机上不能整根更换电缆和导线时，可用死接头对导线进行修复，修复时应严格按照相关工艺标准进行施工，修复后注意进行连接检查。

（三）对电缆和导线维护的一般要求

电缆和导线的检查维护内容包括：包扎和固定，防止磨损和腐蚀，检查导线的绝缘和防波线的搭铁以及线路是否老化等。其中，包扎和固定最为关键，尤其是在高温环境中（必须用石棉线或玻璃丝带等耐高温材料来处理）或飞行时直接暴露在空气中的导线（必须保证有足够的强度）。包扎和固定良好的电缆和导线出现故障的概率要小得多。防止磨损和腐蚀是另一个重点，应经常对容易磨损、脆弱和处于酸性、潮湿等环境中的电缆和导线进行有针对性的检查维护。

十一、负极线、搭铁线的安装技术要求

1. 搭铁是为了使飞机各金属部分和飞机设备之间达到可靠的电气连接，有良好的导电性，使飞机成为一个完整的统一的导体，消除由于静电感应、摩擦生电等原因产生的电位差，减少对无线电设备的干扰，在单线制的电路网中，还能帮助回流的电流分布得更好。通常都以飞机机体为基础作零电位，将其余构件都搭在飞机机体上，称为"搭铁"。凡面积超过 $0.2m^2$。或长度超过 0.5m 的金属物件均需搭铁。

2. 负极线、搭铁线需用螺钉和自锁螺母固定在飞机的金属结构上，并经常保持可靠的电接触。发现固定松动、接触电阻增大时，应先擦净接触处表面，然后拧紧固定螺钉。为防止负极线和搭铁线固定点电化腐蚀和便于查找，在负极线、搭铁线固定螺钉及固定点周围应涂 C04-2 红色漆圈，但接头下不允许淌入漆。平时可以根据漆膜的损坏情况，判断负极线、搭铁线是否松动。

3. 双线制电路网中任何用电设备的负极线一般不许与机体相连，某些线路中的负极线必须与机体相连时。必须串联负极保险管。

4. 负极线、搭铁线和连接处的接触表面应无清漆、氧化物、涂料、阳极化和油脂膜层。禁止用锉刀、刮刀、解刀或其他锋利工具刮磨连接处，必要时可用砂纸打磨，打磨处的直径不能超过接触直径的 2 倍。清洁和打磨连接处的工作，应在安装负极线、搭铁线时进行（不允许相隔 1h，否则应重新打磨），避免打磨后很快氧化。安装负极线、搭铁线后，剩余的打磨处应涂 T01-1 清漆（铝镁合金零件涂底漆）。凡有电镀层的部位（如镀锡、银、铬、镉等）不必打磨，但要用酒精清洗表面。安装后用微欧表或毫伏表测量连接部位的接触电阻，当导线截面积在 $10mm^2$ 以下时，搭铁电阻不应大于 $200\mu\Omega$，当导线截面积大于 $10mm^2$ 时，搭铁电阻不应大于 $100\mu\Omega$。

5. 负极线、搭铁线的长度，所使用的导线和金属编织套应符合原装规定要求，不应有机械磨损、折伤和严重锈蚀；负极接线片厚度不应小于 1mm，不得有裂纹和压穿现象，以保证有足够的机械强度。负极线、搭铁线镀层损坏或有腐蚀现象存在者应更新，但局部露铜者经清洗后可继续使用。

6. 搭铁线的收头可用紫铜管，接头必须先退火处理，并应牢牢地压紧金属编织套。搭铁线接头压制好以后，应放置锡锅内用 HISnPb39 焊锡进行浸锡处理，以保证安装后有良好的导电性。浸锡后，渗入金属编织套上的焊锡不应超过 2mm。有些搭铁线接头是用铝管压制的，压制前铝管应清洗干净，禁止对铝管进行阳极化处理。禁止使用镀银和未镀锡的黄铜接头与铝镁合金零件搭铁，仅能使用镀锡和镀锌的接头。固定搭铁线用的螺钉、螺母、垫片均应镀锌。螺栓孔、螺钉均不得用润滑剂。

7. 装在活动零件上的搭铁线应有足够的长度余量，以便使零件能自由地活动，并不触及附近的机件。

8. 屏蔽电缆的金属卡箍和金属导管的固定箍圈应卡紧，以保证能很好地与机体搭铁。

9. 在一个螺栓下固定 3 个以上的搭铁接线片。

十二、其他金属零件

1. 金属标牌应清洁、完整、文字端正、清楚，与被说明的实物相符。固定应平整、端正和牢固，有轻微划伤但不影响辨认的允许继续使用。

2. 已分解的搭铁线均应更换。

3. 不分解的搭铁线允许有不超过 4 根的零散断丝或 1 股断丝，表面镀层允许有轻微发黑、露铜，否则应予换新。

4. 搭铁线端子不允许有氧化、锈蚀、裂纹，端子与防波套焊接应牢固，接触良好。

5. 搭铁线的型别和规格不准任意更换。焊接型的搭铁线在电缆上焊接时应符合工艺图样所规定的技术要求。

6. 焊接式开关应检查其外观清洁完整、组合牢靠、接触良好，应操纵灵活、转换时声音清晰。

附录六　飞机线路与设备故障的检修顺序

飞机线路与设备故障较常见的是具有外特征的直观性故障与没有外特征性的隐性故障。

1. 具有外特征直观性故障。如电动机、电气明显发热、冒烟、散发焦臭味，线圈变色接触点产生火花或异常，熔断器断开，断路器跳闸等。这类故障往往是电动机的电气绕组过载，线圈绝缘下降或击穿损坏，机械阻力过大或机械卡死，短路或接地所致。

2. 没有外特征隐性故障。这种故障检修难度较大，也是主要故障，其主要问题在飞机线路或设备元件本身。如电气元件调整不当、损坏，或电器元件与机械操作杆配合不当（如磨损）、松动错位，电器元件机械部分动作失灵，触点及压接线头接触不良或松脱，导线绝缘层磨破，元件参数设置不当或元件选择不当等。

无论哪一种故障，其检修故障的思路基本相同，可以采用以下的顺序来查找故障元件：

检修前的询问与直观检查→进行电路分析，确定故障范围→逐渐缩小故障范围。

（1）检修前的询问与直观检查

检修前的询问与直观检查是飞机线路与设备故障检修的前奏，是故障分析的第一手资料。调查研究正确、全面，对检修工作往往能起到事半功倍的效果。调查研究的主要内容是问、闻、看、听、摸等。

通过调查研究，通常可以将具有外特征的直观性故障找出来，对较熟悉的飞机线路与设备还可以确定故障范围。

（2）进行电路分析，确定故障范围

对于复杂的飞机线路与设备检修，应根据电气控制关系与原理图，分析确定故障的范围，查找故障点。飞机线路与设备的电路总是由主电路和控制电路两部分组成，主电路故障一般较简单、直观、易于查找，其复杂性主要表现在控制电路上。

通常，一个复杂的控制电路又总是由若干个基本控制单元或环节组成。它们就像积木块一样，根据飞机线路与设备功能、生产工艺和控制要求，通过设计有机地组合在一起完成控制任务。

进行故障检修时，应根据故障现象结合电气原理图与控制关系，确定故障可能的单元或环节，再根据主电路的连线特征，如正反转的换相连线、降压启动的星形—三角形连线、调速电阻与变频器连线，还可根据电器辅助点的连锁连线查找相应的电器与单元，在此基础上进一步确定出准确的故障点，以便找出问题所在。

（3）逐渐缩小故障范围

经过直观检查未找到故障点时，可通电试验控制电路的动作关系逐块排查故障以查找故障点。例如，按工艺要求操作某些按钮、开关、操作杆时，线路中相应的交流接触器、继电器应按规定的动作关系工作。否则，就是与不动作的电器或动作关系有问题的电器相关联的电路有故障，或该电器本身有问题。应先检查不动电器是否有问题，如线圈损坏、触点磨损、变速手柄经常受冲击磨损等。其次再对相关联的电路进行逐项分析与检查，故障通常即可被查出。